JN087088

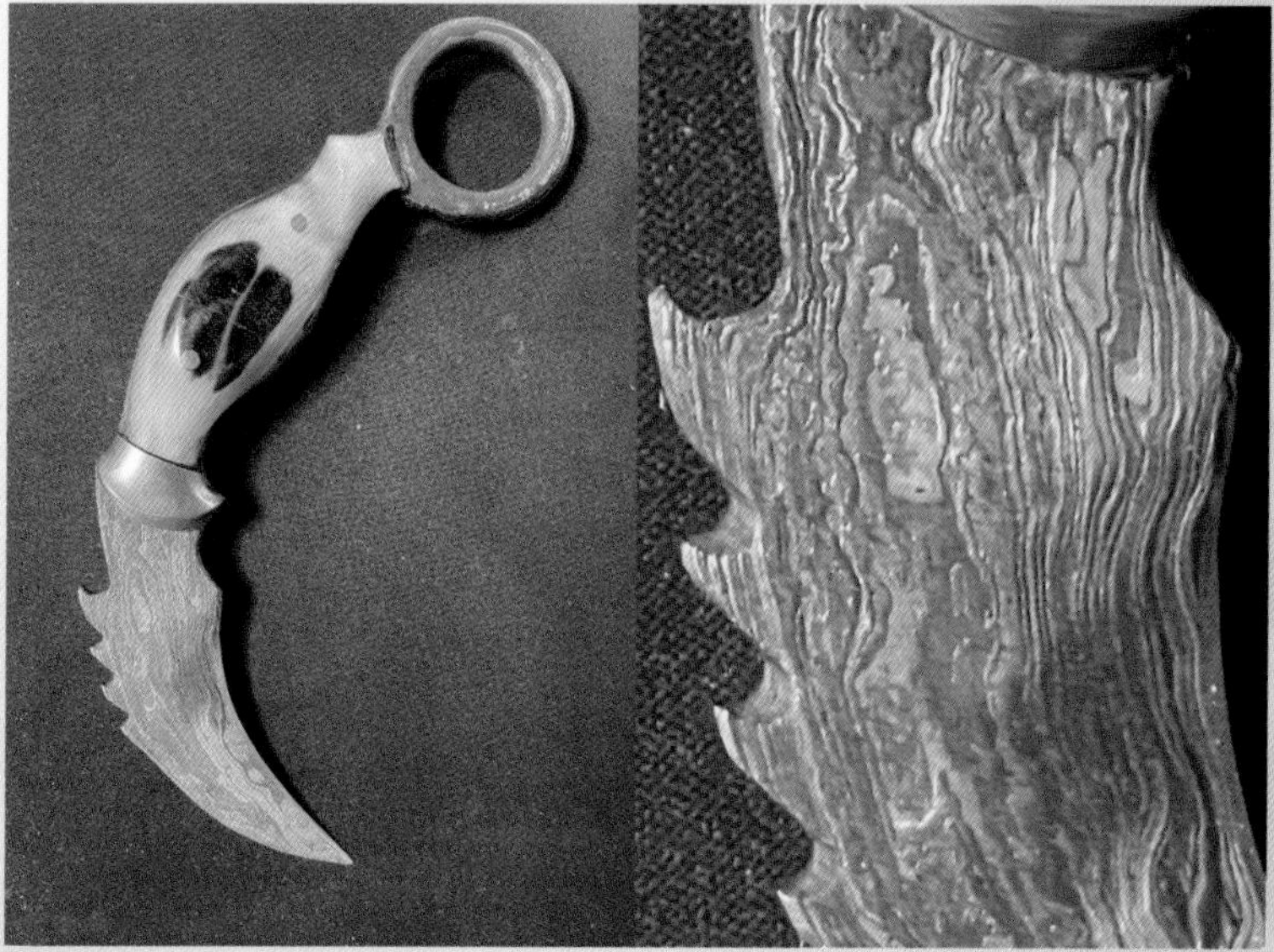

ダマスカスナイフの模造品。古代インドのダマスカス鋼は、神秘的な模様が特徴。写真は海外で入手した偽物。現物は博物館でしか見られない。

デリーの鉄柱の模造品。5世紀に作られた本物は、驚異的な品質で今日まで錆びていない。写真はインドの製鉄所で見かけた現代の鋼の鉄柱。残念ながら錆びている。

1708年に創業し、翌年稼働したコールブルックデール社（英）。建屋の内部が博物館になっている。設立者のダービー2世は、27年かけてコークス高炉を開発した。

当時の鋳鉄製品。複雑な形状の鉄製の椅子。

当時の鋳鉄製品。溶けた鉄を鋳型に注いで作った一体成形のテーブル。

世界最古のアイアンブリッジ。1779年、英国のセバーン渓谷に、ダービー3世によりかけられた。世界遺産に登録されている。写真は筆者渾身の撮影の一枚。

橋脚の一部。鋳鉄部品を組み立てて作られている。

橋の近くにある高炉跡（ベドラム炉）。橋の部品はここで鋳造されたと説明板にある。

パドル炉。英国のビクトリアンタウンに現存する実物。これで錬鉄を作った。

るつぼ操業の再現模型。英国のシェフィールドに展示されている。

ベッセマー転炉。シェフィールドのケルハム島博物館にある初号機。1856年にベッセマーが発明。炉底から空気を吹き込み、短時間で溶鋼を作った。

ファラデーの研究室。ロンドンの王立研究所の地下にある。200年前にファラデーはここで錆びない鋼を作った。2019年、筆者が現物調査に行った際に撮影。

木箱の外観。ファラデー直筆のラベルには「ファラデー、鉄と合金」とある。

錆びない鋼の入った木箱。フタを開けた瞬間に撮影した。

ファラデーが作ったサンプル。錆びを確認するために接写。

フェルクリンゲン製鉄所（独）。世界文化遺産に登録されている博物館で、製鉄所が稼働時のまま実物展示されている。2015年に訪れたときに撮影。

大勢の見学者。独国では人気の博物館となっている。

高炉の頂上からの光景。ガスで危険なので、実際には絶対に行けない。

青銅製の大砲群（仏）。ナポレオン戦争で活躍。フランスのアンバリッドで撮影。

グリボーバル臼砲。大口径で持ち運び容易な小型大砲。ナポレオン戦争で大活躍した。

エッフェル塔（仏）。真ん中あたりの回廊に仏国の科学者・技術者の名前が刻まれている。2017年、筆者が撮影。

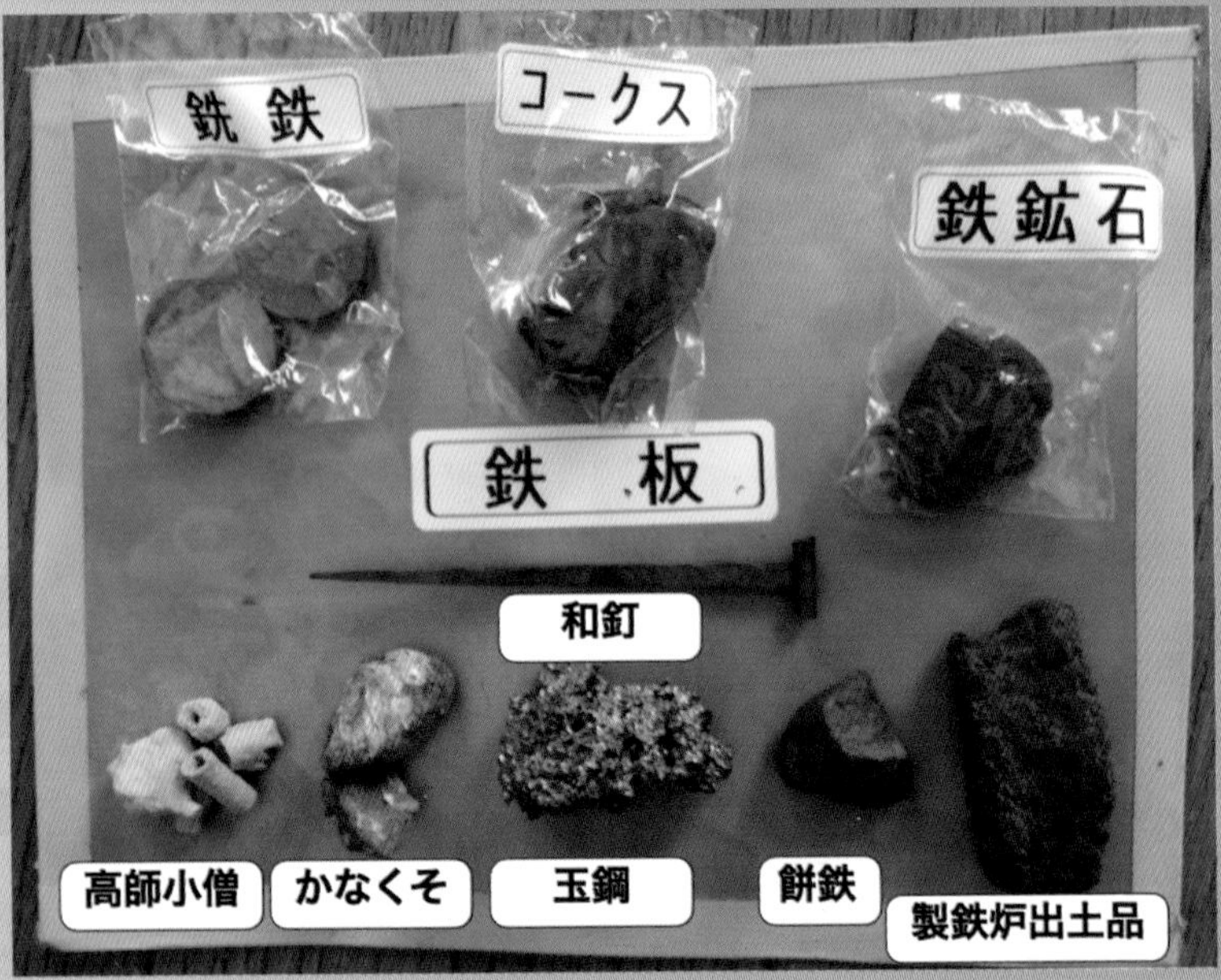

鉄の個人コレクション。和釘は宮大工から、玉鋼はたたら場の村下からのもらい物。高師小僧、かなくそ、餅鉄は製鉄遺跡で拾った物。

AD87年のローマの釘。スコットランドで出土したもの。四角く鍛造され、現代の釘と同じく頭部成形されている。英国からもらった、筆者の個人所蔵品。

イラスト図解

世界史を変えた金属

WORLD HISTORY OF METALS

技術士（金属部門）
田中和明

はじめに

はるか昔、ヨーロッパ大陸は魔法と伝説に満ちた冒険の地でした。広大な森、高い山、神秘的な洞窟が、勇敢な冒険者たちを待ち受ける不思議な世界でした。冒険の中でヨーロッパ史を変えた金属は「青銅」と「鉄」です。

冒険物語は古代の炉の中で始まります。錬金術師は、炎と熱を巧みに用いて、冷たい鉱石から青銅と鉄を産み出しました。鍛冶師は、青銅の剣を鋳込み、鉄の盾を鍛え上げました。

歴史を振り返るとき、最古の「石器時代」は別にして、「青銅器時代」「鉄器時代」と、使われていた金属の名称で時代を表現します。古代ギリシアのヘシオドスの本には、「金の時代」「銀の時代」「青銅の時代」「英雄の時代」「鉄の時代」と紹介されています。「鉄の時代を生きる私たちは、便利だが危険な鉄の道具を使っている。昔はもっと良かったのになあ」と昔を懐かしんでいます。今から2000年以上前の話です。

金属は、歴史上の人物も魅了してきました。電磁気学の父であり『ロウソクの科学』で有名なマイケル・ファラデーもその一人です。実は、彼は金属大好き人間でした。インドのダマスカス鋼に魅了され、ステンレス鋼が開発される1世紀前に「錆びない鋼」を発明していました。ファラデー研究所で発見された当時のサンプルは、200年経過しても錆びていません。

アイザック・ニュートンも金属オタクでした。プリンキピアで万有引力の法則を提案し、英国の造幣局長官を生涯務めていましたが、自宅に帰ると金属の実験や研究を夜明けまで続けました。彼は生涯かけて錬金術（れんきんじゅつ）を追求していたのでした。

時代が進み、西洋史が大きく動き始めると、人と金属の関係はますます深まります。人は金属で武器を作り、道具を作り、塔を作り、橋を作りました。金属で船を作り、自動車を作り、鉄道を作りました。金属は戦争にも使われましたが、私たちの文明を支える道具も生み出しました。かつてヘシオドスが語った「鉄器時代」は、現代まで脈々とつながっています。

金属は万物の源です。世に満つる文明を担って、幾星霜（いくせいそう）経過しました。その輝きと重みは、世界史の物語の一部に深く刻まれています。金属の匠の技を継承し、未来を開くのが、現在の私たちです。

本書は、金属のエピソードとイラストに溢れています。エピソードは、金属大好きオタクの筆者が、これまで集めてきた数えきれないほど多くの金属古書から、また訪れた古今東西の金属遺跡の中から、選りすぐりのものを紹介しました。おそらく初めて聞く「おもしろ金属物語」が続々と出てくると思います。イラストや写真は、筆者自身が描き、撮影しました。

これから始まる金属の歴史物語は、金属の果たしてきた役割と、なぜ金属がこれほどまで私たちを夢中にさせるのか、その魅力に迫る旅です。ぜひ一緒に楽しみましょう。

田中 和明

イラスト図解　世界史を変えた金属――目　次

第1章 金属はどこで生まれ、人類と出会うのか?――宇宙・地球・生命・文明と金属

第2章 金属の記憶――金属の神話と錬金術

第3章 金属の文明――金属変遷と東西の文明

第4章 金属の思想——金属は文明と錬金術を生み出す

第5章 金属の拡張——距離の拡張と技術の拡張

第6章 金属の衝動──産業革命へ準備

第7章 金属の胎動──産業革命への歩み

第8章 金属の躍進――巨大建造物と新金属の大躍進

第9章 金属と機能――金属に新たな機能の可能性

第10章 金属の成長——性質の成長と建造物の成長

第11章 金属の運命——戦争に翻弄される金属

WORLD HISTORY OF METALS

第1章 金属はどこで生まれ、人類と出会うのか？——宇宙・地球・生命・文明と金属

1-1 〈138億年前〉元素誕生から地球誕生——恒星が金属を作り出す

◉金属元素の誕生

私たちの宇宙では、今から138億年前にビッグバン*が起こりました。ビッグバンは、最も単純な構造の元素である水素を生み出しました。宇宙空間に散らばった水素は、やがて引力で引き合い、集まって恒星*になります。

あらゆる金属は、この恒星の内部における核融合反応*で生まれました。核融合反応は、原子同士を高温・高圧でくっつけ、どんどん重い元素を生み出します。重い元素の大半は金属です。金属の生まれ故郷は恒星なのです。

核融合では、まず水素同士の核融合によりヘリウムが生み出

＊ビッグバン
宇宙は非常に高温高密度の状態から始まり、激しく膨張していき、現在のような低温低密度の状態になった（膨張宇宙論）。これは、気体が急激に膨張すると、周囲から熱が入って来ず、極低温になること（断熱膨張）から類推できる。

＊恒星
自らの質量で重力による収縮が起こる。内部圧力が高まって重力の収縮力がバランスして一定の大きさを保ち、自分が光を放つガス天体を恒星と呼ぶ。太陽系では太陽。土星や木星はガス天体だが、光を放たないため、恒星ではなくガス惑星と呼ぶ。

＊核融合反応
恒星の内部は、その巨大な重力のために温度と圧力が高まる。この高温・高圧によって原子内部の原子核が核融合を起こし、より大きな質量を持つ元素が生まれる。このとき巨大な熱や電磁波が放出され、それらはまばゆい光になる。

され、その後、炭素、酸素、硫黄、珪素などの重い元素が生み出されます。核融合はどこまでも進むわけではなく、「これ以上、原子核が大きくなると、原子核が不安定になる」というところまで行き着くと、それ以上は進まなくなります。恒星の中での最終的な生成元素は、**鉄**です。

◉鉄より重い金属元素の誕生

鉄より重い金属は、恒星の爆発でできたものです。恒星が燃え尽きると、超新星爆発と呼ぶ激しい爆発が起こります。この爆発のエネルギーで鉄とほかの元素がさらに核融合し、鉄よりも大きな原子量をもつ金属元素が誕生します。このため「宇宙では、元素の存在比率は原子量の増加とともに低下するのに、鉄の存在量だけが

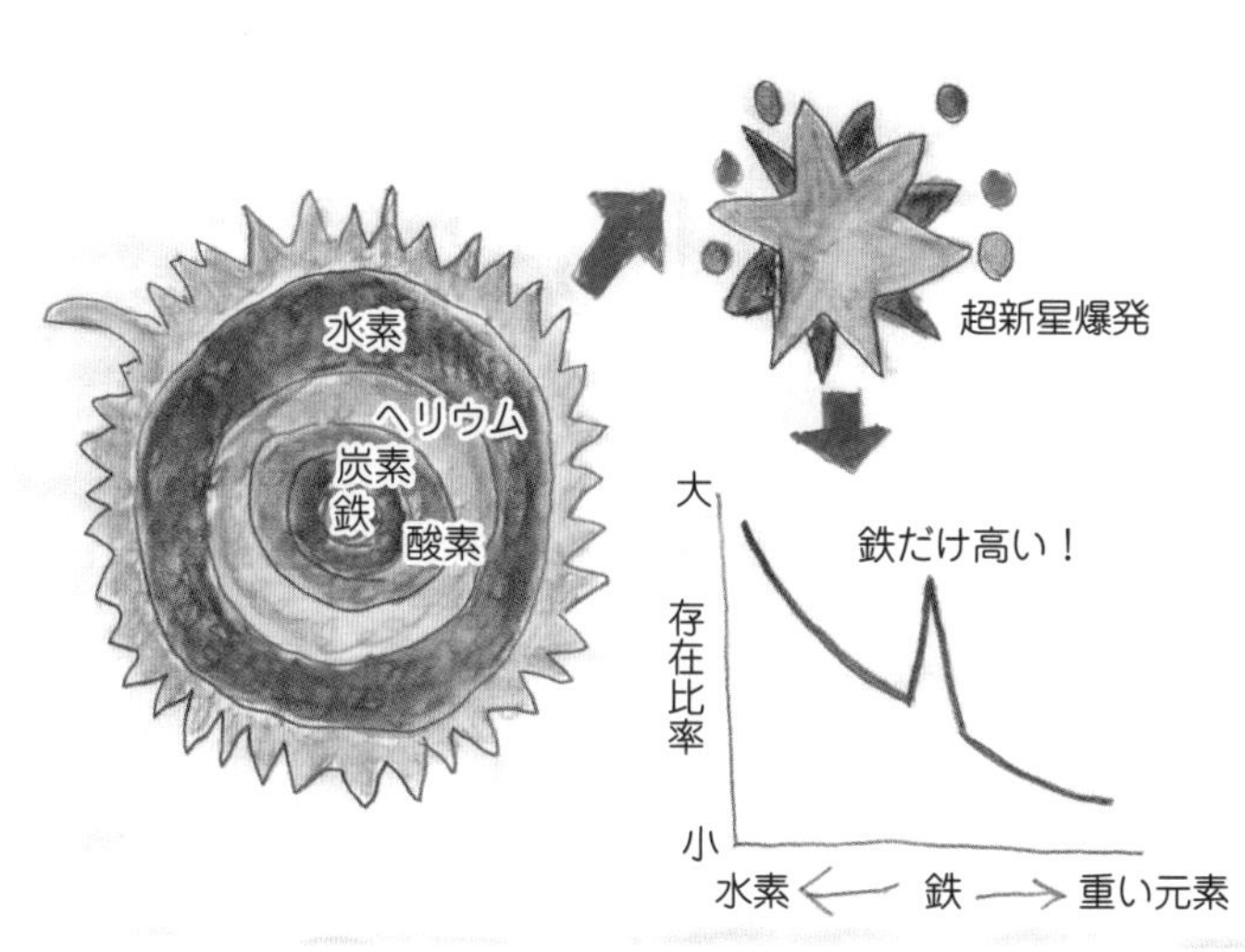

▪恒星と超新星爆発での元素生成▪

特異的に高い＊」という現象を生み出しています。

⊙地球の誕生

私たちの太陽系は、かつて**超新星爆発**した恒星の残骸で出来ました。46億年前、原始太陽＊の周囲には、塵（ちり）とガスが円盤状に渦巻いていました。やがて、**原始太陽**に水素やヘリウムが引き寄せられ、現在の太陽が生まれます。太陽の周囲に渦巻く塵や埃（ほこり）は、くっつ

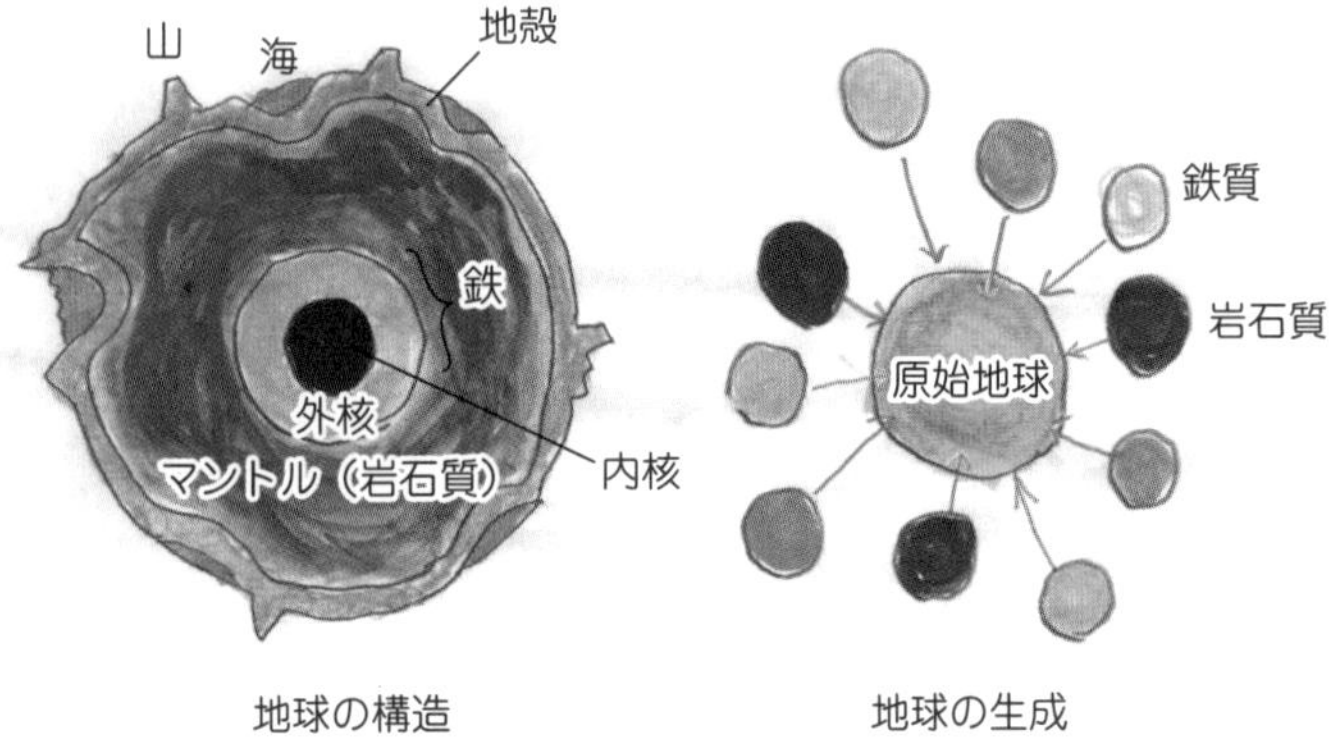

山
海
地殻
鉄
外核
内核
マントル（岩石質）

地球の構造

鉄質
岩石質
原始地球

地球の生成

■地球の構造＊と地球の成り立ち■

＊特異的に高い
鉄は最も安定な元素であるため、恒星が自然に燃え尽きるときに、存在比が最も多くなる。しかし、恒星は燃え尽きる前に超新星爆発してしまい、この爆発エネルギーにより、鉄よりも重い元素が生成される。こうして元素の存在比は、鉄の近傍にピークを持つようになると考えられている。

＊原始太陽
太陽系の生成は、46億年前、星間ガスが集まって星間雲になったときから始まる。星間雲はゆっくり回転しており、回転の中心に大半の物質が集まって、原始太陽が生まれた。残りのガスや固体が、周囲を回る惑星となった。

＊地球の構造
地球は「水の惑星」と呼ばれるが、水は地球の「殻」の部分に貯まったものであり、本当に質量が大きいのは、ニワトリの卵でいうと「黄身」の大部分を占める鉄である。鉄が地球の中に占める割合は重さ換算で約3分の1であり、地球は「鉄の惑星」である。

き合いながら成長し、重力により合体を続けて、地球などの惑星になりました。

小惑星の衝突によって、原始地球の地表は高温になり、溶けて煮えくり返っていました。小惑星の破片の中には、恒星の中心部にあった鉄とニッケルの合金*を含むものもたくさんありました。密度の大きいこれらの合金は、原始地球の中心部に向かって沈んでいき、最終的に地球の中心核になりました。

◉中心核が生み出す地磁気

地球の中心に沈んだ鉄は、高温で溶けて中心核になります。中心核の中心部は高圧により固体鉄になるので、中心核は固体の内核と液体の外核に分かれます。この固体と液体の回転速度差が電流を生み出し、**地磁気**(ちじき)を生み出します。

*鉄とニッケルの合金
鉄とニッケルの合金は、隕鉄(いんてつ)として、現在でも宇宙から地上に降り注いでいる。隕鉄の化学組成は、中心核と酷似していると考えられている。

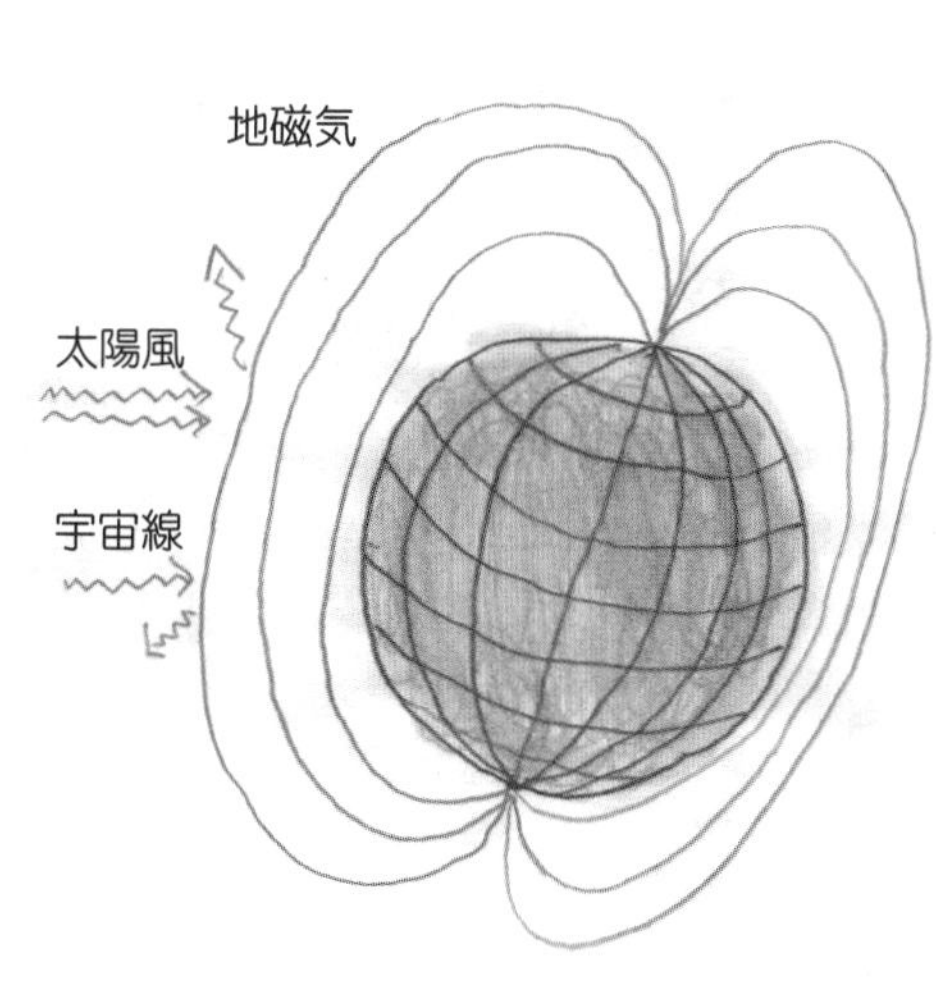

■地磁気のバリア■

地磁気は地球全体を磁気シールドのように覆い、地表に降り注ぐ有害な宇宙線や太陽風から、地表に誕生した生命を守る役割を果たしました。生命はやがて地球環境を大きく変化させていきます。

⦿地殻の誕生

高温で溶けていた原初の地球は、やがて冷えて固まり始めます。密度の高い鉄の合金は中心核になり、岩石質の部分は**マントル**＊となり、表面近傍は地殻となりました。

超新星爆発で生成した鉄より重い金、銀、ニッケル、タングステンなどの金属は、鉄に溶け込み、マントルを通り抜けて中心核に取り込まれます。鉄に取り込まれにくいカリウムやカルシウム、アルミニウムなどの金属は、マントルに残されました。

＊**マントル**
地球の質量の3分の2を占める岩石質の物質。岩石質なので動かないわけではなく、高温高圧状態のマントルは、ゆっくりと流動している。これをマントル対流と呼ぶ。マントル対流が地震や火山噴火などの地殻変動を起こす。

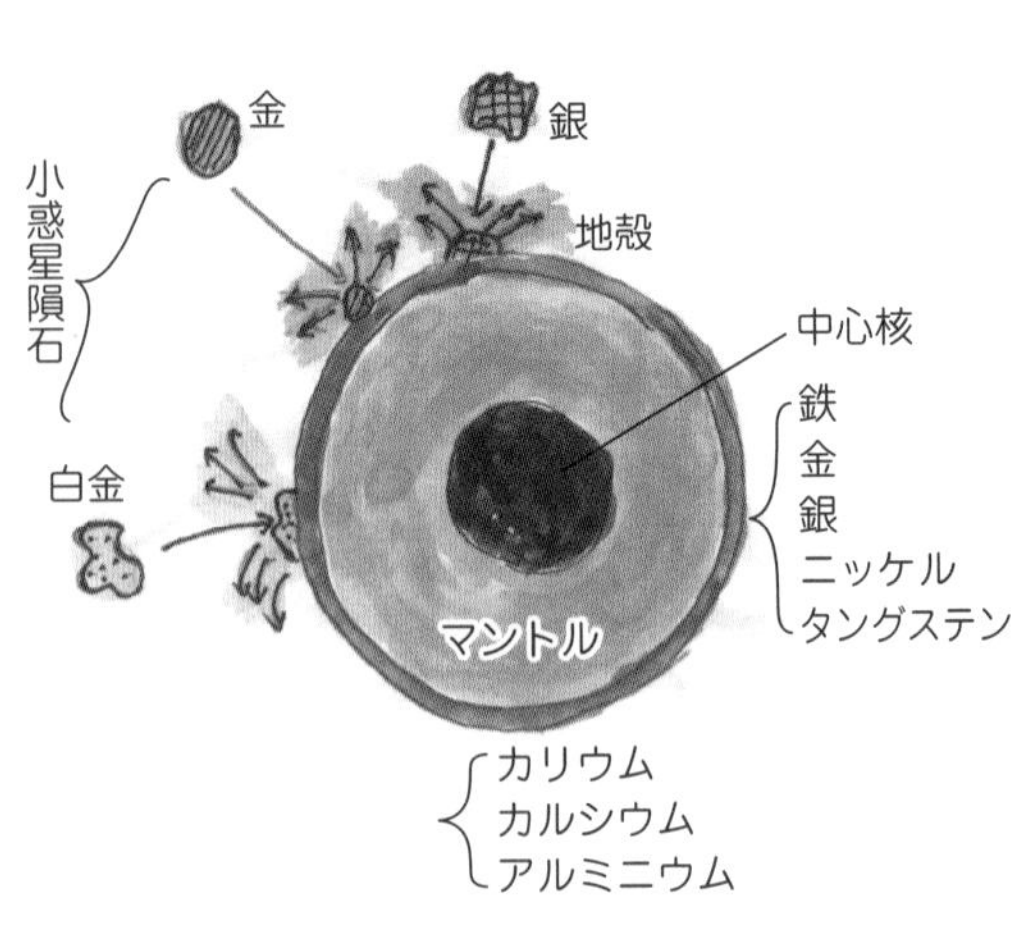

▪地殻に存在する貴金属▪

鉄の大半は、地球の中心核に沈んでいきましたが、一部は地殻やマントルに残りました。地殻に取り残された鉄の量は大きく、酸素、ケイ素、アルミニウムに次ぐ4番目の存在量です。

なお、金、銀、白金などの**貴金属**（ききんぞく）は、地殻が形成された後、これらの貴金属を含む小惑星や隕石が地球に衝突して、地殻の表面に残存したものと考えられています。このため、鉄などと異なり、地表の限定された場所で見つかります。

◉海の誕生

古代地球の大気が冷えてくると、二酸化炭素を含む大雨が降り注ぎ、地表に巨大な炭酸の海が生まれました。炭酸の海は地表を溶かし、カルシウムやナトリウム、鉄などさまざまな元素を海に溶け込ませながら拡大していきました。

海に溶け込んだカルシウムは、炭酸と反応して炭酸カルシウム（石灰）になり、海底に沈殿しました。このため海は次第に

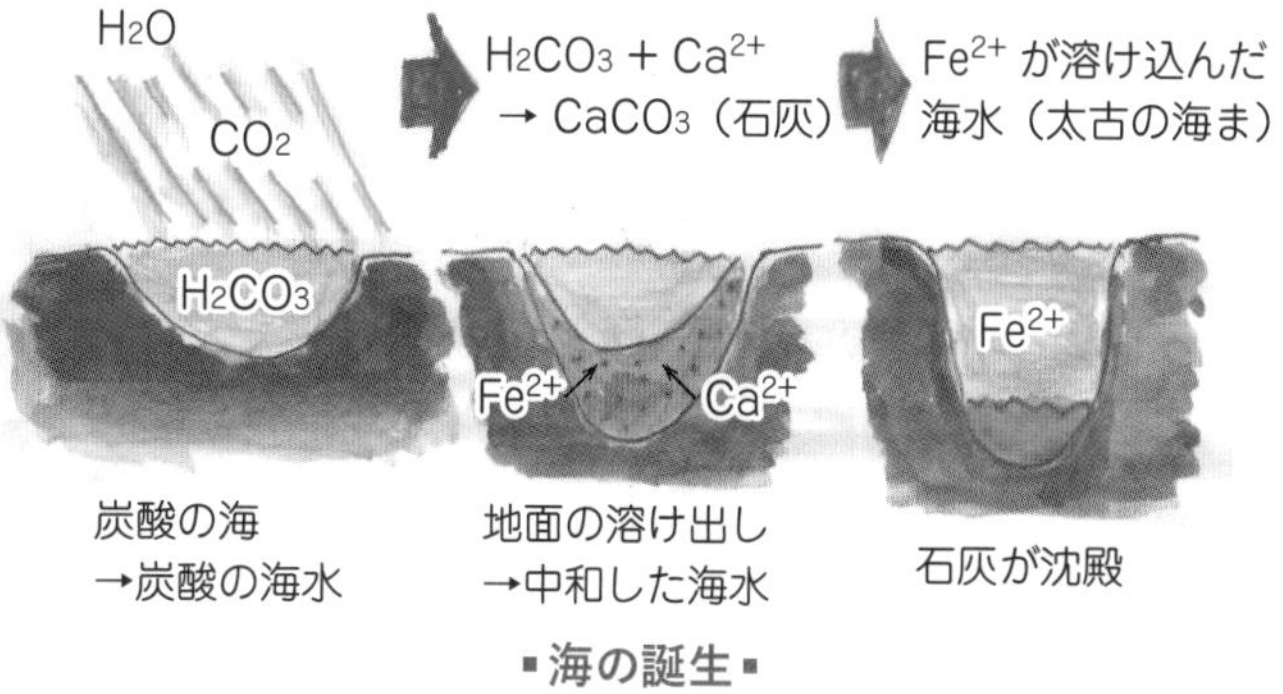

H_2O
CO_2
H_2CO_3
炭酸の海
→炭酸の海水

$H_2CO_3 + Ca^{2+}$
→ $CaCO_3$（石灰）
Fe^{2+} Ca^{2+}
地面の溶け出し
→中和した海水

Fe^{2+}が溶け込んだ
海水（太古の海ま）
Fe^{2+}
石灰が沈殿

■海の誕生■

中和され、海水は現代と同じような真水となり、生物が生まれる環境が整いました。

⦿生物の誕生

やがて真水の海に生命が誕生します。まず海中に、二酸化炭素を取り込んで酸素を吐き出す**シアノバクテリア***が大発生しました。次に陸地に、二酸化炭素を取り込んで成長する植物が発生します。植物は、マグネシウムをうまく利用した葉緑素*を含んでおり、太陽光をエネルギーとして光合成を行います。こうして地球の大気は、二酸化炭素から酸素に置き換わっていきました。

次に、動き回る動物が発生します。動物は酸素を取り込んで、二酸化炭素を吐き出します。動物はその発生時代に利用できる金属を用いて、巧妙に運動する仕組みを作り上げました。軟体類の血液は、銅を利用した青い血*ですが、私たち哺乳類は、

＊シアノバクテリア
嫌気性バクテリア。二酸化炭素を取り込んで光合成を行い、酸素を発生させる細菌。藍藻(らんそう)とも呼ぶ。湿地帯や水槽などで発生し、緑色でねばねばしている。植物に酷似しているが、藻類とも陸上型植物とも異なる。植物の葉緑素の祖先。

＊葉緑素
クロロフィル。化学構造の中央にマグネシウムを持ち、光エネルギーを吸収して酸素を発生させる。植物とシアノバクテリアの細胞の中に存在する。葉緑素が地球に生まれたことで、二酸化炭素の大気は現在のような空気組成に変化した。

＊青い血
ヘモシアニン。化学構造の中央に銅を持ち、大気中の酸素を取り込んで、体内に運ぶ。いかやたこ、貝などの血液は銅を含み、青く見える。太古の生命誕生で、代謝系に銅が使えた時代から存在する。

鉄を利用した赤い血*です。

ちなみに私たちの血液組成は、太古の海と鉄の含有量が同じです。現代の海は、鉄不足です。これは、葉緑素が作り出した酸素が、海水中の鉄イオンを酸化鉄、つまり鉄鉱石に変えて沈殿させたためです。太古の海は、鉄分が豊富な元気な海だったんですね。

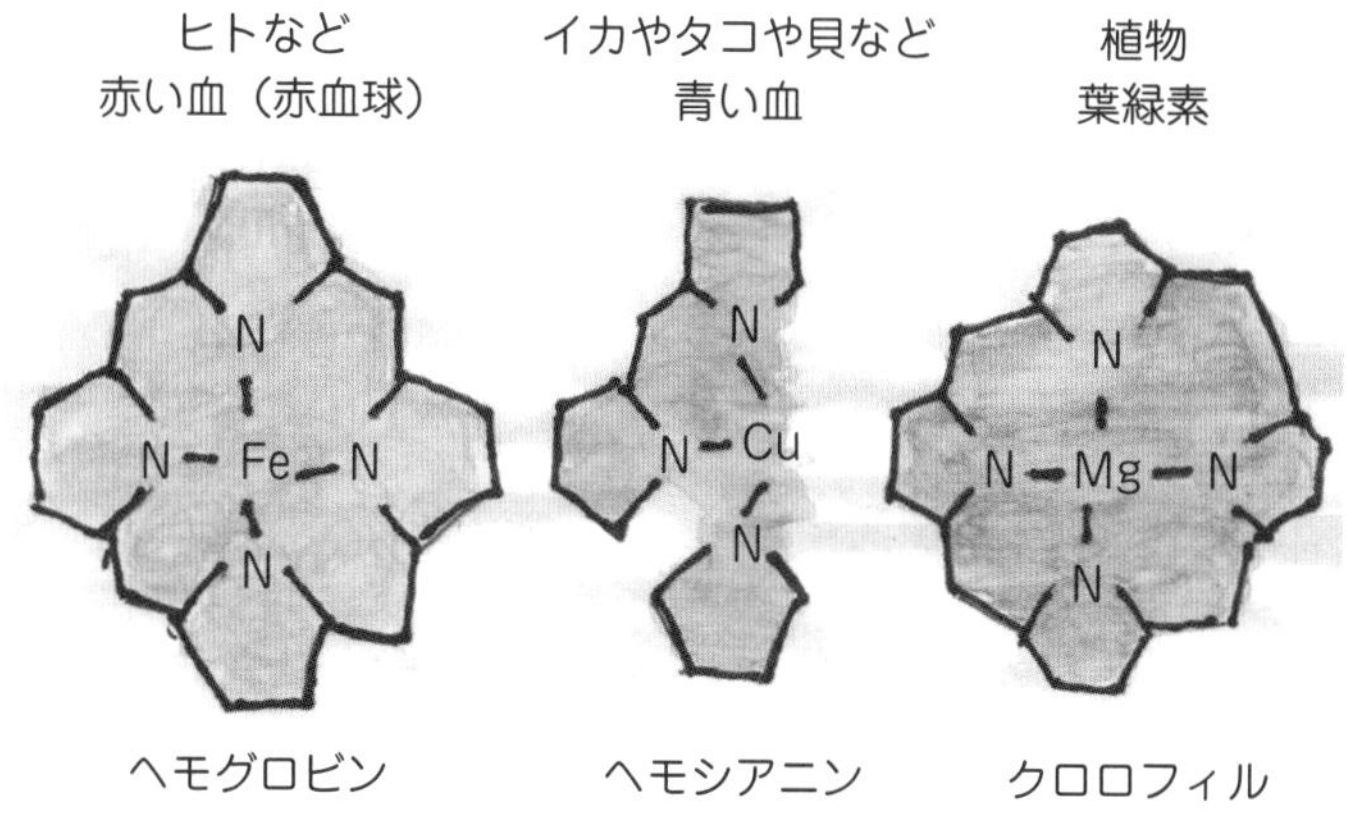

ヒトなど
赤い血（赤血球）

イカやタコや貝など
青い血

植物
葉緑素

N
N — Fe — N
N

N
N — Cu
N

N
N — Mg — N
N

ヘモグロビン

ヘモシアニン

クロロフィル

■生命の誕生■

＊赤い血
ヘモグロビン。化学構造の中央に鉄を持ち、大気中の酸素を取り込んで体内に運ぶ。人間を含め、多くの動物の代謝系で見られる。血液中の赤血球に含まれる鉄イオンのために赤く見える。血液成分は現在の海よりも鉄濃度が高い。これはこれは太古の海の成分と考えられている。

1-2 〈BC38－19億年〉鉄鉱石と銅鉱石の起源――生命と地球環境が鉱石を作る

⦿鉄鉱石の生成

鉄鉱石は、世界中の至るところで産出します。これは、太古の炭酸の海でたくさん溶け込んでいた鉄が、シアノバクテリアが吐き出す酸素とくっついて酸化鉄になり、沈澱したためです。沈澱する量は、季節変動や気候変動により変わります。このため、まるで木の年輪のような縞模様の鉱床（縞状鉄鉱床＊）が出来上がりました。

現代使われている鉄鉱石は、太古の海でシアノバクテリアが作り出した酸化鉄の分厚い層が、隆起して陸地になった場所から掘り出されています。深い穴を掘る必要がなく、地表にある

＊縞状鉄鉱床
縞は、珪酸塩鉱物と赤鉄鉱や磁鉄鉱などの鉄鉱石が交互に積み重なってできたもの。27億年前から19億年前に形成された。

鉱石を掻き取る簡単な掘り方で、「**露天掘り**」と呼ばれます。鉄鉱石は、世界のどの場所でも見つかります。鉄器を使う文明は、世界中の至る地域で発生しました。

　ときどき「鉄鉱石を掘り過ぎると、資源が無くなるのではないか」と心配される方がいますが、そんなことは全くありません。現在の鉄分濃度が高い高品質な鉄鉱石だけでも、数百年は枯渇しません。わずかに低い濃度のものも使うとなれば、その数十倍の資源量になります。鉄の心配よりも、製鉄の際に出る二酸化炭素や、ほかの重要な金属の枯渇*の方が、より現実味を帯びています。何といっても、地球の重量の3分の1は鉄です。

⦿銅鉱石が採れる場所

　銅鉱石の採れる場所は、鉄鉱石と異なり限定されています。銅鉱石は鉄鉱石とでき方が異なるためです。

　銅鉱石がある場所は、大昔の海底の地殻の裂け目（**プレート**

＊重要な金属の枯渇
鉄鉱石は、地球の歴史の中で生命が地表に生み出した鉱石なので、ほぼ無尽蔵に世界中に存在する。他方、銅やニッケルなどは、特定の場所にしか鉱石として存在しないので、掘り尽くしてしまうと他の場所を探すしかない。銅やニッケルは、電気自動車や風力発電などで需要量が増えているため、採掘可能年数がどんどん短くなってきており、本当にやばい状況である。

ふれてきています。このような場所では、地殻の裂け目から染み込んでいった海水が、高温のマグマと接触して蒸気になり、再び地殻の裂け目を上昇していきます。その過程で岩石中の硫化鉱物*が溶け込み、海水中に押し出され冷やされて、硫化鉱物が粒子となって付近の海底に沈殿します。こうした場所が銅鉱床になります。やがて海底が隆起して、海面から顔を出します。

古代の**青銅器文明**は、まさにこのような地に栄えました。エジプト文明、ミノア文明、ギリシア文明、メソポタミア文明、アッシリア文明、インド文明など、青銅器文明の場所は、地図上に記してみると、みごとにプレート境界の上に集まっています。ただし、中国文明はプレートの上に栄えました。そのため、青銅器を使う時代はあったものの、他の文明圏よりも一足早く鉄器文明に移行しました。

＊プレートの境界
地球の表面は一枚板ではない。形状の異なる大小の板に分かれている。この地殻の板は、その下のマントルのゆっくりした対流に合わせて動き、境界は次第に裂けていく。この地殻の板をプレートと呼び、裂け目を境界と呼ぶ。

＊硫化鉱物
硫黄と結合した金属を含む鉱物。火山活動などの硫黄環境で、高温水が地殻の中を移動するときに硫化物を生成する。熱水活動は限られた場所で顕著なので、鉱物として発見しやすい。

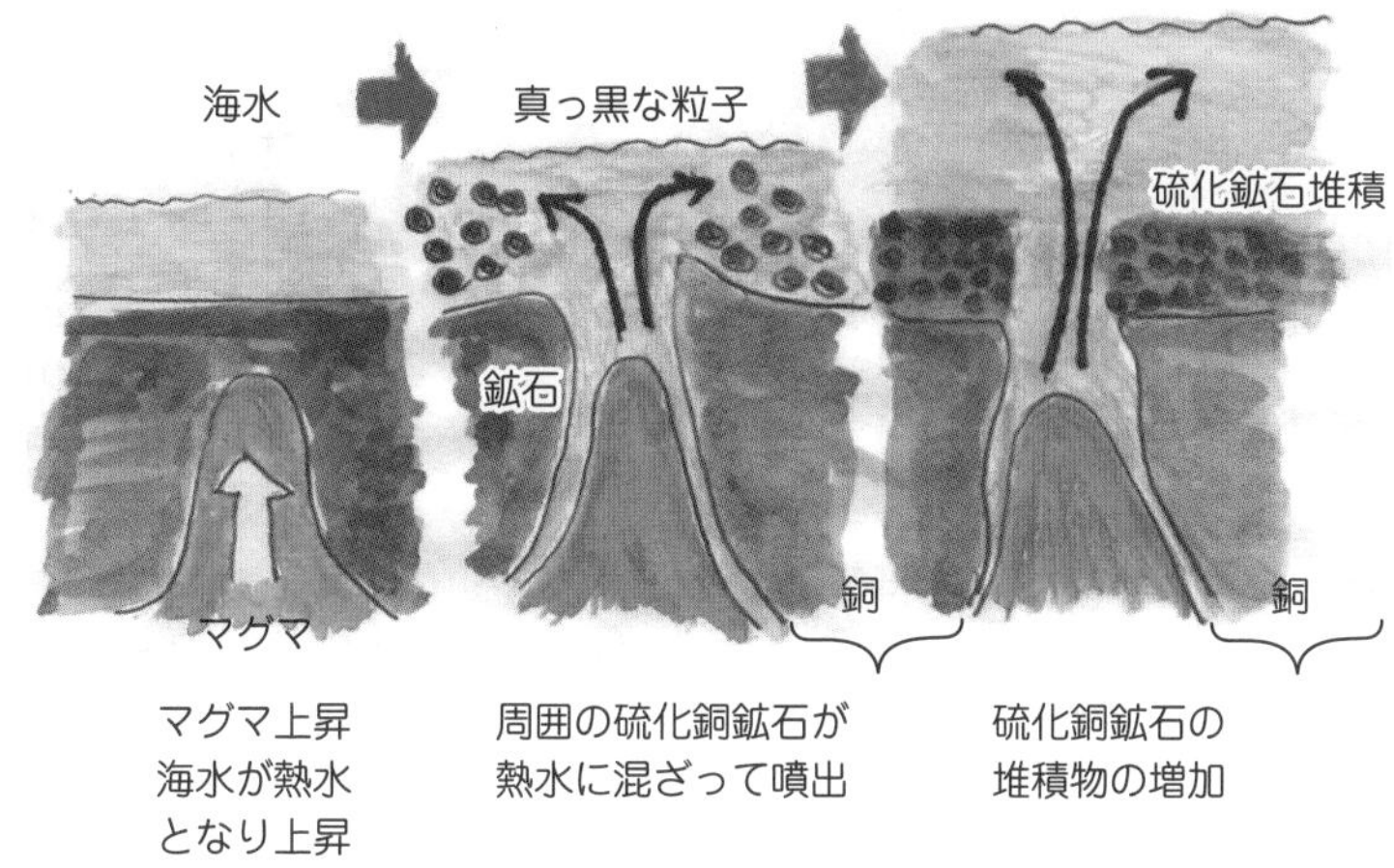

■海底熱水鉱床■

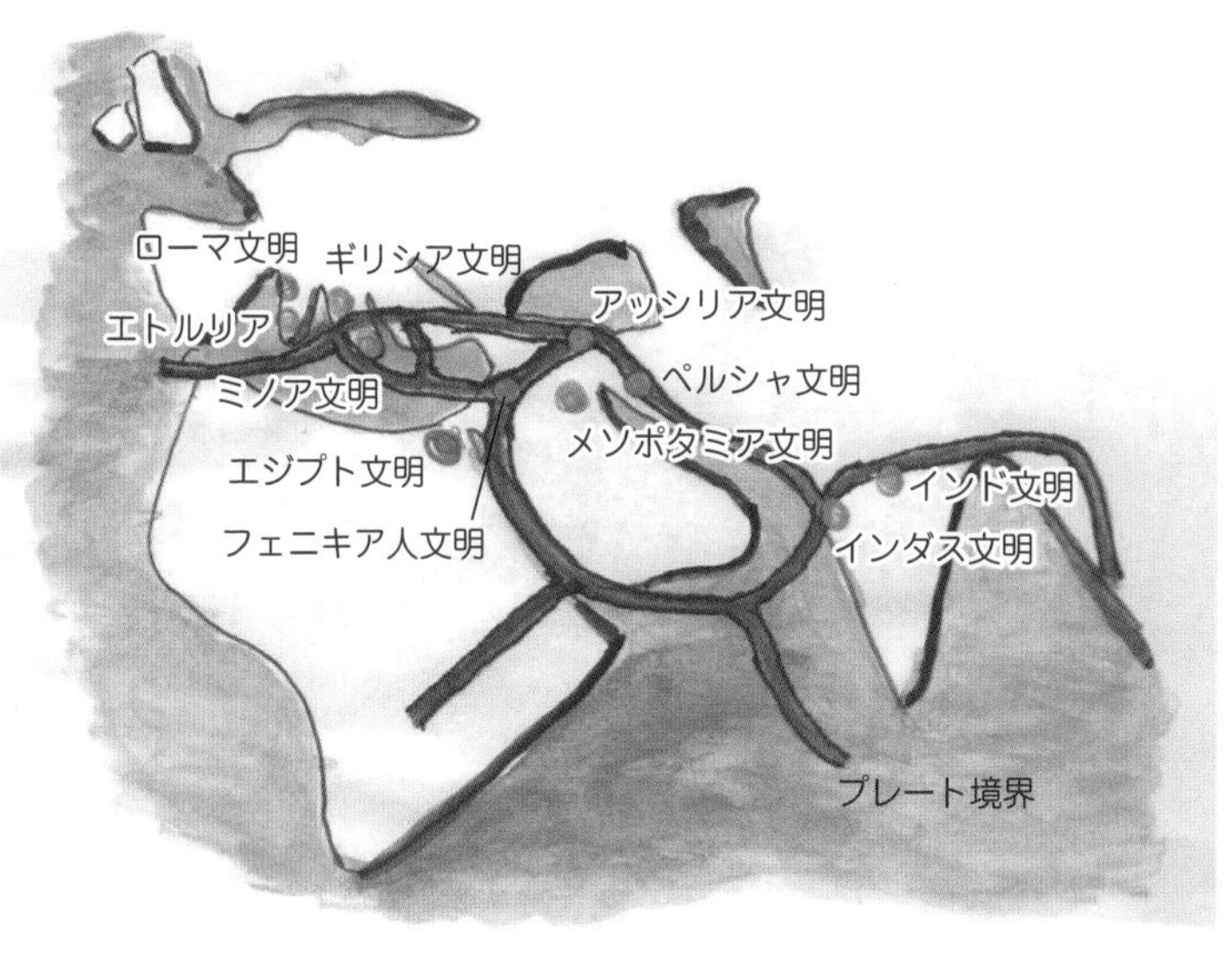

■プレート境界上の古代文明■

1-3 人類が最初に精錬した金属は銅？——銅器と青銅器

◉銅器と青銅器

人類が最初に自ら精錬した金属は、銅（どう）だったと思われます。銅鉱石は、色が鮮やかな緑色や青色なので、見つけやすい鉱石です。燃やした木炭に鉱石を入れるだけで、鉱石から酸素や硫黄をうばい取る還元*反応に必要な温度が得られ、容易に銅鉱石から銅を得ることができました。古代の人は、赤銅色（しゃくどういろ）の銅が火の中から生まれる光景を見て、感動したことでしょう。

銅を道具として使うときに問題となるのは、柔らかいことです。石で叩いて鋭い刃先を作っても、すぐに切れ味が悪くなります。

しかし、この問題も他の金属と混ぜることで解決しました。

＊還元
金属化合物から金属元素を生成する反応。酸化の逆反応であり、金属の製錬や鋼鉄の製造など、さまざまな産業プロセスで重要な役割を果たしている。

＊銅と錫（すず）を一緒に加熱する
錫は銅より原子半径が大きく、結晶サイズが少し大きいため、錫が置換元素となって結晶構造を歪ませる。このため外部からの力で変形しにくい、強い素材になる。

＊鋳造
金属を溶かし、それを特定の形状に型（鋳型）に流し込んで固める製造プロセス。熱により溶けた材料が型の中で冷却され、所望の形状の製品が得られる。自動車、建築、航空宇宙など多くの産業で使用され、大量生産や複雑な形状の部品の作成に適している。

銅と錫を一緒に加熱する＊と、銅単体よりも200℃も低い875℃程度で液体になります。しかも、冷やして固めると、銅単独よりもはるかに硬くなります。これを**青銅**と呼びます。この技術は、瞬く間に世界各地に普及していきました。青銅器、すなわちブロンズの利用の始まりです。

青銅は容易に溶けるので、職人が鋳型さえ作れば、必要な形の道具を作ることができます。これを**鋳造**＊と呼びます。道具がすり減ったり欠けたりしても、溶かして鋳込めば元通りになります。そのため、祭や農具、武器などに適したリサイクル素材＊になりました。再生利用できない石器の時代から、リサイクル可能な青銅器時代へと、一気に移り変わったことでしょう。

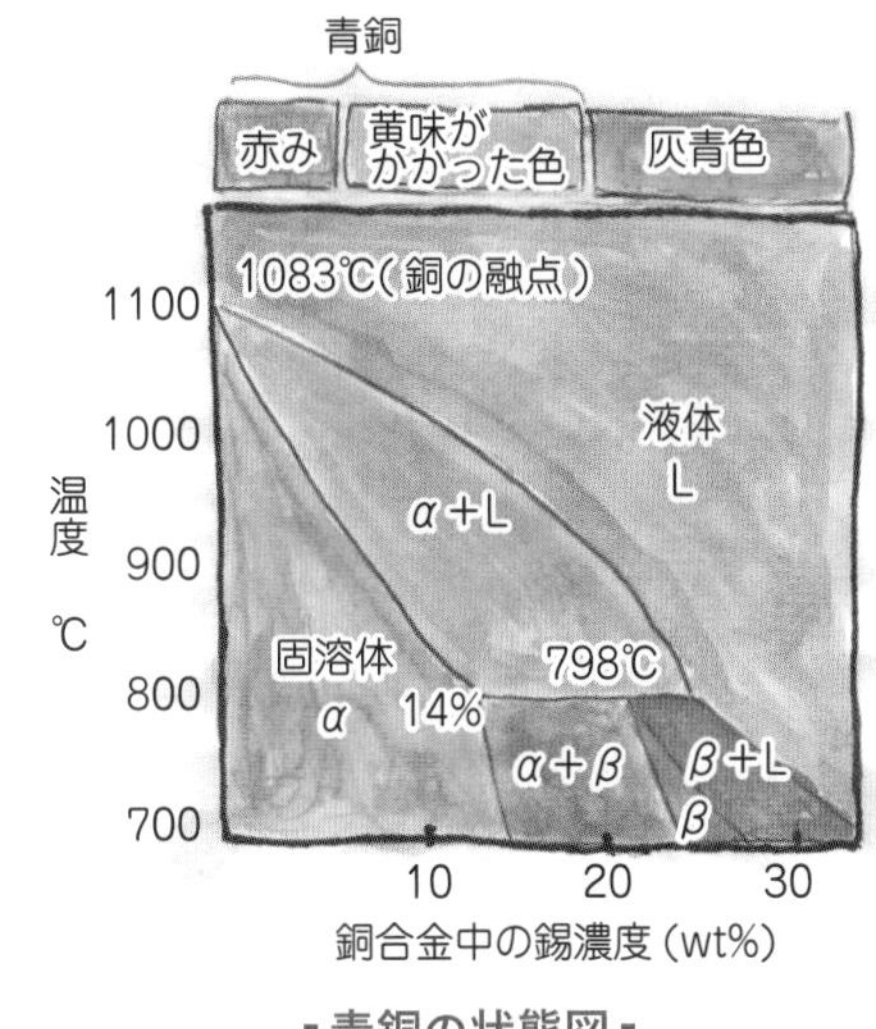

▪青銅の状態図▪

＊**リサイクル素材**
青銅は格好のリサイクル素材であった。青銅器が欠けたり割れたりすると、補修することができない。そこで、かけらをまとめて加熱すると溶解し、再び道具に鋳造することができた。

⊙青銅の利用場所

青銅が使われたのは、ＢＣ４０００年のメソポタミア、エジプト、中国、インダス川流域でした。不思議なことに、これらの地域は、銅鉱石は採取できても、必ずしも錫（すず）が採れる場所ではありません。

青銅作りに必要な錫は、意外にも遠方から交易で運ばれてきました。錫は疑いなく鉛（なまり）よりも早くから知られていました。ローマ時代のプリニウスの『博物誌』*には、英国やポルトガル、スペインに、広大な錫の採取場所があったと書かれています。

錫鉱石は、マグマによって熱せられた高温水が、周囲の岩石から鉱物を溶かし出し、岩石の割れ目に入り込んで鉱脈を作ったものです。そのため、採掘できる場所が限られていました。貴重な錫鉱石が採取できる場所は、交易で潤ったり、他国からの侵略の対象になったりしました。

＊プリニウスの『博物誌』
『博物誌』は、古代ローマ時代の大プリニウスが著した書。地理学、天文学、動植物、鉱物など、雑多な知識が記述されている。自分で確かめたり、研究したりした知見は少なく、過去の書籍を参照した伝聞情報が多い。しかし当時の知見を知るには、うってつけの書物である。

1-4 金属の歴史に登場する鉄の種類——数万年も前から利用されてきた鉄

◉鉄の利用

実は、人類は数万年も前から、鉄を顔料や画材として利用してきました。地球外から降下した**隕鉄**（いんてつ）や、森林火災などによって偶然できた自然還元鉄です。酸化鉄の粉でできた真っ赤な**ベンガラ**＊や、茶色や黄色の顔料として、顔や体に塗ったり、模様を描いたりしていたのです。

人類が鉄を「金属」として使い始めるのは、青銅よりも後のことです。鉄鉱石から鉄を取り出すことは、青銅を作るより高温が必要になるため、格段に困難な高度な技術でした。

＊**ベンガラ**
酸化第二鉄。赤色の着色顔料になる。語源は、江戸時代にインドの天竺（てんじく）国のあるベンガル地方から顔料を輸入していたことに由来する。顔料は安価で無害であり、耐水性や耐光性もあるため、着色以外にも用途は広い。

⦿鉱石から純鉄を作る

青銅よりも高度な技術であるといっても、大昔の人は木炭と鉄鉱石だけで鉄を作っていました。現代人が考えるより、鉄は簡単に作れていたのです。

鉄鉱石を木炭と一緒に炉の中で焼くと、木炭から発生した一酸化炭素により鉄鉱石の酸素が奪われ、鉄を得ることができます。この方法は、鉱石から固体の鉄を直接作るので**直接製鉄**と呼びます。直接製鉄の鉄は、不純物をほとんど含まない軟らかい鉄です。これを本書では**純鉄**と呼びます。

世界的に見ると、純鉄でできているものは、現代までたくさん残っています。インドの錆びない「デリーの鉄柱」は、415年に作られた

鉄
青銅
鉄鉱石＋木炭
還元銅
還元錫
直接還元鉄
溶融
加熱
叩き出し
酸化鉄粉
鋳造
ベンガラ
直接還元＋鍛造
溶融青銅ー鋳造

■鉄の利用■

ものですが、不純物の少ない純鉄*でできていることがわかっています。

ただし、焼いてできただけの純鉄は、気泡だらけのスポンジ状です。このような**スポンジ鉄***の内部には、異物が含まれています。異物を取り除くためには、スポンジ鉄を加熱して、異物をハンマーで叩き出す必要があります。これには非常に手間が掛かります。

一方、青銅は木炭で加熱するだけで溶けます。異物は浮力で浮き上がり、液体の青銅から排出されます。青銅はローテクでも製造可能な素材です。

⦿純鉄から鋼鉄を作る

純鉄を作る過程で、さらに火吹き棒や吹子（ふいご）で空気を送り込んで高温にし続けると、木炭の炭素が純鉄に染み込む**浸炭（しんたん）***という現象が起こります。こうして純鉄にわずかに炭素が入り込ん

＊純鉄
最近話題になっている「水素製鉄」も、不純物を含まない純鉄を作る技術である。水素ガスで鉄鉱石から酸素を抜き取って固体鉄にする。

＊スポンジ鉄
海綿鉄のこと。鉄鉱石を直接還元して得られた金属鉄は、多孔質構造で、あたかもスポンジもしくは海綿のような鉄になる。スポンジ鉄は柔らかく介在物を含むため、加熱してかなづちで鍛造する必要がある。

＊浸炭
炭素分が少なく柔らかい純鉄を木炭と一緒に炉に入れ、長時間高温に保つと、木炭の炭素が鉄の表面から取り込まれる現象が起こる。高温の浸炭鉄を水に浸けると、表面が非常に硬くなる「焼き入れ」が起こる。

だ鉄が、**鋼鉄**＊（**鋼**）です。炭素が入ることで、鉄が強化され、硬く強靭になります。

古代から有名な鋼鉄として、ヒッタイトの鉄、インドのウーツ、日本のたたら鋼などがあります。

⦿高炉で銑鉄を作る

鉄鉱石から鉄をたくさん取り出すためには、炉に強力な風を送り込んで、勢いよく木炭を燃やす必要があります。炉を高くすると、炉全体が煙突のようになって、勢いよく空気を吸い込みます（煙突効果＊）。そのため、炉の高さはどんどん高くなりました。

製鉄のために建てられた背の高い炉を**高炉**と呼びます。高炉の中では、鉄は長時間、高温に保たれます。そうすると、鉄にどんどん炭素が入り、最後には溶けてしまいます。このように炭素がたくさん入って溶けてしまった鉄のことを**溶銑**といい、

＊**鋼鉄**
錬鉄と銑鉄の中間の炭素濃度を持つ鉄。銑鉄の炭素を適度に減少させて鋼鉄を作る操作を製鋼と呼ぶ。錬鉄の加工性と銑鉄の強度をあわせ持つ。近代産業を支えてきたのは鋼鉄である。

＊**煙突効果**
木炭やコークスを燃料とし、高温燃焼させるためには、大量の空気を炉に吹き込まなければならない。この問題を解決するのが煙突効果である。背の高い炉を作ると、あたかも煙突を設置したような効果が得られる。

これが冷えて固まったものを**銑鉄**（せんてつ）といいます。溶銑は溶けているため、青銅と同じように不純物が浮上して、品質が良くなります。また、溶銑は流動性が良いため、鋳型に注ぎ込まれる**鋳鉄**（ちゅうてつ）となります。

最初に高炉が実用化されたのは、ＢＣ５世紀の中国です。高炉と水車による送風を用いた鉄精錬で、「**爆風炉**（ばくふうろ）*」と名付けられました。鋳鉄使用の始まりです。中国は青銅の材料が乏しかったため、西洋よりも早く鉄の時代に移行していきます。

西洋では１３００年代頃から、高炉法による銑鉄が作られてきました。銑鉄は鋳造しやすいので、工芸品やアイアンブリッジ*などの巨大な構造物の部品に使われました。

■周辺国への影響

中国で鉄製造が盛んになると、それまで使っていた青銅は不要になりました。不要になった青銅は、周辺国に輸出され、朝鮮半島に「にわか青銅文化」が起こります。やがて廃品回収さ

＊**爆風炉**
古代中国では高炉のことを爆風炉と呼んだ。

＊**アイアンブリッジ**
１７７９年、英国のセバーン渓谷に架けられた世界初の鉄橋。鋳鉄で作られた部品を組み立ててあり、外観はプラモデルのような印象である。鋳鉄は錆びにくく、現在も健在である。

れた青銅器のスクラップが日本に渡り、溶かされて銅鐸（どうたく）や銅矛（どうほこ）に生まれ変わって、弥生時代の祭祀（さいし）道具として活用されました。ただし日本の青銅器は、ある時期*を境にすべて山麓に埋められ、突然の終わりを告げました。これは歴史上の謎です。

鉄器時代は、世界中のさまざまな地域で、さまざまな時代に始まりました。鉄鉱石は豊富にあるため、製錬方法を習得することで、鉄は実用に適した素材金属になりました。青銅よりも耐久性があり、鋭利さを失わないため、武器だけでなく、農工具として農地開墾や農業に活用されました。青銅も使われ続けましたが、鉄に比べて高価なため、祭祀道具などに使用されました。

◉銑鉄から炭素を抜いて錬鉄を作る

液体の銑鉄*は、鋳型で鋳造して製品にすることができます。しかし、固体になった銑鉄は、硬くて加工ができません。そこ

＊ある時期
記録によると、２４０年に銅鐸や銅矛はすべて、人里離れた場所に埋葬された。２３９年に卑弥呼が魏王から１００枚の銅鏡を贈られているが、関係があるのかないのか謎である。

＊銑鉄
鉄鉱石と、木炭もしくは石炭から得たコークスを燃料として高炉に入れ、溶けた銑鉄である溶銑を得る。銑鉄には炭素分が4％ほど含まれる。溶けた銑鉄を鋳型に注入すると、鋳鉄製品が得られる。鋳鉄製品は脆い。

＊錬鉄
炭素がほとんど入らない軟らかい鉄。直接還元法で得るか、高炉から炭素含有率の高い銑鉄を得た後、パドル炉などで炭素分を除去して錬鉄を得る。パドル炉では炭素分を適度に残留させることが困難である。

で、銑鉄から炭素を抜いて、加工性の良い鉄にします。これを**錬鉄**（れんてつ）*と呼びます。

錬鉄はパドル法という特殊な精錬法で作るため、18世紀では「**パドル鉄**」とも呼ばれていました。

◉鋼鉄の魅力

銑鉄は硬いけれど、加工ができません。錬鉄（パドル鉄）は加工ができますが、軟らかいので、強度が必要な部分には使えません。炭素が適度に入った鋼鉄は、強度があり加工もできるため、さまざまな部品や構造材に利用できます。また、加熱してから勢いよく冷やすと、硬くなり刃物などにも使えます。

英国では19世紀半ばまでは、鋼鉄を必要とするのはナイフやカトラリー（食器）ぐらいであり、

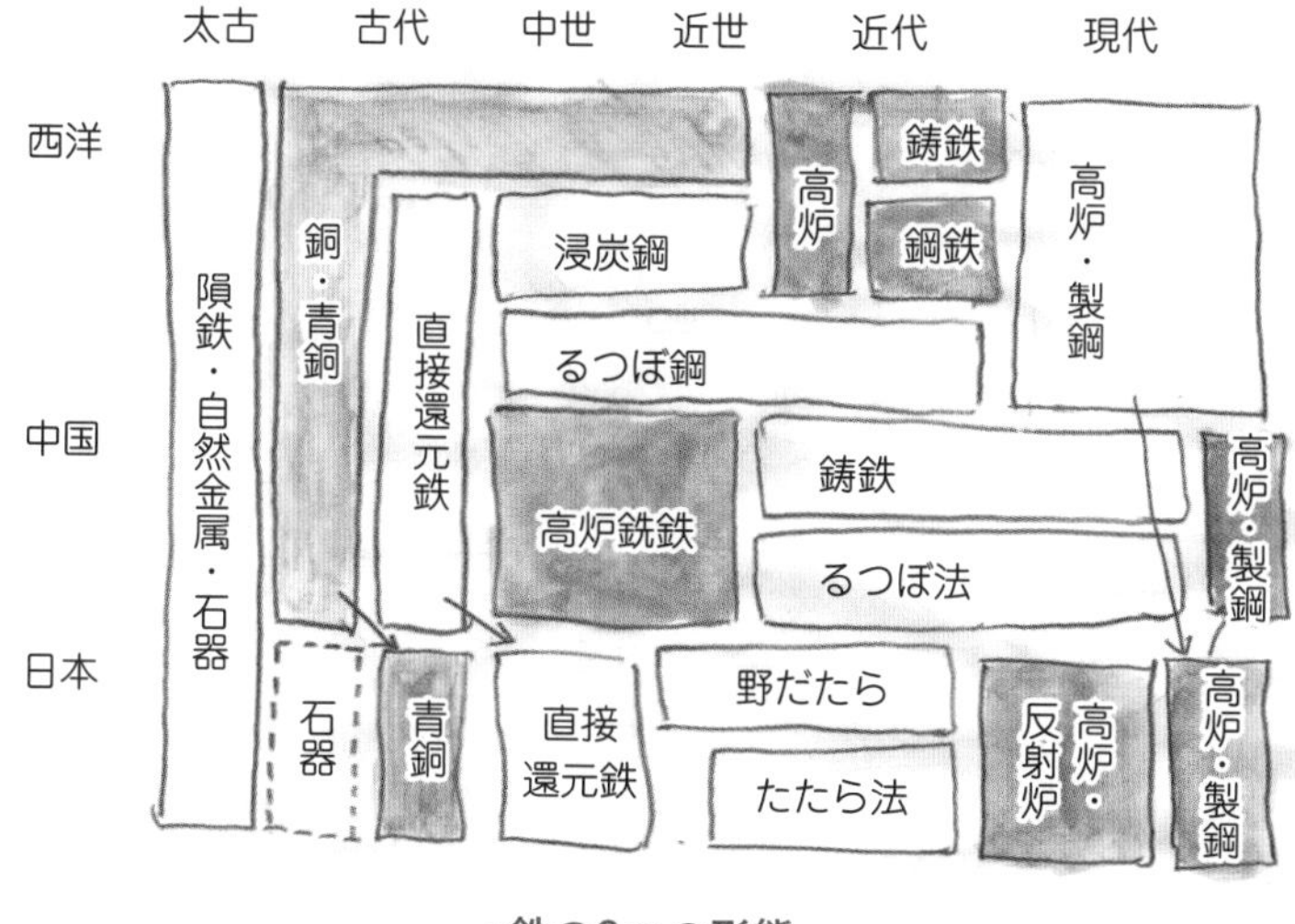

▪鉄の3つの形態▪

大量に使いたいという要望はありませんでした。しかし、産業革命が本格的になり、蒸気機関を始めとするさまざまな機械が必要になってくると、次第に鉄鋼製造の要望が高まってきました。

現在は、**鋼鉄の時代***です。銑鉄や錬鉄はほとんど使われません。現在は、鋼鉄にさまざまな元素を入れ、熱処理を併用して必要機能を出す「合金鋼」などが作られています。

■鋼の製造

鋼鉄は、錬鉄の軟らかすぎる性質と、鋳鉄の硬いけれど欠けやすい性質を補完して満足させた鉄です。適度に炭素が入った鉄を作る方法は3つあります。

一つ目は、るつぼの中で錬鉄と鋳鉄を混ぜて溶かす**るつぼ法**です。るつぼを入れて内容物を溶かすことのできる、高温の炉が必要となります。

二つ目は、高炉から出てきたばかりの銑鉄に、空気や酸素を

＊**鋼鉄の時代**
鉄の時代と鋼の時代は、混同しがちだが全く異なる。鉄の時代は、青銅器時代が終わって以降、2千年は続いている。鋼の時代は、英国で転炉が発明されて、鋼の大量生産が始まった1856年以降とされる。ただ古代から、日本のたたら法、インドのウーツなど、鋼鉄を大量に作っていた地域もある。

吹き込んで、炭素を二酸化炭素（高温では一酸化炭素ですが）にして抜き出し、適度に炭素を低減したところで精錬を止める方法です。これを**製鋼法**と呼びます。製鋼法には、ベッセマーが発明した、溶銑を炉に入れ、空気を吹き込んで高速で脱炭を行う「**転炉**（てんろ）**法**」と、反射炉の中で溶銑を空気に触れさせて、ゆっくり脱炭する「**平炉**（へいろ）**法**」があります。

三つ目は、鋼鉄を作る方法としては、世界の技術の流れから解脱している**たたら製鉄法***です。たたら製鉄法は、磁鉄鉱と木炭を原料に使います。たたら炉の構造と強力なふいごで得られる高温は、固体鉄を半溶融状態に保ち、浸炭を進行させます。過剰に溶融すると、鉄は溶銑に変わりますが、適切な操業をすれば、鋼鉄が得られます。この鋼鉄は「**玉鋼**（たまはがね）」と呼ばれ、日本刀の材料になりました。

***たたら製鉄法**
たたら製鉄法は、日本固有の製鉄法である。たたら法は精錬のために毎回新炉を作り、精錬が終わったら鉄を取り出すために炉を壊す。およそ3トンの鉄を取り出すために、3日3晩連続して操業を行う。

玉鋼

写真は、筆者所蔵の玉鋼（たまはがね）です。玉鋼は現在でも少量、刀剣用にたたら製鉄で作られています。

写真の玉鋼は、研究用にいただいてから17年の月日が経ちますが、書斎にむき出しで置いておいても、全く錆びる気配はありません。これは、りんや硫黄などの不純物がほとんど含まれないためだと言われています。

時を経ても、キラキラと輝いています。所々に窪みがあり、鮮やかな緑色や青色、黄金色が見えます。これは、冷却過程で生成したスケールの厚みにより発色していると、とある刀鍛冶から教えてもらいました。

玉鋼は、粘土で作ったたたら炉の中に砂鉄と木炭を入れながら、鞴（ふいご）と呼ぶ送風装置で空気を送り込み、三日三晩かけて作られます。三日目が終わり、炉を壊すと、約3トンのケラ（金偏に母）と呼ぶ鉄の塊が現れます。このケラを巨大なハンマーで打ち砕くと、中心部から日本刀に使われるわずかな量の良質の玉鋼が得られます。

■筆者所蔵の玉鋼■

WORLD HISTORY OF METALS

第2章
金属の記憶――金属の神話と錬金術

2-1 金属と伝承――鉄の神話

⦿鉄の神話

鉄器時代の神話では、鉄は聖なる力を持っており、それが天から降ってきたものであれ、地の底から生まれたものであれ、奇跡を生み出すものと認識されていました。ローマの文筆家の大プリニウス*は『博物誌』で、「鉄は医術的な障害にも、夢魔の襲来にも効果的である」と書き記しています。シナイ半島のベドウィン*も、「隕鉄から剣を作ることができた者は不死身になる」と信じていました。

神話は、無から有を生み出す物語です。神々は宇宙を生み、人を生みます。あらゆる神話は、生むことから始まります。

古代から冶金（やきん）*術は、母体から赤子を取り上げる産婆術（さんばじゅつ）と同一視*され、母なる大地から金属を生み出す手助けをするもの

＊大プリニウス（人名）
［古代ローマ］23－79。ガイウス・プリニウス・セクンドゥス。ローマ帝国の属州総督。『博物誌』を著す。ヴェスヴィオ火山の大噴火でポンペイが壊滅したとき救助に向かい、火砕流で死亡。甥と区別するため大プリニウスと呼ぶ。

＊ベドウィン
砂漠の住人。アラブの遊牧民。

＊冶金
鉱石その他の原料から有用な金属を採取、精製、加工して、種々の目的に応じた実用可能な金属材料（合金）を製造すること。

＊産婆術と同一視
大地の鉱石から金属を取り出す鋳物師と母体から赤子を取り上げる産婆は、いずれも新たな生命を生み出す手助けをした。古代は生物や金属も差がなく、金属製品にも生命が宿っていると考えられていた。

と考えられてきました。神話の中では繰り返し、暗い坑道の奥底に潜む黄金の発見物語や、地底で金属を取り出す者たちが描かれてきました。

金属は聖なる力を宿しますが、中でも鉄はその使い方から、正邪の性格を持つものと見なされてきました。鍬（くわ）や鎌（かま）、鋤（すき）などは、作物を得る道具ですが、刀剣や槍の穂先は、人を殺める凶器というわけです。ここから、鉄は身を守る道具と見なされてきました。最も効力がある鉄は、守り刀であり護身用ナイフになります。

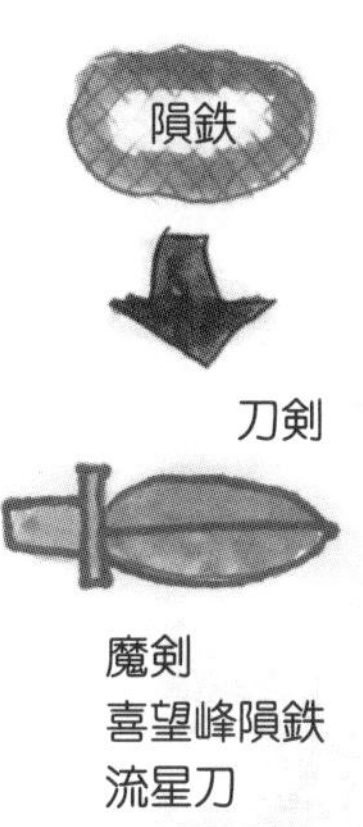

■鉄の神話■

⦿隕鉄

空から落ちてくる隕石(いんせき)には、石質隕石、隕鉄、石鉄隕石の3種類があります。石質隕石は、全体の9割を占めるといわれ、カンラン石成分でできています。

隕鉄は、ニッケルと鉄の合金で、非常に硬い金属です。主にニッケル含有量により、ヘキサヘドライト、オクタヘドライト、アタキサイトの3種類に分類されます。ヘキサヘドライトには、ウィッドマンシュテッテン構造と呼ぶ模様が現れます。

隕鉄で作った有名な刀には、インドのムガール帝国皇帝ジャハーンギール*が作らせた魔剣があります。隕鉄で作った刃物には、魔力があると信じられていました。

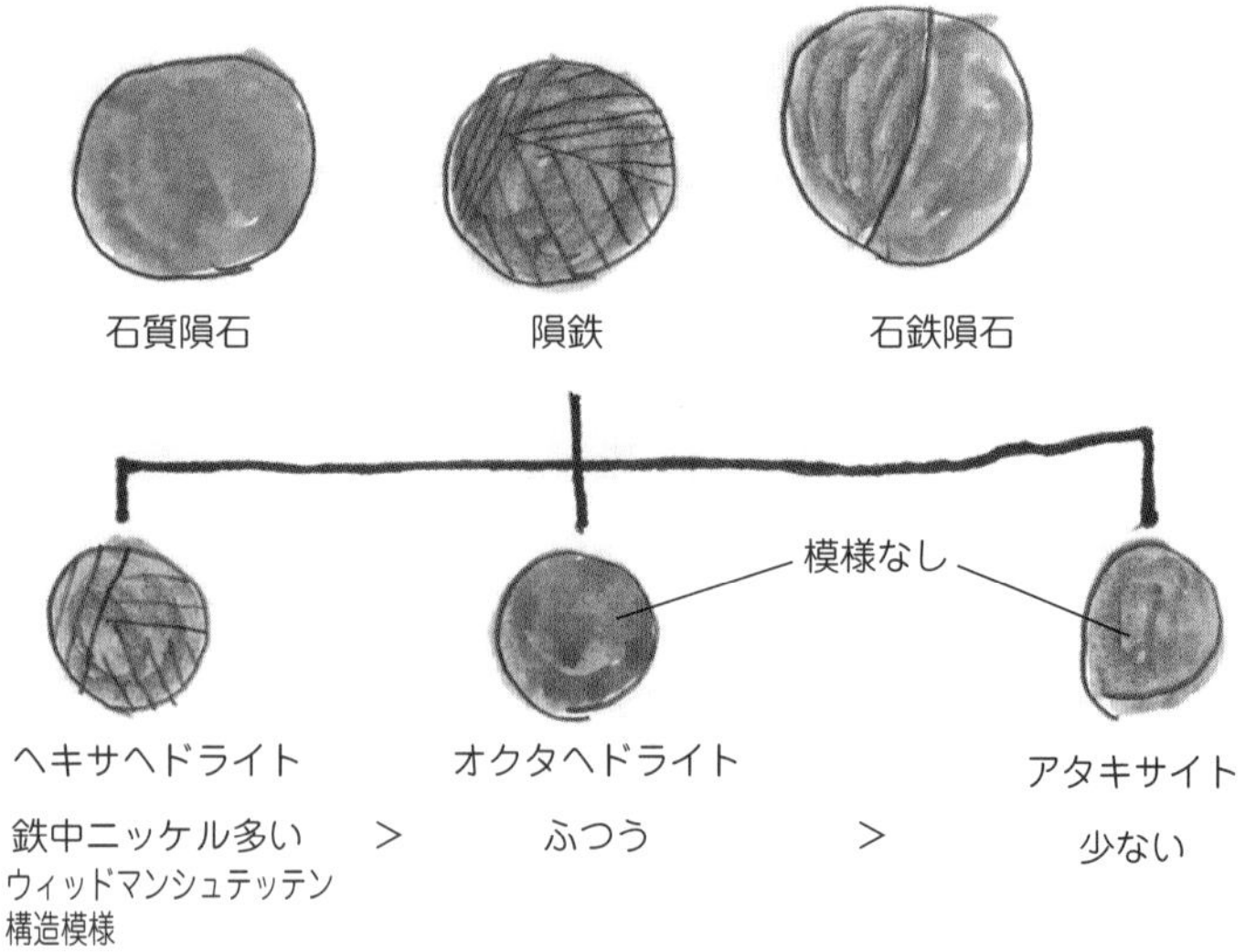

石質隕石　隕鉄　石鉄隕石

模様なし

ヘキサヘドライト　オクタヘドライト　アタキサイト

鉄中ニッケル多い ＞ ふつう ＞ 少ない

ウィッドマンシュテッテン構造模様

▪隕石と隕鉄の種類▪

ロシア皇帝アレクサンドル1世*は、喜望峰隕鉄で作られた刀を所持していました。明治時代、ロシア大使であった榎本武揚は、ロシア皇帝の秘宝に隕鉄製の刀があることを知り、自分も持ちたいと願います。そして、富山県で見つかった白萩隕鉄を自費で買い込み、刀鍛冶に流星刀*を数本作らせました。隕鉄が軟らかすぎたため、玉鋼と組み合わせて何とか鍛えたといわれています。

⦿『王様の剣』

映画『王様の剣』は、誰もが読んだことのある「アーサー王伝説」を題材にしています。アーサー王は、古い民族ケルトをまとめ上げた伝説王です。

＊ムガール帝国皇帝ジャハーンギール（人名）
［ムガール帝国］1569－1627。名前の由来は「世界を征服する者」。ペルシャとインド文化を共存させようと、文化保護に熱心だった。徴税人から隕鉄が献上され、これを神からの贈り物と見た皇帝は、刀と短剣に鍛造させた。

＊ロシア皇帝アレクサンドル1世（人名）
［ロシア］1777－1825。ナポレオン率いる仏軍と対峙。焦土作戦、モスクワ放棄と大火の後、冬将軍で大軍を退けた。ナポレオン失脚後のウィーン会議を主導する。自由主義運動を弾圧し、ロシア領土の拡張を成功させた。

＊流星刀
4振作られた流星刀は、博物館や天文台などに所蔵されて、常時見ることはできない。4億5000万年前にナミアビに落下したギベオン隕鉄を使って、製作工程実証実験のため作られた「天鉄刀」が、千葉工業大学に展示されている。

■石から抜く剣

アーサー王伝説では、湖の乙女から授かった宝剣エクスカリバーが有名です。しかし、アーサー王を王にした理由は、石に突き刺さった＊名前のないもう一本の剣です。誰も引き抜けない剣を少年アーサーは軽々と引き抜き、人々はアーサーを王と認めます。

この逸話にはいくつもの寓意があります。石に刺さった剣を抜く行為は、地下の鉱脈から剣、つまり鉄を取り出す技を持つことを意味します。アーサー王は、製鉄技術を持つ民を従えたため、王と認められたのです。

■蛇の紋章

王家の紋章には、数多く蛇が使われています。古代ヨーロッパには、土着の**ケルト文化**＊が至

■アーサー王伝説■

るところに色濃く残っています。ケルトの神々は、大地母神（だいちぼしん）*です。大地はさまざまな生命や金属を生み出します。

ケルトでは、蛇は曲がりくねった鉱脈を意味しました。蛇が入った紋章は、金属を作る術を持つ民を従えていることを意味しました。

地下から掘り出されるのは、剣の素材の鉄だけではありません。蛇を意味する鉱脈をたどると、地下に冶金場があり、そこで黄金を取り出している言い伝えも数多く残っています。ディズニーの白雪姫や指輪物語で描かれた地下の採掘場や鍛冶場です。古代人にとって、曲がりくねった鉱脈は産道であり、その奥に永遠の命を持つ黄金が眠っているのです。このように大地には女神、大地母神が住んでいて、金属を産み出していると考えていました。

＊石に突き刺さった
石から剣を引き抜くという行為は、石から鉄を取り出し剣を作ったという寓意。古代から製鉄の技術を持つ民を従えた者は、その武器で戦いを勝ち抜き王国を作るという歴史が繰り返されてきた。

＊ケルト文化
欧州先住民のケルト人は、青銅器時代に中央欧州に広まり、鉄器時代初めのBC1200－500年までハルシュタット文化を発展させた。その後、ギリシアの影響を受けラ・テーヌ文化となり、ローマに征服された。

＊大地母神
古代文明では、穀物や鉱物を生み出す大地は、母なる大地と認識され、さまざまな文化で女性と重ねられてきた。日本のイザナミやケルトの女王メイヴは、豊穣と破壊の女神で、大地の底から金属を生み出す神でもあった。

■金属と生命

古代人にとって、金属は人間と同じく生命を持って*いました。剣にも生命が宿り、戦いに敗れて倒れたとき、勇者は剣を天にかざし、剣の名を叫んだといいます。

古代、冶金術は産婆術と重ねたイメージを持たれていました。赤子を母体から取り上げるのと、金属を大地から取り出すのは、同一視されました。

生命を生み出すには犠牲が伴いますが、冶金術でも犠牲はつきものでした。昔のたたら場では**金屋子神**（かなやこしん）*が祀られていました。精錬で湯が沸かないとき、自らが飛び込んで湯を沸かしたという言い伝えも数々残っています。生み出す行為には犠牲が伴うという、太古からの私たちの心象は、現代にも生きています。

中国の呉王の命令で剣を作った**鍛冶師**の干将（かんしょう）が、どうしても鉄の精錬がうまくいかずに困っているとき、妻の莫耶（ばくや）が炉に入り、鉄を溶かしたと伝えられています。これも金属に生命を

＊生命を持って
大地から金属を得ることは「生命の誕生」、鉄が錆びて朽ち果てるのは「老衰」、黄金が永遠に輝き続けるのは「高貴な生命が宿る」というように、人間の生命と重ね合わせる心象風景が、人類にとって文明が始まるずっと以前からあった。

＊金屋子神
日本の中国地方を中心に信仰されている、たたら製鉄の神（女神）。高天原から兵庫県の岩鍋に降臨し、その後白鷺に乗って西方の島根県、出雲国に移動し、金屋子神社に祀られた。たたら場で必ず祀られる。

吹き込むため、自らの生命を犠牲にする感覚です。できた名剣は、雄剣と雌剣で、「干将」と「莫耶」と名付けられました。

⦿昔の黄金の作り方

最初に人類に知られた金属は、**黄金**です。大プリニウスの手記によれば、当時世間に出回っていた黄金は、次の3つのプロセスによって得られたものでした。

一つ目は、西班牙（スペイン）のテガス川、伊太利亜（イタリア）のポー川、スレース国のヘブラス川、アジアではパクトラス川、インドではガンジス川などの河川底の砂石の中で、水流により外面を研磨され、きらびやかな特質を持つものとして得られたものです。二つ目は、坑を掘って発見されたものです。三つ目は、洞窟や断崖の鉱石中で混合しているものを原石として得られたものです。

大プリニウスの日記には、「他のすべての金属は還元するために火が必要だが、唯一黄金だけは最初から純粋であって、

▪黄金の見つかる場所▪

いかなる環境の変化に遭っても、錆が生じたり重量が変化したりすることはない。また、食塩や酢酸のような強い作用を及ぼすものでも、ちっとも黄金を溶解させることができない」とあります。また、「黄金の精製には鉛を混合させる」ともあります。しかし、大プリニウスは、黄金中に多少の銀が含まれていることは知っていましたが、これを分離する方法は書いていません。

金を作るためには、金鉱石を鉛、錫、食塩、麦殻と混ぜて、これを土器の中に盛り、高熱で溶解させ、5日間火を絶やさないようにします。ギリシア人アガサルイデスは、かつてエジプトにあった黄金の冶金場を見学し、帰国後、黄金採鉱法および鉱石処理法の書物を著しました。その中でこのように言っています。「黄金を精錬するには、鉛、食塩、少量の錫に乾し草を加える。しかしこの方法はすでに古い方法である」。

また、昔の有名な医師ヒポクラテスは、「黄金を精製する方法は、食塩、硝石およびミョウバンを混合し、文火（書物を読む灯明）で熱する。銀を精製するにもこの方法を使う」と言っています（資料：**涅氏冶金学**総論「黄金」）。

⦿宗教と金属

古来、人類は黄金の輝きに憧れ*をいだきます。これは宗教や政治の世界でも同じです。日本でいえば、奥州平泉の金色堂、秀吉の金の茶室、尾張名古屋城の金の鯱（しゃちほこ）、足利氏の金閣寺も金の魅力に魅入られた建造物です。

黄金は、色、光沢、重量、延性、そのほか「錆びない」「腐食しない」などの有益な性質のため、古来金属中で最も価値があるものとされてきました。変化しない性質は、完全無欠の不死の概念と重なりました。このため、黄金は純粋、高貴の表現にも用いられます。

キリスト教の**旧約聖書***にも黄金がたびたび登場します。ヨブ記第23章第10節に「我が平生の道は彼知りたまふ。彼われを

＊**黄金の輝きに憧れ**
黄金は、毎朝蘇る太陽の輝きを持つ、朽ちることのない不死の象徴であり、世界のどの民族にとっても物欲の対象である。日本だけがとくに黄金願望が強かったわけではないが、マルコ・ポーロがいい加減な聞きかじり情報で日本を紹介したため、世界中が黄金の国ジパングを目指し、東から西から大航海ブームになってしまった。罪作りなマルコである。

＊**旧約聖書**
ユダヤ教、キリスト教の聖典。天地創造から始まるが金属の記述が随所にある。旧約聖書、新約聖書を通して、金は545か所、銀で322か所、青銅で133か所、そして鉄は85か所に登場する。大半は旧約聖書の記述。

試みたまはば我は金の如くして出で来らん」とあります。

古代は黄金が非常に豊富にあったようです。創生記第2章9節以降で、エデンの園の様子を述べています。「川はエデンより出でて園を潤おし、ここより分かれて四つの源となれり。第一の名はビソンという。これは金あるハビラの全地をとるものなり。其の金は善し」。

黄金の記述は、繰り返し出てきます。黄金の最後の紹介は、列王紀略上第6章第21から22節です。「ソロモンは純金で家の内を覆い、神殿の前には金の鎖で間隔を造って、金でここを覆いました。さらに黄金で残らず家を覆い尽くし、ようやく家を飾ることをやめました。もちろん神殿の傍にある壇は皆、黄金で覆ってあります」。今のお金持ちと比較にならないスケールで、黄金を消費していました。聖書に出てくる金属は、黄金だけではありません。銀も装飾品や器物として使われました。

出エジプト記第20章第23節のエホバがモーゼに言った言葉です。「お前たち、何も我に並べて造ってはいけない。銀の神像

▪太陽≒黄金≒神≒王様▪

も黄金の神像も、自分たちのために造るな」。ここで**偶像崇拝**[*]をエホバは禁じたのでした。というのも、イザヤ書第47章第6節にあるように、「人々袋より黄金を傾けて出し、はかりで銀を計り、金工を雇って黄金神を造り、これに平伏して拝む」と、現代の拝金主義顔負けの行動をしていたのでした。

最後は**箴言**（しんげん）です。「銀を試みるはるつぼ、金を試みるは炉、人の心を試みるものは神なり」。聖書に登場する金属を探す旅は、興味が尽きません。神話か古代の話と思いがちですが、登場する金属の話は新鮮な驚きに満ちています。

＊偶像崇拝
エホバが偶像崇拝を禁じたのは、「形ある神様の像を作るな」と言ったようにいわれている。しかし文脈からは、「お前らな、銀の神像や金の神像なんか作らないで、もう少し謙虚になれよ。がめつ過ぎるやないか」としか読めない。

2-2 錬金術――黄金への永遠の願望

◉西洋錬金術の系譜

■黄金への憧れ

錬金術*とは、古代から中世にかけて広く信じられていた、物質の変換や不老不死の探求などを目的とする、神秘的な実践や思想体系です。普通の金属類を金・銀などの貴金属に変化させようとする術をいいます。

錬金術の話をするとき、「パラケルスス*の賢者の石」「カリオストロ偽伯爵」「最後の錬金術師ニュートン」などにまつわる話題のつまみ食いも面白いものです。しかし、「金を作り出す」という発想がどこから出てきたのかを知ると、もっと世界史が楽しくなります。ここでは、世界史を金属視点で見つめ、錬金術の裏に流れる技術思想を見ていきます。

＊錬金術
現代では、詐欺まがいの金儲けや、ビットコインを使った一攫千金用語で使われるケースが多いが、歴史的には由緒正しい金儲けの手段。あれ？　同じことを言っているかもしれない。「卑しい金属の鉄を黄金に変える」という怪しい術を、本当っぽく演じる詐欺師の多かったこと。真面目な錬金術師も中にはいるが、「賢者の石で不死になれます」という語り口はやはり怪しさ満開で、「絶対お前は信じていないだろう」と突っ込みたくなる。

＊パラケルスス（人名）
［スイス］1493－1541。放浪の錬金術師、医者。医学に錬金術を持ち込み、鉱物や、化合物を薬とした。「錬金術で金を作ろうとするのは時間の無駄、医術に使うべき」と述べ、医者からも錬金術師からも嫌われた。怪しい風評が多い。

■黄金崇拝が錬金術の起源

最初に、**西洋錬金術**の流れを紹介します。西洋錬金術は、人類が生まれて二本足歩行を始めた１５００万年前のラマピテクス*、もしくは、もう少しあとの５００万年前のアウストラロピテクス*から始まります。少し昔すぎるので、埋葬文化を持っていた15万年前のネアンデルタール人*まで時計を進めます。

埋葬とは、死を意識しています。今まで動いていた人が動かなくなって、放っておくと獣などに食べられるか腐るという経験は、死を避けたい、つまり**不死の願望**となります。

変わらぬものは、輝く太陽です。あらゆる古代文明において、まず太陽が崇(あが)められます。そして、地上で太陽と同じく輝くものを見つけます。それが、時間が経過しても色褪せず、常に輝き続ける黄金です。人類はその起源に、太陽や黄金など光り輝くものを好む習性が刷り込まれているのです。

＊ラマピテクス
インドで発見され、一時期、類人猿からヒトにつながるミッシングリンクと考えられて、ヒトは大昔から類人猿と分岐していたとの議論になった。しかし、オランウータンの骨とわかり、誤りと認識された。

＊アウストラロピテクス
１５０万年前の地層から見つかり、類人猿から分岐したヒトの祖先と見なされた。今では別系統とわかっている。

＊ネアンデルタール人
4万年前まで、ユーラシア（アジアとヨーロッパを一緒にした地域）に住んでいた旧人類。気候変動、疫病などで絶滅した。4万年以降現れたクロマニヨン人が新人類で、私たちの祖先と言われている。石器を使っていた。

■エジプトから世界へ

時代は一気に記録が残っている**エジプト王朝**＊に下ります。今から7000年以上前の時代です。時の権力者は、黄金を身に着け、**黄金の棺**で埋葬されました。相変わらず不死を願い、蘇りを願いました。エジプトではミイラの製作のために、金属や薬品を取り扱う秘術が高度に進化します。

その後、文明の中心は大きく移り変わります、**海の民**の侵略でヒッタイト文明が滅び、ギリシアからローマに文明が移り、マケドニアのアレクサンダー大王が獲得した領土が死後分割され、エジプトはプトレマイオス将軍が治めます。エジプトの最後の王朝、**プトレマイオス王朝**＊です。ギリシア文化とオリエント文化が融合したヘレニズム時代の幕開けです。

アレクサンダーや学友のプトレマイオスは、若い頃、アリストテレスから学んでいました。アリストテレスは、プラトンのアカデメイアで学び、大きな図書館の必要性を若き弟子たちに教えていました。

＊**エジプト王朝**
古代エジプト人は、暦法を持ち歴史を記録していた。BC3000年頃の初期王朝、BC2650年古王朝、中王国、新王国、末期王朝、そして最後のプトレマイオス朝へと、エジプト王朝は実に31王朝、4000年間続いた。

＊**プトレマイオス王朝**
建国BC305年、滅亡BC30年。1世はマケドニア出身。地中海ではローマが勃興している。シーザーとクレオパトラ7世の交流や、ギリシア文字とエジプト文字で書き綴ったロゼッタ・ストーンは、この王朝ならではの出来事。

その教えをアレクサンダーが企画し、プトレマイオスが実現したのが、エジプト王国の新たな中心地アレクサンドリアにあった**ムセイオン**です。ムセイオンは図書館機能だけではなく、学術研究の場でもありました。ムセイオンには、世界のあらゆる情報が集まりました。エジプトに伝わる化学薬品や、金属を取り出して加工する技術も、ギリシア語に翻訳されました。

ムセイオン発の情報は、世界中に発信され交流していました。遠くは、プトレマイオス2世の時代、インドの**アショカ王***と交信していた記録もあります。

やがてローマ人によるエジプトの支配が始まり、大図書館ムセイオンも衰退します。集まっていた知識人も所蔵品も散逸し始め、書籍はBC48年の内乱状態で焼失します。最後は、391年の守護神セラペウムの破壊と続く侵略で消滅します。

■錬金術の誕生

しかし、散逸していったギリシア語の書物や知識人は、各地

***アショカ王（人名）**
［古代インド］BC268−232。インドを統一したマガタ国マウリア朝3代王。戦争で多くの死者を出したことに後悔し、釈迦が100年前に説いた仏教に帰依した。偉業を記す石柱の碑文は各地にあり、鉄柱になったり、現代インドのルピー札に登場したりする。

で生き延びます。695年には南イタリアで『**黄金製造の鍵**』が出版され、780年にはアラビアの学者ハイヤーンがアラビア錬金術も取り込んだ『**完全な全書**』を著述します。さらに、ハイヤーンは賢者の石イクシールを用いて、中国の錬丹術とアレクサンドリアの錬金術を融合させていくのです。

やがてアラビアが勃興し、1005年にはカイロに科学図書館「**ダル・アル・イム**」が設立され、書籍が集められます。科学集積地となったアラビアには、世界中から学者や技術者が集まります。その中で見つかったハイヤーンの『**錬金術**（金属貴化秘法大全）』は、1320年にラテン語に翻訳*され、一気にヨーロッパに広まりました。

あまりの広がりに、フランスのシャルル5世は、晩年の1380年に錬金術禁止令を公布したほどです。しかし1382年には、フランスの**錬金術師**ニコラス・フラメル*が、水銀から銀を作ったと発表し、ますます熱を帯びていきます。

＊ラテン語に翻訳
この翻訳が、錬金術を西洋に里帰りさせるきっかけになった。アラビア語では読めなかったが、ラテン語になって西洋のインテリ層が読めるようになった。教会の権威で押さえつけられていた知識欲が、「お！読めるぞ。すごいことが書いてあるぞ。アリストテレスも出てくるぞ」と増幅されていった。

＊ニコラス・フラメル（人名）
ハリー・ポッターの第1巻で、この名前に出会った人も多いと思う。実在の人物だが、元々は書店のオヤジ。たまたま読んだ本に影響され、趣味が高じて錬金術にのめり込み、「水銀から銀を作った」と吹聴した。黄金を作る手品をするには、黄金が高価だったので、銀にしておいたようだ。

■鉱山冶金技術書

1400年代に入ると、鉱山学や冶金術、ポンプなどが発達します。金属を扱う技術は、怪しげなラテン翻訳書から実学に興味が移っていきます。1540年にはイタリアのピリングチョが『ピロテクニア』、1556年にはドイツのアグリコラが『デ・レ・メタリカ』を著しますが、その中で金属を鉱物から抽出し、加工する技術について詳細に図解で解説されています。

この時期、教会の迫害から逃れるため、西洋錬金術は地下に潜ります。大昔からある黄金を希求する人間の特性は、怪しげなラテン語訳の意味を汲み取り、古代の知恵を引き出すという行動に駆り立てられました。当時の世相も反映し、高貴な金属を取り出す技術は、人を高貴にするという教義を生み出します。この時点での錬金術師の姿が、

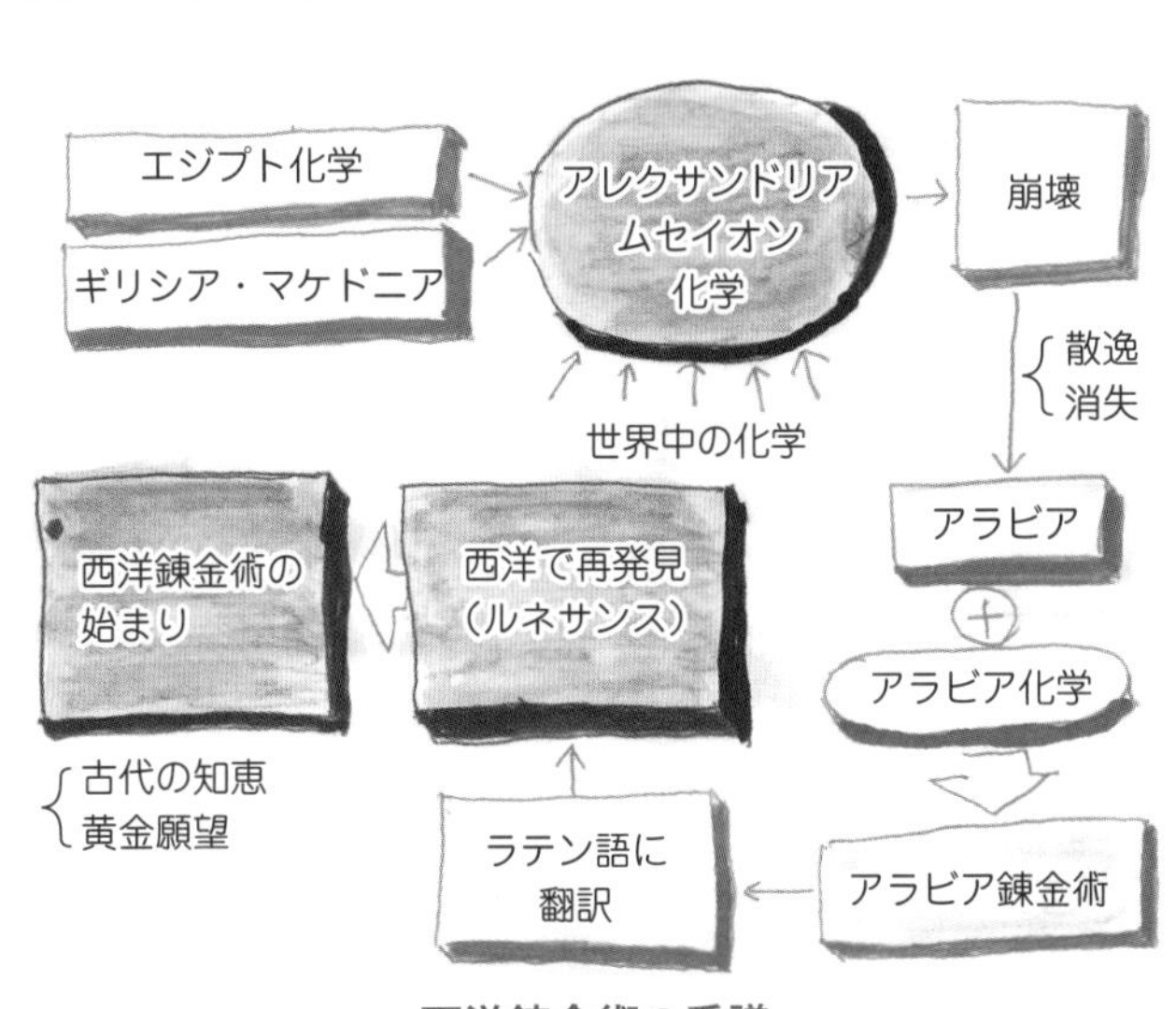

■西洋錬金術の系譜■

現在私たちが見聞きするイメージです。

⦿ニュートンの錬金術

アイザック・ニュートン*は、万有引力の法則で知られています。ケンブリッジ大学を卒業して、「さあこれから研究するぞと」いう1665年、ロンドンがペストでロックダウンになり、大学が閉鎖。2年間、母方の田舎に引きこもるテレワーク生活になります。

常人と違うのは、この2年が驚異の年になったことです。後の微積分になる流率法を創案し、スペクトルの異なる種々の光の合成により白色が得られることを発見し、引力の数学的法則を見い出したりするのです。りんごの落下を目撃するのも、この時期です。

1668年に大学に戻ると、ニュートンは化学実験を始めます。ここからニュートンの錬金術の探索が始まります。ニュー

*アイザック・ニュートン（人名）
［英国］1643－1727。歴史上、最も偉大な科学者。錬金術との関係で見ると、生涯の論文や著作の約1割が錬金術に関するもの。写本には注釈が書き込まれ、中には秘儀が解明されているものもある。人知れず生涯研究を続けた。

*錬金術手稿は競売に付され
1936年、ザザビーズオークションにニュートンの手稿が出品され落札された。3分の1が錬金術に関するもの。現在この手稿は、米国インディアナ大学のホームページ「ニュートンの化学」サイトで誰でも読むことができる。

トンは、発表論文や書籍以外に膨大な手稿を残していました。長年王立協会会長を勤めたニュートンの死後、あらゆる手稿は整理され、大学で保管されました。その中でこれはちょっと公開できないという手稿も多数ありました。やがて非公開の手稿は、ニュートンの親族に預けられました。１９３６年、親族の家に秘されていた錬金術手稿は競売に付され*、のちに公開されました。

当時の錬金術の知識は、ガラス瓶に水銀と他のものを加えて密封し、20日間置くと大部分が水銀になるというものでした。やがてニュートンは、水銀と硫黄が金属の根本的物質だとする研究に没頭します。錬金術でいうところ

▪ニュートンの科学▪

の「**賢者の石**＊」を探し出そうとしていました。アンチモンを**賢者の水銀**＊とし、**星状レグルス**＊にこだわりました。金属の生成の理論やアマルガムを研究しました。

ニュートンは生涯をかけて、錬金術を追求しました。もちろん、昼間はプリンキピアを始めとする学者の顔、死ぬまで続けた造幣局長官、それに英国王立協会会長の職がありました。錬金術を研究するのは、帰宅して世の中が寝静まった夜中から夜明けまでです。ニュートンは、その頭脳で天体の運行を数式で書き下し、卓越した金属学の知識で国家の貨幣を偽物から守りました。

一方で、同じレベルの真剣さで、物質の根源を知ろうと、化学研究を人知れず続けたのです。アリストテレスの時代から17世紀までのあらゆる錬金術を、手稿に丁寧に書き写していました。錬金術の常で、賢者の石は見つかりませんでしたが、心の平穏は得られたのではないでしょうか。

＊賢者の石
アラビアの錬金術本をラテン語に翻訳し広まった中世西洋の錬金術で、鉛や鉄などの卑金属を金に変える物質。今でいう触媒のようなもの。人まで浄化し、不老不死にするという。賢者の石探しは、古今東西で行われている。

＊賢者の水銀
オンライン手稿を賢者の水銀で検索すると、「第一秩序の石は、哲学者の物質が完全に浄化され、純粋な水銀物質に還元されないことです」という記述に出会う。謎文の羅列を読んでいると、錬金術の魔力に危うく引き込まれそうになる。

＊星状レグルス
ワインに生じる酒石酸アンチモンの結晶が、星状レグルスと呼ばれる。ニュートンの手稿で賢者の水銀の項を読んでいると、ワインや醸造の記述が繰り返し出てくる。ニュートンは、地上の結晶の星状レグルスが、天上の獅子座に輝く恒星レグルスと対応しているとの信念を持っていた。

⊙カリオストロ伯爵の錬金術

古来、不老長寿の法は人々、特に権力者を魅了してきました。古くは秦の始皇帝が、徐福(じょふく)を東海（日本）に派遣して、不老長寿の霊薬を求めさせました。怪しげな仙薬丹(せんやくたん)*を作り出した仙人もいました。丹とは水銀化合物のことです。水銀は金属なのに液体であり、いろいろな金属を溶かし込み、再び吐き出すため、昔から特別な金属と思われていました。

中世ヨーロッパのキリスト教会が思想を支配する科学技術暗黒時代になると、錬金術が盛んになりました。錬金術の起源はエジプトで確立していた金属の着色技術です。その技術はアレクサンドリア図書館に記録され、さまざまな言葉で記録されます。やがてエジプトも衰退します。

しかし、散逸する記録の中で残ったものもあり、その中でラテン語やギリシア語で書かれたものもありました。それが中世ヨーロッパで再発見されるのです。怪しげな言葉で書かれた化

＊仙薬丹
古代中国では民間宗教の道教が広まっていた。道教を極めたとする道士は神的存在で、不老不死で空を飛翔し、神通力を持つ仙人になれる薬、仙薬の調合の秘法を知っていると吹聴。多くの皇帝が信じ込み、重金属中毒で死亡する。金丹ともいう。

学書は、当時の人々を魅了します。錬金術は不老長寿などではなく、現金な黄金を作り出す秘術と見なされます。

やがて、**賢者の石**を見つけるのが、錬金術の主目的になります。宗教が支配する世界では、黄金だけが確かなものになっていたのです。賢者の石は、卑しい金属の鉛を黄金に変化させる力を持つと考えられていました。高貴な黄金を産む賢者の石は、人の寿命も永遠に延ばす効果があると考えられました。

いつの世も、欲望が渦巻くところには、ペテン師がいます。錬金術も例外ではなく、オレオレ詐欺まがいの事件が頻発していました。コソ泥クラスではなく、ドイツ皇帝ルドルフ2世に取り入った錬金術師ジョン*や、フリードリヒ2世を騙したサンジェルマン*など、大物ペテン師もいました。

中でもマリー・アントワネットを巻き込む騒動を起こし、「あいつだけは許せん」とゲーテを激怒させた**カリオストロ偽伯爵***は有名です。カリオストロは、錬金術を操りました。空のるつぼに水銀を注ぎ、賢者の石を入れてフタをしてしばらく熱しま

＊錬金術師ジョン
宮廷に取り入ったジョンは2人いる。一人は、野菜でできている肖像画でおなじみの、神聖ローマ帝国ルドルフ2世に取り入り、もう一人は、英国エリザベス女王の顧問を務めた。共通点はないが、宮廷と錬金術師は相性がよいのかもしれない。

＊サンジェルマン（人名）
［仏国］1691（1707との説も）－1784。サンジェルマン伯爵。音楽家、化学者、錬金術師。タイムトラベラーとの説もあり、エピソードには謎が多い。聡明な人柄でルイ15世と親交を結ぶが、のちに宮廷より追放された。フリードリヒ2世は、彼を「死ぬことのできない人間」と評した。

＊カリオストロ偽伯爵（人名）
［英国］1743－1795。アレッサンドロ・カリオストロ。錬金術を小道具に使う詐欺師。マリー・アントワネットの首飾り詐欺事件の首謀者として逮捕。仏王室の評判を落とし、国民の反感を煽ったとゲーテが激怒する。

す。それを冷やして、るつぼの中身を取り出すと、あら不思議や黄金に変成しているのです。衆人の目の前で堂々と行うのですから、見た人は皆、賢者の石を信じました。カラクリは簡単です。るつぼの底に黄金を入れて、粘土を塗って隠します。るつぼを熱すると粘土が割れて、水銀と黄金が反応し、水銀アマルガムになるのです。見かけは黄金そっくりです。手品のからくりですね。

■カリオストロ偽伯爵の錬金術■

ロマンティックな遭遇

数年前に一人でフランス各地を旅していたときのことです。マルセイユの丘から下り坂の角を曲がると、突然小型のタンクが現れました。タンクに夢中になっていると、後ろから10歳ほどの可愛らしい少女の声がしました。「ボンジュール、ムッシュ。タンクの説明をしましょうか」。一瞬、戦車が話しかけてきたのかと思いました。

フランス語で話す彼女の後で、彼女の両親が微笑んでいます。フランス語は不得手ですが、「ジャンヌ・ダルクが……」という言葉は聞き取ることはできました。

そのとき撮影したタンクの写真に銘板が写っていて、帰国後、来歴を知ることができました。1944年、第二次世界大戦中、ドイツ軍に占領されていたマルセイユの人々は、激しい都市ゲリラ戦を繰り広げた末、マルセイユの丘に建つノートルダム・ド・ラ・ガルド寺院の解放を勝ち取りました。その戦闘の際に、このタンクはフランス人民軍の先頭で激烈な砲撃戦を繰り広げ、最後には私が出会った場所で、敵の焼夷弾の直撃で力尽きたのでした。形状から判断すると、当時の主力であった中戦車シャーマンM4であろうと思われます。小ぶりながら存在感のオーラを発するタンクの写真を見るたびに、激烈な戦闘で倒れていった多くの解放軍の人々と、その先頭を駆けるジャンヌ・ダルクの甲冑をまとったあの少女のイメージが脳裏に浮かびます。

▪装甲「ジャンヌ・ダルク」▪

（アートボックス社『月刊アーマモデルング2023年4月号』掲載コラム改変）

WORLD HISTORY OF METALS

第3章

金属の文明——金属変遷と東西の文明

ヨーロッパ

BC2500年　アルゴスの城塞、初期青銅器時代に入る

海綿鉄

BC2500年　海綿鉄から錬鉄を得る
BC2080年　イベリアの銅・青銅、東欧の琥珀や奴隷などと交換交流
BC750年　ケルト人の鉄器文化
BC675年　エトルリアの冶金工芸最盛期【伊】

ヘシオドス

BC600年　ヘシオドス『仕事の日々』の中で、黄金、銀、青銅から鉄の時代を描写【ギ】
BC431年　ヘロドトス『歴史』完成【ギ】
BC396年　ローマがエトルリアを征服、エトルリア衰退
BC336年　アレクサンドロス東征開始【マ】

アレクサンドリア

BC307年　アレクサンドリアのムセイオンに、大図書館
BC250年　アレクサンドリア全盛期、ヘレニズムの中心

中国

青銅器文明

BC1650年　中国に青銅器文化開始【中】
BC1085年　殷周最大の青銅器、后母戊鼎製作【殷】
BC900年　古代中国の王墓に精錬鉄製の剣（1991年BC820年　周、青銅器製造に分鋳法導入【周】

鉄器時代

BC727年頃　中国で鍛鉄、鋳鉄の技術。鉄器時代へ
BC513年　中国「晋国で鋳鉄を溶かして形鼎を作った」と『左伝』に登場【春秋】

高炉（爆風炉）

BC500年　中国南部の呉に高炉（爆風炉）設置
BC500年　中国で鋳鉄製大釜も製造
BC400年　日本に金、銀、青銅、鉄の製品が大陸より渡来
BC300年　中国でキューポラの登場
BC300年　中国戦国晩期、錬鉄を浸炭硬化させた浸炭鋼の普及。鍛造の鉄剣、鉄戈の武器になる
BC300年　中国で錬丹術（西洋の錬金術）の誕生

インド

BC2300年　インダス河谷に銅、青銅の鋳型鋳造冶金術
BC1020年　インドに鉄器文化伝播（ガンジス川上流域）

ダマスカス鋼

BC800年　ダマスカスでダマスカス鋼。
BC710年　インドで銀貨【印】
BC600年　インド鋼が鋼製の武器として墳墓より出土
BC506年　インドで金属貨幣を使用【印】

賠償鉄

BC400年　インド王侯Porusがアレクサンダー大王に重さ30ポンド（15キロ）の純粋なインド鋼の塊を送った

ウーツ

BC200年　南部インドでウーツ鋼が生産される

東洋

早期青銅器文明

BC3900年　小アジア、早期青銅器時代に入る

古アッシリアの銅貿易の商館

BC1900年　小アジアのキュルテペに古アッシリアの銅貿易の商館【アッシリア】
BC1260年　パンチェン文化、鉄の刃をもつ青銅力器【タイ】
BC705年　コルサバードのサルゴン二世の王宮で160トンの鉄の貯蔵庫発見
BC700年　西アジア、地中海、エジプトに製鉄伝播
BC500年　西アフリカに塊鉄炉。
BC522年　クシュ人、アフリカのメロエで鉄器製造
BC453年　オルドス青銅器文明【北アジア】
BC200年　ミヌシンクス盆地で鉄器生産開始（タガール文化）【露】
BC142年　ナイジェリアの鉄器使用のノク文化栄える

年表1<BC5000-1>

BC5000

最古の鉄と最古の鋼

青銅器文明
鉄器文明
先進国中国

BC1000

西のローマ
東の中国

アレクサンドリアの勃興

BC1

メソポタミア

BC5100年 パレスチナ・ティムナのマラカイト鉱山 で銅製錬開始

隕鉄

BC3400年 隕鉄より鉄製品を作る【シュメール】

BC2600年 ペルシャ湾文化興隆、メソポタミアか ら銅、錫、鉛搬入【シュメール】

BC2200年 レヴァント、中期青銅器時代

ヒッタイト

BC 1800年 トルコのカマン・カレホユック遺跡で鋼片発見

BC1600年 レヴァント、後期青銅器時代開始

BC1400年 カリュベス人冶金術師によるヒッタイトの製鉄技術革新【ヒッタイト】

BC1232年 アッシリア、鉄器使用開始

海の民

BC1200年 バルカン族カシュカ人の侵入で高度製鉄技術を独占したヒッタイト帝国崩壊

BC850年 フリギアのシンシルリ市に持ち運びできる銀の粒（貨幣の原型）【トルコ】

BC522年 リディア王クロイソス、純金と純銀で貨 幣鋳造（エレクトロン貨）

エジプト

青銅器文明

BC5000年 西アジア・古代エジプトで青銅器時代始まる

BC4400年 パターリ文化に最古の銅器の本格使用

BC4000年 エル・ゲルゼー墳墓に隕鉄製玉打延

BC3400年 エジプトのゲルゼーで鉄の遺跡

BC3000年 スネフェル王シナイ鉱山開発

BC3000年 エジプト、ケオプスピラミッドで鋼製道具が使われる

フイゴ精錬

BC2700年 古代エジプトでふいごを用いた精錬【エ】

BC1500年 古代エジプトで金精錬開始【エ】

BC1370年 ワディ・ティムナの銅山開発【エ】

3-1

〈BC5000－BC1000〉青銅器と鉄器——青銅器文明から鉄器文明へ

◉年代解説

金属の世界史をどの時代から始めるかは、なかなか難しい問題です。石器時代にはすでに、隕鉄や森林火災などで自然に還元された鉄や銅などが使われていました。しかし、それは金属としてではなく、叩くと変形する石のような認識でした。何万年も前の出来事は、神話に痕跡が残るだけです。

BC5000年からBC1000年は、古代文明の勃興期*です。エジプト、メソポタミア、西洋全地域、中国、インドと、古代文明が出揃います。

金属の使用の視点から見ると、BC5000年にメソポタミ

＊古代文明の勃興期
紀元前5000年までは、完新世の温暖な気候が続く。次第に温度が下がり、食糧が不足し始めると、農業が起こり富の蓄積が始まる。土地を耕す農業には金属製の農具が欠かせないため、金属を使う文明が各地で始まる。

アで**青銅器の使用**が始まり、隣接するエジプトや西洋に波及していきます。遠く離れたインドや中国で使われるのは、それぞれBC2300年、BC1650年と、ずっと後になります。東洋でも各地に青銅器使用の痕跡が残っています。

メソポタミアでの金属使用の痕跡は、BC5100年頃の**マラカイト鉱山**＊での銅製錬の遺跡です。BC3400年にはシュメールで、隕鉄を加工した鉄製品を作っていました。

⦿青銅器は残った（エジプト）

金属の歴史で不思議なことがあります。中国、インド、メソポタミアでは鉄器文明が栄えましたが、エジプトでは青銅器文明が栄えました。どうしてエジプトだけが青銅器なのでしょうか。エジプトは世界最古の文明国です。鉄器の製造も可能だったのに、なぜ青銅器にこだわったのでしょう。

エジプトでは、BC5000年頃の古代エジプト時代に、青

＊**マラカイト鉱山**
マラカイトは、金属光沢のある緑色の孔雀石。含水酸基炭酸鉱で、粉塵に微量のヒ素が含まれる場合は毒性がある。銅鉱床などの周囲の酸化帯で採取できる鉱石。

銅器時代が始まりました。そして、銅や黄金、隕鉄などの素材加工技術を進化させて文明を作り出しました。BC2700年には、人力や自然風ではなく、ふいご精錬が始まります。

超大国エジプトは、周囲国からの朝貢（ちょうこう）*を受けて発展しました。朝貢品には金属も含まれていました。周辺国から青銅が朝貢され、それを溶かして青銅器を鋳造していました。銅の炭素での還元温度は155℃で、固くするために錫（すず）を入れた青銅の融点は800℃程度でした。超高温にする精錬技術がなくても、青銅器は作れたのです。

各地の青銅器事情

西洋では、BC4000年頃のロスミリャーレス古墳埋蔵品の中に青銅器があり、すでに青銅器文明があったことがうかがえます。

インドでは、BC2300年頃インダス河川に、銅や青銅の鋳型鋳造冶金術を使った跡が見つかっています。インドに鉄器

＊朝貢
皇帝に対して周辺国が貢物を捧げ、皇帝を君主と認めると、皇帝が返礼を与える政治的儀式。中国には周辺国に徳を与えるという特有の考え方がある。朝貢に訪れた外交使節団が、相互に経済活動を行う場合は朝貢貿易と呼ぶ。

文化が伝わったのは、BC1020年頃のことです。

中国では、BC1650年に青銅器文明が開始しました。BC1085年には、殷周時代、世界最大の青銅器である后母戊鼎が製造できるまでになっていました。

金属から見た古代文明の出来事は、青銅器とともに勃興し、鉄器に移行する過程を反映しています。面白いのは、世界各地でほぼ同時期に青銅器や鉄器が使われ出していることです。私たちが想像する以上に、広範囲かつ迅速に文化交流*があったことがうかがえます。

⦿鉄の利用と文明の勃興

鉄が見つかるのと、鋼が見つかるのでは、意味が大きく異なります。鉄は、山火事などによる地表の鉄鉱石の還元などで、自然にできる可能性があります。鋼は、鉄に炭素が入ったもので、人為的にしか得られません。

＊広範囲かつ迅速に文化交流
二足歩行の人類は、世界中に散らばり、そこに定住する特徴を持つ。かつての人類は、国境のために移動に制限がある現代人に比べて、移動範囲が桁違いに大きかった。ゲルマン民族は、フン族に追われた大移動のみならず、紀元前1000年以降、常に移動を続けていた。東西の交流には、陸路のシルクロードによる交流だけでなく、アレクサンドリアとインドの交流なども頻繁にあった。

鉄鉱石を溶かして鋼鉄を作る技術は、メソポタミアにあったヒッタイトから始まります。実は鉄だけなら、隕鉄はBC5000年には使われ、鉄鉱石から直接還元した**海綿鉄**はBC2500年には得られていました。ただ、隕鉄は硬すぎるし量も少なく、海綿鉄は軟らかすぎます。道具に使える鉄は、鋼か鋳鉄です。

ヒッタイトでは、BC1800年頃に最古の鋼が作られていました。BC1400年頃にはカリュベス人の冶金術師が製鉄技術を革新し、海綿鉄に浸炭処理をして鋼が作られていました。当時、鋼は銅の8倍の価格で取り引きされていました。

最古の鋼が見つかっているのは、トルコの**カマン・カレホユック遺跡***です。現在は、BC1800年の地層から、鋼のかけらが発見され

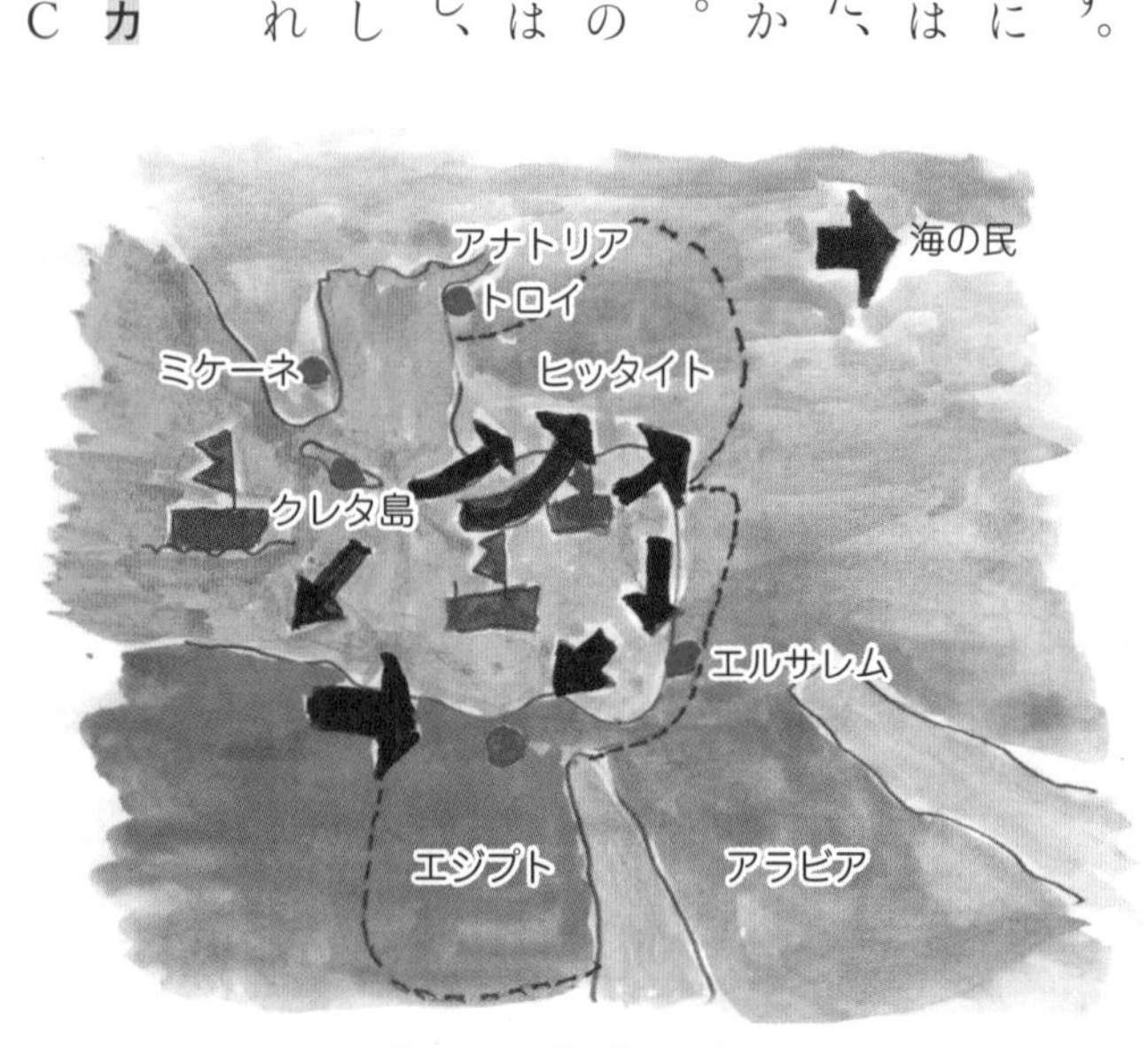

■海の民の侵略ルート■

ています。その発見の少し前の2005年には、BC1500年頃の鋼のかけらが見つかったと報じられていました。実はこの場所は、日本の発掘チームが地層を掘り下げている場所です。今後も掘り進めば、さらに古い時代の鋼のかけらが出土する可能性があります。

⦿海の民

■シーピープル

製鉄技術で一大帝国を築いていたヒッタイトは、アナトリアのカシュカ族との攻防に加え、BC13世紀頃に突如バルカン半島から現れた**海の民**の侵攻により力を削がれてしまいます。高度な製鉄技術の独占も崩れ、周囲に拡散していきます。

海の民は、物的証拠はあまりありません。西の海からやってきて、鉄器文明を持っていたヒッタイト帝国を滅亡させ、世界の盟主エジプトに戦いを挑んだ武装勢力です。「エジプトが勝

＊カマン・カレホユック遺跡
トルコにある何世代にも渡る遺跡。掘り下げれば青銅器、鉄器の遺構が出土する。日本の中近東文化センターにより、現代も調査されている。現在はBC1800年の地層から炭素鋼が出土しており、これが世界最古の鋼である。

利した」と、新王国時代の戦勝記念品や神殿の碑文に出てくる海の民、シーピープルです。

■エジプトの碑文

碑文*によると、海の民はアナトリアやシリア、パレスチナを通り、ヒッタイトを侵略し、陸路と海路からナイル川のデルタ地帯を南下して来たとあります。統率者はおらず、エーゲ海出身の海賊集団だったのでしょう。ギリシアの諸王国を襲い、略奪や破壊の限りを尽くし、ミケーネ文明を衰退させているのです。しかし、その武器も、使用していた金属も不明です。

*碑文
海の民らしき民族の侵略を防いだという記述のある碑文には、紀元前13世紀の新王国第19王朝のメルエンプタハの戦勝記念碑や、紀元前12世紀の新王国最盛期の第20王朝ラムセス3世の神殿碑文がある。海の民の侵略は一時期ではなく、かなりの長期間続いていた。

◉古代の鉄

■錬鉄、硬い鋳物、軟らかい鋳物

実は、古代の鉄には3種類あります。錬鉄(れんてつ)、硬くて脆い鋳物(いもの)、硬くて脆い鋳物を熱処理して軟らかくしたものです。

中国、インド、メソポタミアの鉄器文明は**鋳物**です。エジプトでも鉄は使っていましたが、実際に使っていたのは、炭素分がほとんど入らない錬鉄です。錬鉄は軟らかいので、叩いて中にある異物を絞り出して使っていました。

■錬鉄精錬

錬鉄は、金属の酸化物を固体のままの状態で、一酸化炭素や水素などと反応させて酸素を取り出し、金属だけを残したものです。これを還元と呼びます。還元により、スポンジ状の空孔だらけの金属が得られます。

鉄の生産方法を簡単にいうと、鉄鉱石などの酸化鉄を炭素で還元して鉄に変えます。金属の酸化還元反応は、**エリンガム状態図**で説明します。図では、銅や鉄、ケイ素は、温度とともに右上がり

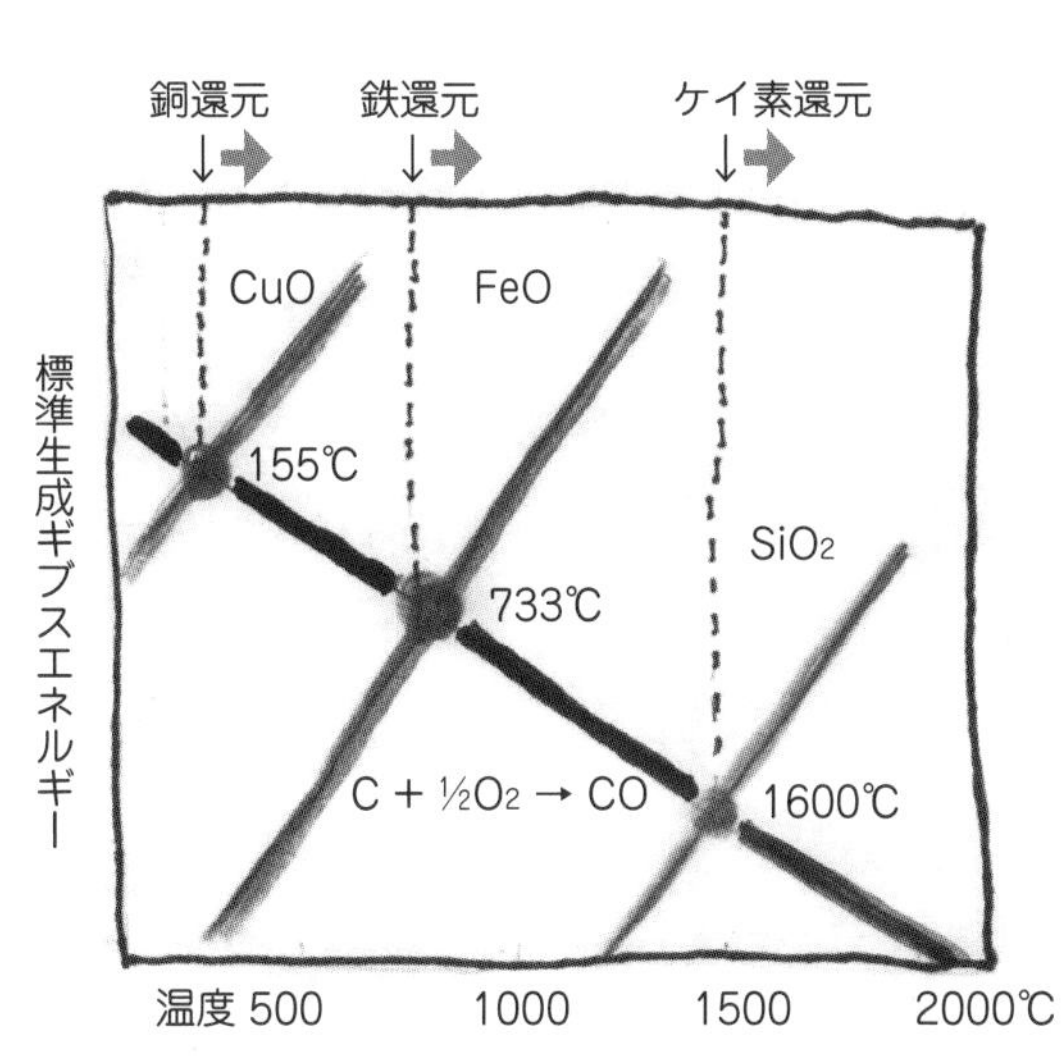

▪交わる点の温度が精錬で金属が得られる温度▪

になります。これは、温度が上がれば、酸化物は不安定になることを意味します。炭素を見ると、右下がりです。これは、高温になれば、一酸化炭素がますます安定になることを意味します。

つまり、高温が得られれば酸化物は不安定になり、炭素で酸素を奪って一酸化炭素になる反応は安定になります。このメカニズムにより、**酸化金属から金属を得る**＊のです。

高温にする技術が無いときは、鉄は鉄鉱石から固体のまま作ることができます。炉の温度を７３３℃程度にすると、簡単に作ることができます。この鉄は炭素はほとんど含まれないので、柔らかく、しかも固体のままなので、異物が内部に残っています。

＊**酸化金属から金属を得る**
ほとんどの金属、具体的には漢字で書ける金属（鉄、銅、錫など）は、木炭と一緒に鉱石を燃やすと得られる。現代のような大がかりな工場がなかった古代では、簡単な炉だけで金属を得ていた。

中国の特殊事情

中国はどうでしょうか。エジプトのように、青銅を朝貢してくれる周辺国はありません。自分で武器になる金属を調達しなければならなかったのです。

そこで、資源豊富な鉄鉱石を使って鉄を作り始めます。ふいごや炉の構造の工夫により、次第に高温精錬が可能になり、鉄の中に炭素が入って炭素分の高い銑鉄(せんてつ)が得られるようになります。

銑鉄が高温で溶けると、金属中に介在する異物が浮き上がります。異物除去のため叩く必要もなくなります。そこで、溶けた鉄を砂型に注ぎ込み、製品を作る鋳造(ちゅうぞう)が始まります。

鋳造品は、そのまま実用に使われますが、難点がありました。叩くとガラスのように割れるのです。割れない鋳造品はないものでしょうか。エリンガム状態図を眺めると、1600℃で固体のケイ素酸化物からケイ素が還元されますが、高温すぎます。

しかし、溶鉄に溶け込んだケイ素酸化物は、もっと簡単に還元され、ケイ素が溶銑に入ります。ケ

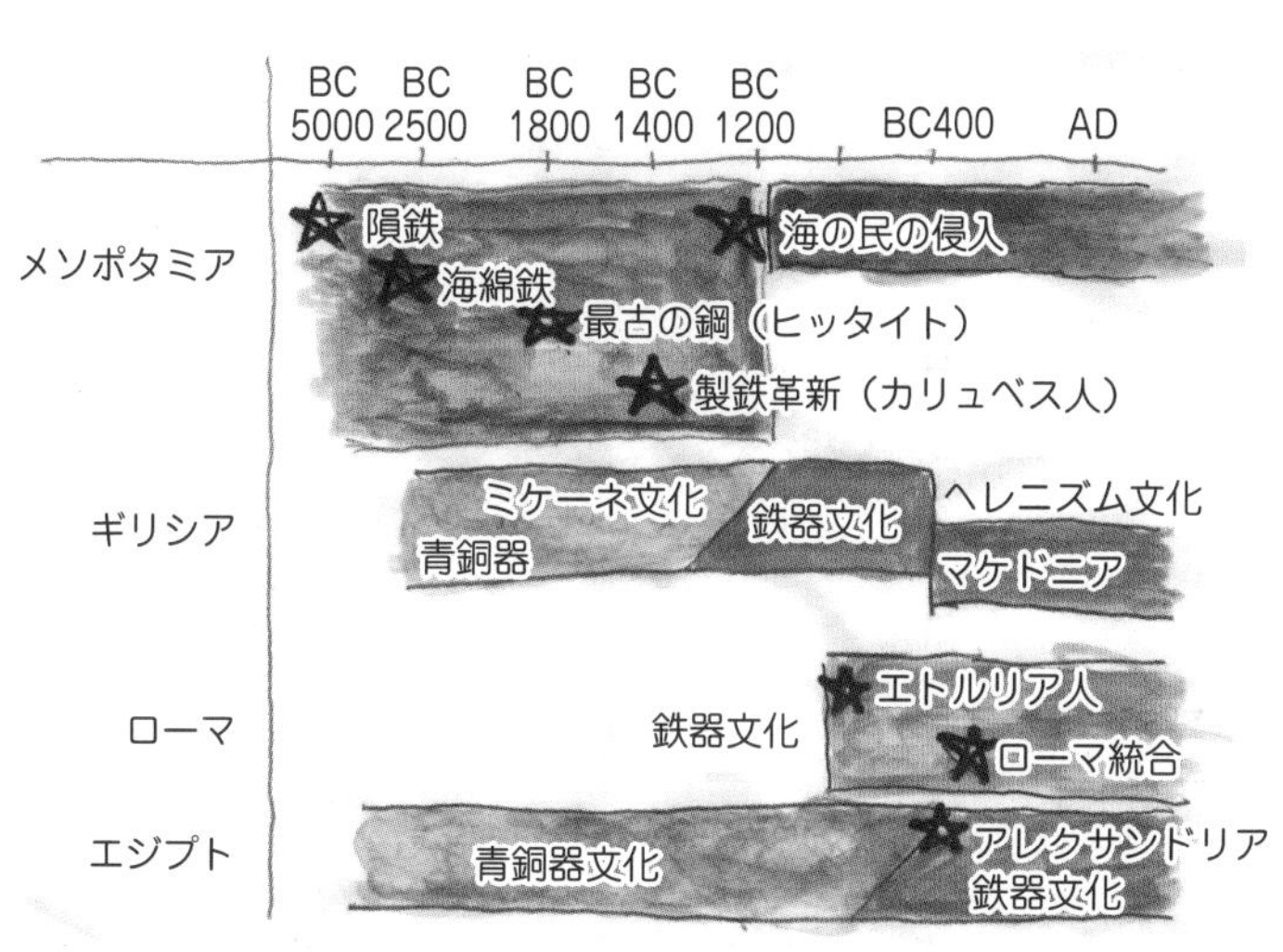

■ギリシアの青銅器から鉄器への移行■

イ素が多い銑鉄は、鋳造したあとに熱処理を加えると、粘り気がある鋳鉄（ちゅうてつ）に変わります。これで実用的な鋳造品が完成しました。

高温の精錬技術を獲得した中国と、その技術が必要なかったエジプトでは、使う金属が異なる結果になりました。

■1000年遅れた西洋の製鉄業

歴史的に見ると、西洋はかなり最近になるまで、直接還元した錬鉄を叩いて鉄製品を作ってきました。それが鋳造品に変わるのは、**農夫炉**から発展した**高炉**＊が広まって以降です。高炉では高温を得られるので、ケイ素が溶け込んだ銑鉄が得られ、これを溶かして鋳込む鋳鉄が取り引きされ出します。

高炉から出てきたままの炭素分が多い鋳銑では脆いため、高温で炭素分を減らす方法がいろいろ考案されます。銑鉄より炭素分を下げた鉄を鋼鉄（てっこう）（鋼（はがね））と呼びます。ちなみに、直接還元した炭素を含まない鉄は、錬鉄（れんてつ）と呼びます。

＊**高炉**
炉の高さが高く、煙突効果で空気を下から吸い込む構造になっている鉄の精錬炉。

鉄の時代が本格的に始まるのは、ダービー2世が1735年にコークス高炉を確立して以降です。これ以降は、高炉から得られる溶けた銑鉄が、鉄作りの起点になります。

◉青銅器から鉄器へと移り変わるギリシア

■青銅器のギリシア

シルクロードの西の外れは、欧州の入口にあるギリシアとローマです。アジアや中近東とも密接な関係を持ち、エジプトとも古くから侵略や修好で深く関わりました。ギリシアとローマは、あらゆる文化の面で、当時の世界では群を抜いていました。

世界史では、ギリシア時代が終わり、ローマ時代が始まります。しかし、実際はその移行はゆっくり進みます。時代の移行は、青銅器から鉄器への移行でもありました。

ギリシアの金属文化の主役は青銅器*です。周囲のヒッタイ

＊主役は青銅器
ギリシアのホメロスによって書かれた『イリアス』は、トロイア戦争を描いた叙事詩である。ギリシアのアキレスと、イリアス（トロイ）のヘクトルの物語では、青銅製の鎧（よろい）や青銅刀が登場する。物語はヘクトルの葬儀で終わるが、アキレスもまた、後のイリアス攻撃の際、弓に足の急所（アキレス腱）を射抜かれて力尽きる。

トやエジプトの影響を受けて、ギリシアに鉄器文明が入ってきた時期には、すでに国力の盛りが過ぎていました。主に実用的な武器や工具類への鉄の使用を通して、青銅器時代から鉄器時代へ移行していきます。

■小国乱立

海の民事件でヒッタイトが衰えたあと、国境を接してトロイ王国*ができ、海の民の構成民族はあちこちに定住しました。旧約聖書に登場するペリシテ人*や、後にイタリアに移住して鉄製品の製造技術をローマに伝えた**エトルリア人***などです。

やがて**ミケーネ文明***は衰退し、ギリシア暗黒時代と呼ばれる大混乱期が始まります。この時期はまた、青銅器時代から鉄器時代への移行期でもありました。

＊トロイ王国
独国ハインリヒ・シュリーマン（１８２２－１８９０）がホメロスのイーリアスを信じて、私財を投じ、１８７０年に発掘し発見。ＢＣ２５００年の青銅器文明遺跡があり、隣国のヒッタイトの記録にも登場する。ＢＣ１２４０年頃のトロイ戦争で滅亡。

＊ペリシテ人
ＢＣ12世紀に来襲した海の民の構成員が、カナン地方の地中海沿岸に入植し、勢力を持った。古代イスラエルの主要な敵で、旧約聖書にもたびたび登場する。戦士ゴリアテとダビデの戦いが有名。すでに鉄の精錬技術を持っていた。

＊エトルリア人
ＢＣ8世紀からＢＣ1世紀、ローマの北部に隣接した都市国家がエトルリア。古代ギリシアと異なる文化で、優れた建築技術や製鉄技術を持ち、後のローマの特質の原型を持つ。海の民の襲来で逃げ出した、リディアの民の子孫との説がある。

⦿ローマの拡張

ギリシア時代からローマ時代に移行した後のローマの鉄事情は、あまり面白みがありません。

ローマは国家膨張戦略として、民族の殺戮の代わりに、溶け込み策を取りました。ローマ文明を受け入れさせ、その後、鉄を作らせて兵士を装備編成し、また侵略を繰り返しました。北は、スコットランド、西はスペインまで領土を広げ、ヨーロッパの森林を丸裸にしてしまいました。エトルリアから奪った鉄製造技術は、国土成長技術でもありました。

⦿青銅器文明

■なぜ青銅器なのか？

青銅は銅と錫の合金です。銅鉱石と錫鉱石は起源が異なり、同一の鉱脈からは得られません。たまたま鉱石を還元したら、

＊ミケーネ文明
BC3200年頃から古代ギリシア青銅器文明が始まる。中でもエーゲ文明はミケーネやトロイを含む最古の文明。ミケーネ文明は、BC1600年頃から最盛期を迎えるが、BC1200年の頃に海の民の侵入により没落し、ギリシア暗黒時代が始まった。このとき鉄器文明への乗り換えが起こった。

青銅ができたというのも都合が良すぎます。

古代文明において青銅が使われていた事実があまりにも当たり前すぎて、なぜ青銅なのかはあまり考えられていません。しかし年表を見ると、ＢＣ４０００年からＢＣ８００年まで、世界各地で青銅器文明が発生していることがわかります。

青銅関係の出来事を年表から抜粋してみましょう。

ブロンズ病

青銅は、古代から貨幣や像に使われてきました。青銅の表面は、緑青（ろくしょう）と呼ぶ青色の錆びが覆います。この緑青が青銅を数千年間、腐食から守ります。しかし、第二次世界大戦直後、大英博物館の青銅像に、突如としてボロボロに穴が開き始めました。これは、青銅が病気にかかったということで、「ブロンズ（青銅）病」と呼ばれました。

原因は、戦争中に青銅像を木箱に入れて疎開させる際に、木箱に入れた緩衝材の木屑でした。木屑から発生した酢酸が青銅に付着して、青銅像に穴を開けていたのです。

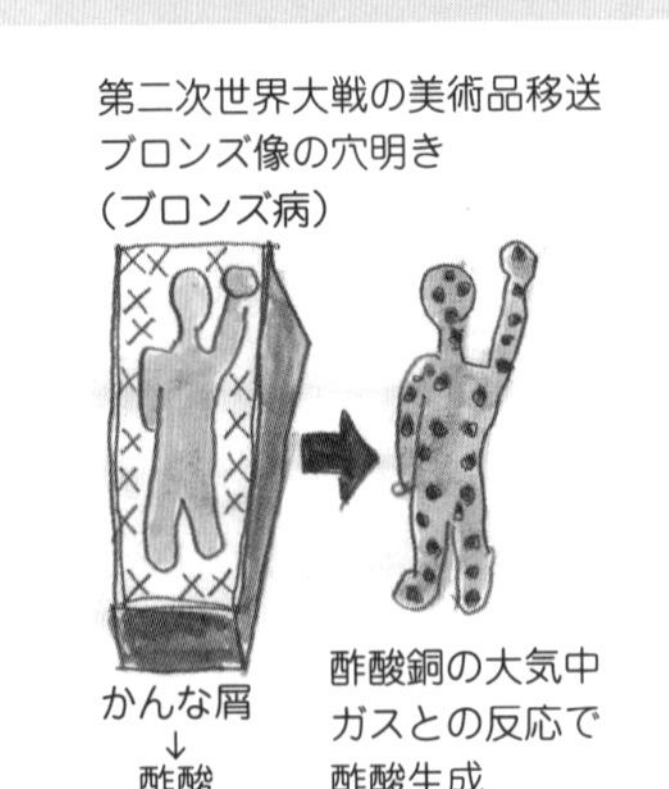

BC4000年	ロスミリャーレス古墳埋葬品に青銅製の斧（スペイン）
BC3900年	小アジア、早期青銅器時代に入る
BC3300年	バクトリア、前期青銅器時代に入る
BC3100年	パレスチナ、初期青銅器時代に入る
BC2600年	ペルシャ湾文化興隆、メソポタミアから銅、錫、鉛搬入（シュメール）
BC2500年	アルゴスの城塞、初期青銅器時代に入る（ギリシア）
BC2350年	ニネヴェの青銅製アッカド王サルゴン1世像の頭部（アッカド）
BC2300年	インダス河谷に銅、青銅の鋳型鋳造冶金術
BC2200年	レヴァント、中期青銅器時代
BC2100年	メソポタミアの諸国、マガン銅輸入
BC1950年	シナイ銅山開発再開
BC1900年	小アジアのキュルテペに古アッシリアの銅貿易の商館（アッシリア）
BC1850年	インダス河谷に初期アーリア人遺跡、ラクダの模様付き青銅斧
BC1650年	中国に青銅器文化開始（中国）
BC1500年	中国河南省で青銅器の鋳造（殷）
BC1450年	青銅器の基本形完成（殷）
BC1260年	パンチェン文化、鉄の刃を持つ青銅力器
BC1200年	ルリスタン青銅器文化（イラン）
BC1120年	祭祀用青銅器の製作技術様式完成（殷）
BC1120年	安陽出土、青銅鼎に刻んだ金文（殷）
BC1100年	中国周初青銅製の戈の先頭部（援）に鉄を使った「鉄援銅戈」「鉄刃銅鉞」
BC1100年	中国の青銅器文化、イエニセイ川流域も伝播、カラスク文化（ロシア）
BC1085年	殷周最大の青銅器、司后母戌戊鼎製作（殷）
BC1050年	朝鮮半島で青銅器文化開始
BC841年	周、都の内乱により青銅器技術書、東方に流出。中国各地で製作（周）
BC820年	周、青銅器製造に分鋳法導入（周）
BC800年	周、青銅器の鼎が中心（周）
BC727年頃	中国で鍛鉄、鋳鉄の技術。鉄器時代へ（春秋）
BC675年	中国の青銅貨幣（晋の布銭、斉燕の刀銭、楚の蟻鼻銭）（春秋）
BC650年	遼寧式銅器の文化が朝鮮半島に伝播
BC600年	中国青銅器の銘文の字体の分化（春秋）

▪青銅器の記述がある年表▪

⦿青銅の錫鉱石の起源

錫鉱石は存在場所が限定されています。どのように採取集積され、銅鉱石と組み合わさっていったのでしょうか。

一つ目の説は、金鉱石と砂錫が一緒に採れるため、金鉱石の脈石か副産物として、すでに砂錫が採取されてきたというものです。しかし、必ずしもすべての場合には当てはまりません。

二つ目の説は、銅鉱石の脈石が錫鉱石だったというものです。しかし、古代は脈石ではなく、**砂錫**を使っていた事実がありま す。また銅鉱石と錫鉱石は、鉱石の起源が異なります。

三つ目の説は、自然混合です。錫を含有した酸化銅の鉱石が、木や木炭で熱せられる説。あるいは、酸化銅の鉱石と錫鉱石が区別されず、木炭で処理される説。さらには、硫化錫と銅の鉱石の混合物が製錬される説――。このような組み合わせの中で、錫鉱石の真の価値が発見され、青銅製造への急速な展開があったというものです。あらゆる地域で、自然混合があったのかは不明です。

四つ目の説は、人為的な混合です。銅と錫が天然に混合している鉱石を選んで製錬する説。あるいは錫鉱石と銅の鉱石の混合を扱う説。さらには、先に製錬されている銅に錫鉱石と木炭を加えて製錬する説です。

どれか一つだけではなく、いろいろなケースが組み合わさって青銅が作られたのでしょう。

⦿実際の青銅技術成立過程

実際には、次のような段階を踏んで、青銅生産が発生したと考えられます。

まず砂錫の状態の錫石が、砂金鉱床で働く人に発見されます。この錫石は、すでに金や銅や鉛の生産において、基本的な知識を持っていた**冶金家**

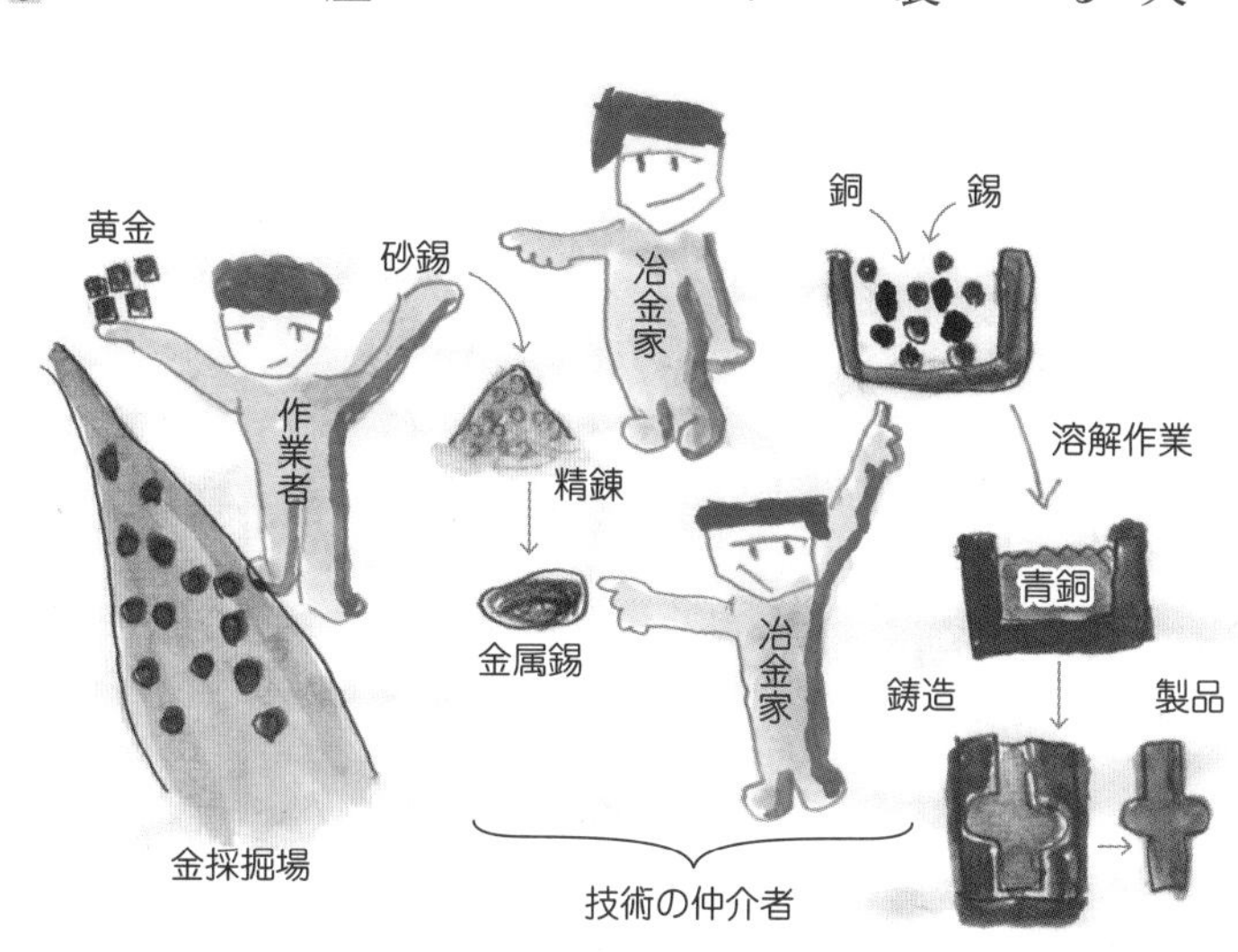

▪銅に錫を入れた経緯は諸説あるがよくわかっていない▪

により還元されます。

こうして得られた錫は、鉛と区別されていませんでした。そして、青銅製造のために錫が銅に加えられます。おそらく初期においては、砂錫は改良された銅を得るために、製錬以前に銅鉱石と混ぜられていました。

初期の青銅には、しばしば鉛やアンチモンが含まれているのが見つかっています。やがて、錫鉱石の添加が良質の青銅製造に役立つとわかり、砂錫が添加されます。これに伴い、青銅から鉛やアンチモンの含有量は減っていきます。

青銅技術の起源は、まだ定説がありません。金属文明は青銅から始まったことは事実です。これを受け止め、さまざまな説に思いをめぐらしてみるのも、金属から見た歴史の楽しみ方かもしれません。

＊中国殷
BC17世紀－BC1046。実証されている中国最古の王朝。商とも呼ぶ。周に滅ぼされたあと、残党は中国を渡り歩いて物の売買をした。あるとき、商売をする殷の人間を指し「商の国の人」と言ったため、商人という言葉が生まれた。

◉后母戊鼎

后母戊鼎（こうぼぼてい）は、中国殷*の時代の青銅器です。現存する青銅器としては世界最大で、1939年に盗掘されたものが発見されました。昔は司母戊鼎（しぼぼてい）と読んでいましたが、現在は改名しています。鼎（かなえ）の内壁に「后母戊*」との金文があります。

鼎は、四足を有する、横長方形の重量800kg以上の巨大な青銅器です。青銅の合金成分は銅84・77%、錫11・44%、鉛2・76%、その他0・9%となっており、初期青銅器の組成になっています。

鼎は、四足と箱の部分が一体鋳造され、その後上部の鼎耳部分が鋳造されて組み合わされました。総重量1t以上の青銅の溶解と鋳造が行われ、200〜300人の鋳造職人が共同作業をしました。

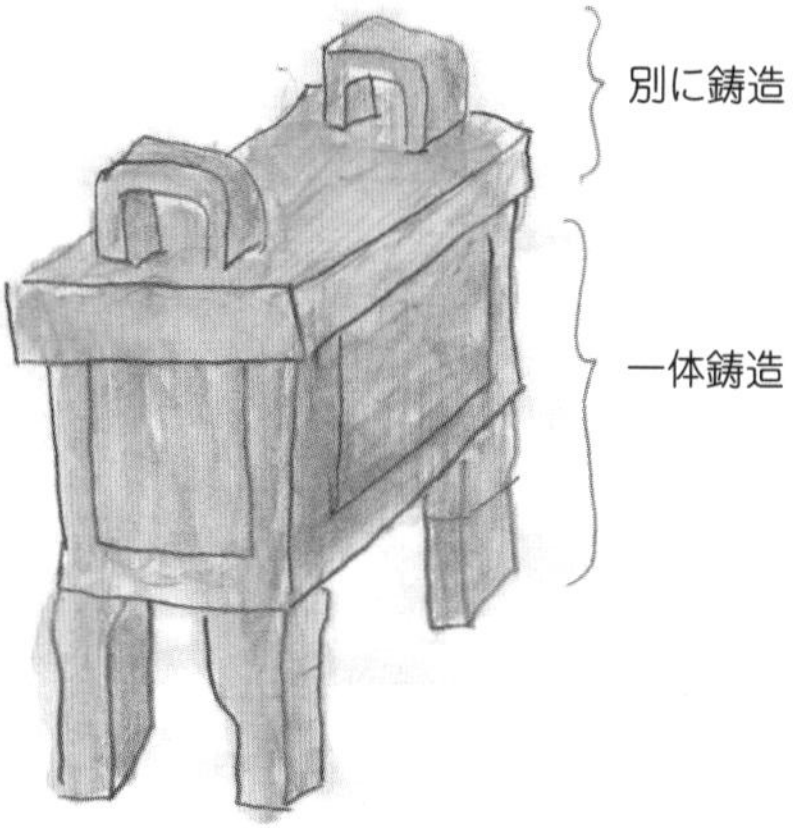

800kg の青銅製鼎（かなえ）

▪后母戊鼎▪

＊后母戊
殷朝二十二代王の武丁の妻の死後、息子の23王祖庚によって、母親のために作られた。

3-2 〈BC1000－BC1〉ローマと中国──西端のローマ文明と東端の中国文明が始まる

⊙年代解説

■西洋文明の勃興

ＢＣ１０００－ＢＣ1年は、東西文明の勃興期です。ギリシア、ローマ、ヘレニズムへと続く西洋古代史と、東は周、春秋、秦の中国古代史の中で、鋼製品が活躍します。インドに目を転じれば、独自の製鉄技術が生み出されます。

メソポタミアは、すでに勢力が衰えています。ＢＣ８５０年にはフリギアで、**貨幣の原型**となる、持ち運びできる銀の粒が使われます。

ギリシアでは鉄精錬が始まっていますが、昔日の面影はあり

＊**アリストテレス（人名）**
［古代ギリシア］ＢＣ３８４－３２２。ソクラテスの弟子のプラトンの弟子。観念論から入るギリシア哲学は火、水、土、空気の４大元素論で物質を説明した。奇妙な説でも、教え子を通して世界に広まり、近世西洋で再発見されていく。

＊**アレクサンダー大王（人名）**
マケドニア王の息子として生を受けたアレクサンダーは、13歳から16歳頃にかけて、マケドニア王が招いたアリストテレスが家庭教師となり、学問・教養を学んだ。

ません。時代の中心はローマに移ります。

ローマ時代の始まりは、ローマに従属していた**エトルリア**の冶金工芸が強く関係しています。エトルリアはBC675年に最盛期を迎えますが、BC396年にはローマに征服され、鉄冶金技術を簒奪(さんだつ)されて、歴史の舞台から消えます。製鉄技術を手に入れたローマは、鉄製の武器を使って領土を拡大していきます。

ローマに先駆けて栄華を誇ったギリシアにも触れておきます。BC356年にマケドニアで生まれ、アリストテレス*に師事した**アレクサンダー大王***は、ギリシアを統一した後、東はインドまで東征し、広大な領土を手中に収めます。

アレクサンダー大王の死後、共に学んだプトレマイオス*が4つに分割された領土の一つ、エジプトを治めてプトレマイオス朝を興し、**アレクサンドリア***を建設します。ここには**ムセイオン***という世界の情報発信元となる大図書館が備わり、金属の技術もここに集積されます。

＊**プトレマイオス（人名）**
プトレマイオスには、アレクサンドリアで活躍した天文学者と、アレクサンドリアを作った1世がいる。後者はアレクサンダー大王と机を並べ、アリストテレスに学んだ仲。大王死後、領土を引き継いでプトレマイオス朝を開く。

＊**アレクサンドリア**
アレクサンダー大王が志半ばで早世したあと、プトレマイオスがその遺志を継ぎ、新首都アレクサンドリアを建設する。アリストテレスの教えに従い、首都中心に学苑と付属の大図書館を建設する。

＊**ムセイオン**
ヘレニズム時代に建設された学堂。プトレマイオス1世により、附属施設としてアレクサンドリア大図書館が併設された。国王の財により多く学者や研究者が集められ、ギリシアとエジプトの文化が融合し、錬金術の基礎が生まれる。

■東洋鉄文明の勃興

中国は、ＢＣ７７０年まで続いた殷周時代の後、春秋戦国時代を迎えました。ＢＣ５００年に南部の呉で、**爆風炉**と呼ばれる高炉が設置され、銑鉄を作り出します。戦国時代の末期には、鍛造の鉄剣や鉄戈（てっか）が、表面浸炭硬化法*で作り出されて武器になりました。

インドに目をやると、ＢＣ８００年頃にダマスカスで、刀剣にすれば美しい紋様が浮かび出し、切れ味が良い**ダマスカス鋼**が作られていました。

ＢＣ１０００－ＢＣ1年の世界史では、ギリシア、ローマ、マケドニアへと続く長い戦いの歴史を支えた鉄製品が目立ちます。中国でも戦乱の世が続いており、武器としての鉄製品が主な話題になります。インドの美しいダマスカス剣も同じく、戦いを支える鉄製品です。

＊表面浸炭硬化法
鋼の直接還元で柔らかい錬鉄を作り、これを叩いて成形する。これでは柔らかいので、木炭とともに蒸し焼きにして、炭素を表面から浸炭させる。こうすることで表層が固くなり、実用的な武器として鉄が使えるようになった。

⦿エトルリア人

■ローマ文化に取り込まれた魅力的なエトルリア

塩野七生(しおのななみ)の著書『**ローマ人の物語**』の冒頭に、他の民族とローマ人の比較の中で、「技術力ではエトルリア人に劣り」の一節があります。エトルリアは、BC900年頃から登場し、BC396年にローマに併合され、次第に衰退していきました。当時からエトルリア人は、地中海の民族とは異なる、魅力的な民族と見なされていました。エトルリア人の考え方や習慣は、**共和制ローマ**＊に取り入れられていきます。

エトルリアは、製鉄技術を持つ民族でした。現地の鉱山やエルバ島から鉄鉱石が運び込まれ、精錬、鉄製品の製造が行われて、周辺のカルタゴやフェニキア、ギリシアの国に出荷されていきます。まるで加工貿易国の様相です。

＊**共和制ローマ**
BC509－BC27。王政を廃止して共和制にすると、ローマ王国と各都市同盟が消え、同盟都市エトルリアは敵対関係になった。ローマからエトルリア人が消え、ローマ人はエトルリアの技術を自ら発展させる必要が生じた。したがって、エトルリアは友邦国ではなく侵略対象国となった。

■**ローマ人の物語***

『ローマ人の物語』の序文には、こんな一節があります。

知力では、ギリシア人に劣り、

体力では、ケルト（ガリア）やゲルマンの人々に劣り、

技術力では、エトルリア人に劣り、

経済力では、カルタゴ人に劣るのが、

自分たちローマ人である、

とローマ人自らが認めていた。

なのに、「なぜ、ローマ人だけが」

■**鉄の物語***

この文章を読んで、筆者は鉄の長所についてこう考えました。

高貴さでは、金や銀に劣り、

加工性では、銅に劣り、

耐食性では、アルミニウムやチタニウムに劣り、

耐久性ではマグネシウムに劣るのが、

＊ローマ人の物語
世界を席巻したローマ人が、普通の民族だったことを列挙している。知恵のギリシア、武力のガリアやゲルマン、製鉄技術のエトルリア、貿易国家のカルタゴに囲まれて、「一つ一つでは負けています」と述べている。やっぱり最後に勝つのは、総合力と団結の力。これに限る。ローマが証明している。

＊鉄の物語
良い言い回しがあれば、臆面もなく換骨奪胎したくなる。ローマ人と聞いてすぐに思い浮かんだのが、普通の金属「鉄」。卑しい金属とか、安モノとか言われ続けているが、世の中で使われている金属の98％は「鉄」である。他に優れた金属があるのになぜだ？　こんな文章を書くスノッブなおっさんになってしまった筆者。

自分たち鉄である、
と鉄鋼人自らが認めている。
なのに、「なぜ、鉄だけが」
完全に文体パクリなのですが、ちょっと気に入っています。

■謎の国エトルリア

歴史家のヘロドトスは、「エトルリア人は、トロイ戦争の頃に滅びた国から移ってきた、鉄を作る民」と書いています。現地の土着民との説も根強いですが、言語がギリシア語とかけ離れていて、研究があまり進んでいません。

やがてエトルリアは、従属していたローマに制圧されて鉄生産技術を奪われ、強大に膨張するローマ国家を整備する技術基盤を提供し、歴史の舞台から退場します。

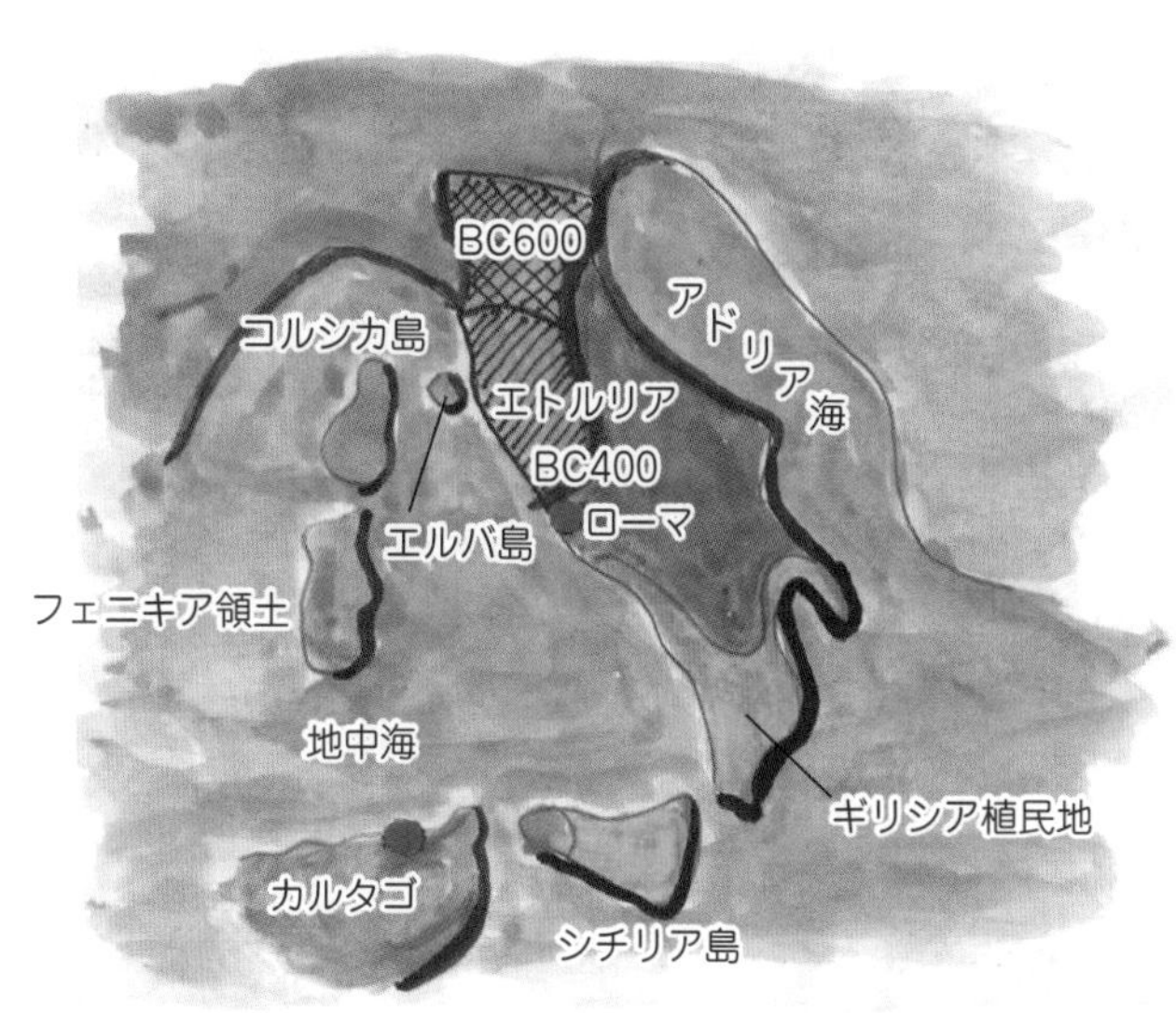

▪ローマ併合前のエトルリアの領土▪

ちなみに、エトルリアの古代製鉄遺跡で見つかった当時の鉄は、鉄鉱石から木炭の火で取り出した粗雑な海綿鉄*であり、高級な鉄ではなかったことが知られています。ローマ人はこの製鉄技術をもとに、領土拡大を果たしていきました。

⦿アレクサンドリアと学舎

■アレクサンダーの遺志

マケドニアのアレクサンダー大王はBC331年、エジプトの海岸沿いに、理想的なギリシア都市「アレクサンドリア」を作ろうとします。実際には、アレクサンダー大王は、ここに数か月滞在して都市をイメージしただけで旅立ち、戦いの途中で客死して戻ってくることはありませんでした。

ここに都市が設計され、建築が始まるのは、アレ

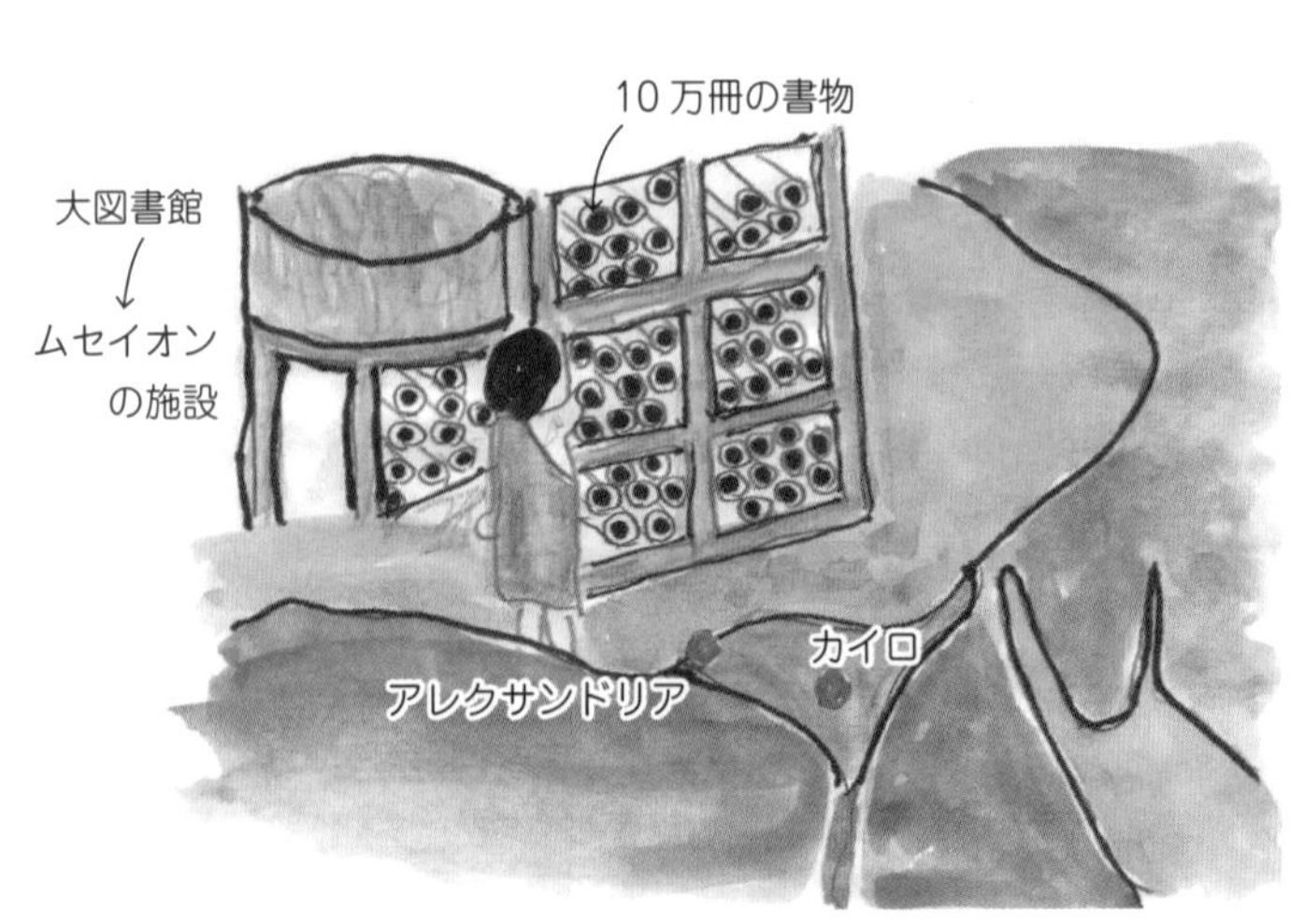

■アレクサンドリアとムセイオン■

クサンダー大王の友人でエジプトの最後の王朝を作るプトレマイオスの時代です。彼はプトレマイオス朝をエジプトで開き、BC305年に首都をアレクサンドリアに移転します。

アレクサンドリアは、エジプトに位置しながら、ヘレニズム文化の一大拠点になっていきます。文化は都市の中央にあるアレクサンドリア図書館が中心でした。ここにギリシアやエジプトの書物が集められ、世界中の学者が集まって研究し、論争しました。この知の殿堂**ムセイオン**の大図書館のモデルは、アレクサンダー大王とプトレマイオスが若い頃に学んだ家庭教師、アリストテレスの作った学堂**リュケイオン***です。アリストテレスも、プラトンの学堂**アカデメイア***で学んでいます。

■アレクサンドリアの図書館の栄枯盛衰

プトレマイオス朝時代からローマ帝国時代にかけて、アレクサンドリア図書館は世界最大の図書館でした。盛んな交易で豊かだった歴代のエジプト王たちは、世界中から本を集めて研究

＊粗雑な海綿鉄
ローマにとってエトルリアは、鉄製品を生み出す技術先進都市国家に見えたが、実際の鉄製品は、介在物が内部に多く存在する直接還元法で作られていた。実際は、かつてのヒッタイトのような、洗練された製鉄技術ではなかった。

＊リュケイオン
BC335年、ギリシアのアテナイ郊外のリュケイオン神殿に、アリストテレスの学園が開設される。昔の生徒のアレクサンダー大王が応援しての開設だった。アリストテレスは、散歩道を歩きながら議論したので、逍遥(しょうよう)学派と呼ばれた。

＊アカデメイア
BC387年、プラトンがアテナイの英雄アルカデモスの森に学園を開く。地名を学園名としたが、後世になると、教育機関に「アカデミー」と名付けることが流行した。プラトンの師匠のソクラテスも学園に立ち寄り、学生とよく議論した。

させました。その数は30万巻とも言われています。学者も輩出し、ユークリッドやアルキメデスが研究を行います。幾何学や天文学、医学も大発展を遂げます。そんな中、ギリシアのアリストテレス風の元素論や、エジプトのミイラ作りなどによって得られた試薬や冶金学の知識も、体系立てられていきました。

学問の集積場であった大図書館は、短期間で消失してしまいます。エジプトがローマ領になり、ローマがキリスト教徒の力を、次第に抑えられなくなってきました。414年にはアレクサンドリアからユダヤ人を追放し、異教徒への迫害が行われていました。

ギリシアの流れを受け継ぐ新プラトン主義*の学問は、キリスト教徒からは異端でした。暴動が起き、図書館は暴徒に襲われます。そして、アレクサンドリアから学者たちの多くが亡命します。アレクサンドリア図書館の書物は焼かれ、ほぼ全滅したと言われています。

＊新プラトン主義
3世紀から6世紀にかけて、ヘレニズム世界に現れた思想。イデアを提唱するプラトンの思想は、キリスト教世界では反感が大きかったが、ギリシアの神とキリスト教の神を同一視する折衷案で、新プラトン主義は西洋に広まった。

640年にアレクサンドリアは、アラビア人の襲撃で陥落しました。しかし、ギリシアの科学はアラビア人の手によって、東方のシリアに伝えられ、さらにそこからビザンティウム、バグダッドへと伝えられたのです。ギリシア科学技術はヨーロッパからは姿を消して、アラビア世界、イスラムで繁栄することになりました。

歴史は進み、ヨーロッパが宗教に支配された精神の暗黒の時代を抜けたとき、イスラム文化を通して、アレクサンドリアで研究されたギリシアやエジプトの科学技術、思想がヨーロッパに蘇ります。**ルネサンス***の始まりです。

⦿爆風炉

中国では、高炉のことを**爆風炉**(ばくふうろ)と呼びます。高炉は、溶けた銑鉄を連続供給する鉄鉱石の製錬炉です。爆風炉は、BC500年に中国南部の呉に設置されました。

***ルネサンス**
14世紀のイタリアで始まった、古代ギリシアやローマの文化を復興する運動。暗黒の中世は、1000年以上キリスト教中心の精神世界で、文化の多様性が無くなっていた。イスラム文化に避難していた物質論が、近代錬金術としてよみがえった。

初期の爆風炉による鋳鉄の製造は、すでに使われていた青銅を溶融するための溶鉱炉から進化・発展した技術と考えられます。

爆風炉では、燃料の木炭と鉄鉱石と石灰石を炉の上部から連続的に装入し、空気を炉の底から吹き入れ、炉内の全領域で化学反応を起こし、溶けた銑鉄を炉の下部から流し出します。このとき最も重要なことは、炉に送風する方法です。自然風や人力で行うだけでは、大規模な爆風炉は操業できません。

中国では西暦31年、杜詩(とし)が爆風炉のふいごに水車動力の**ピストンふいご**を適用しました。これにより送風量や送風期間が増大し、爆風炉操業は飛躍的に改善していきます。

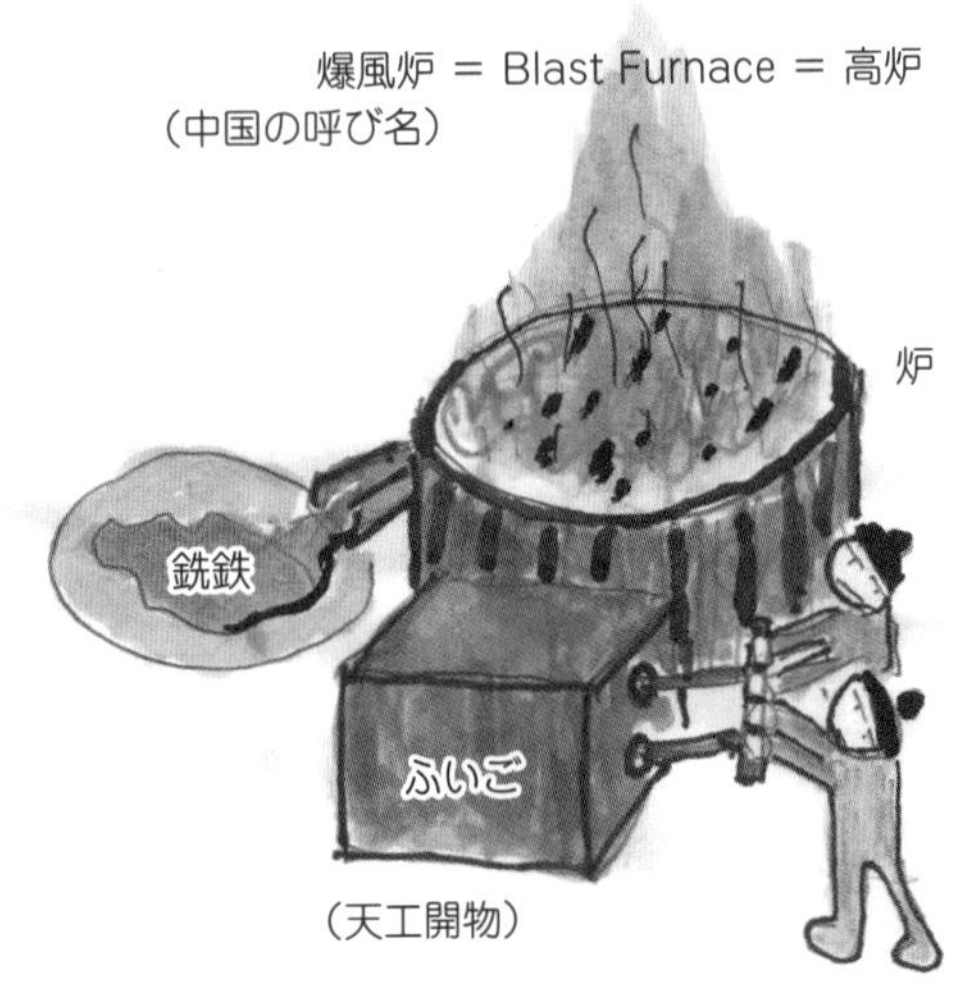

▪爆風炉▪

⦿鍛造の鉄剣、鉄戈（てっか）

中国戦国の末期では、鉄鉱石からの直接還元で作った海綿鉄を叩いて成形し、刀剣などにしました。この鉄は柔らかすぎるので、木炭などと一緒に長時間蒸し焼きにして表面に炭素を染み込ませ、表面を強化して強い武器にしていました。

るつぼ法、鍛造技術、浸炭硬化技術などを組み合わせて作られたのが、鍛造の鉄剣である**鉄戈**（てっか）です。

⦿ダマスカス鋼

インドのウーツ鋼を現在のシリアのダマスカスに持っていき、ここで加工した鋼を総称して**ダマスカス鋼**と呼びます。後に、加工した鋼材の肌

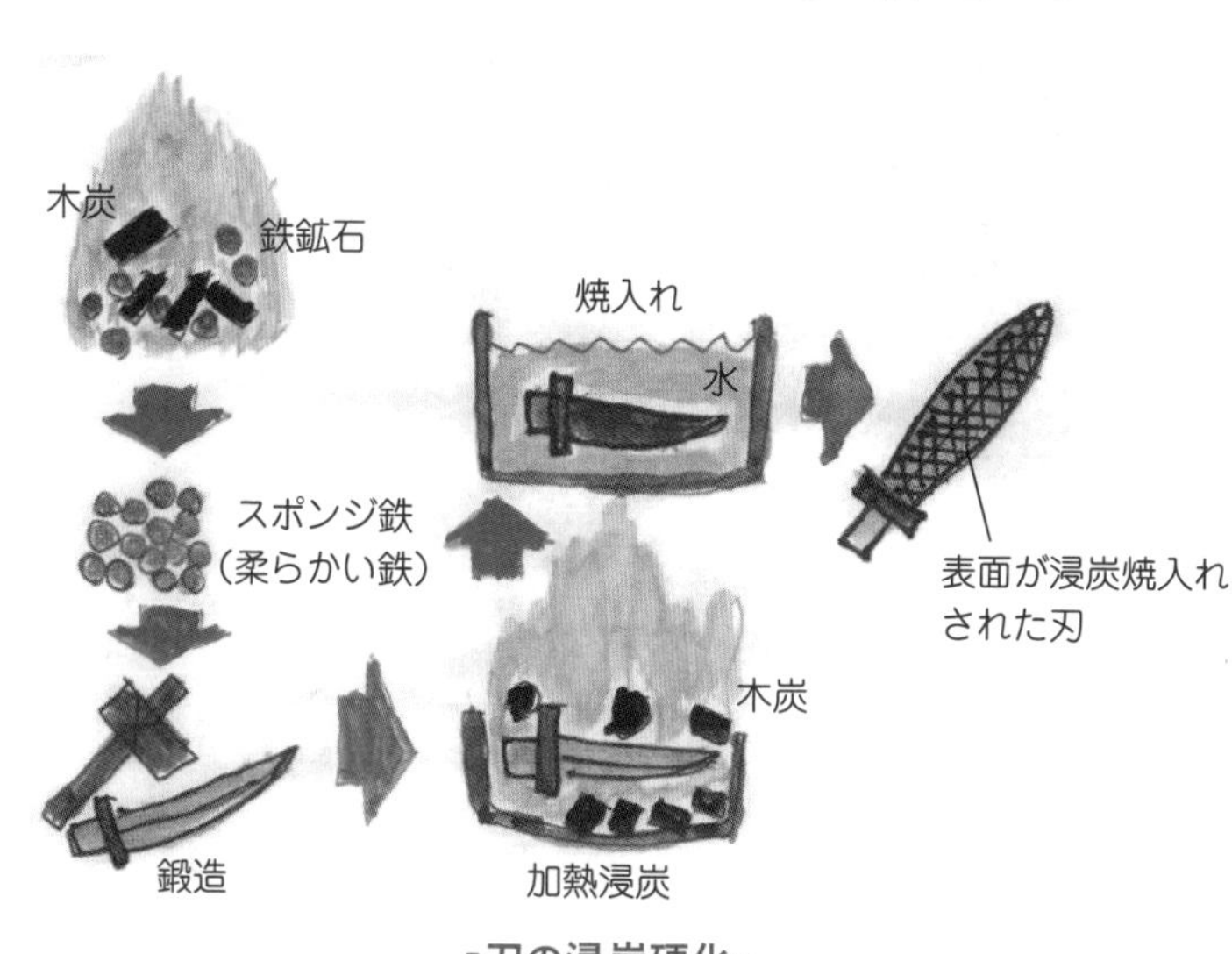

▪刀の浸炭硬化▪

にダマスカス模様が浮き出す鋼も、ダマスカス鋼と呼びました。

ダマスカス鋼で作った刀剣や刃物は切れ味が素晴らしく、刃に落ちた布がスパッと切れたなどという逸話も語られました。

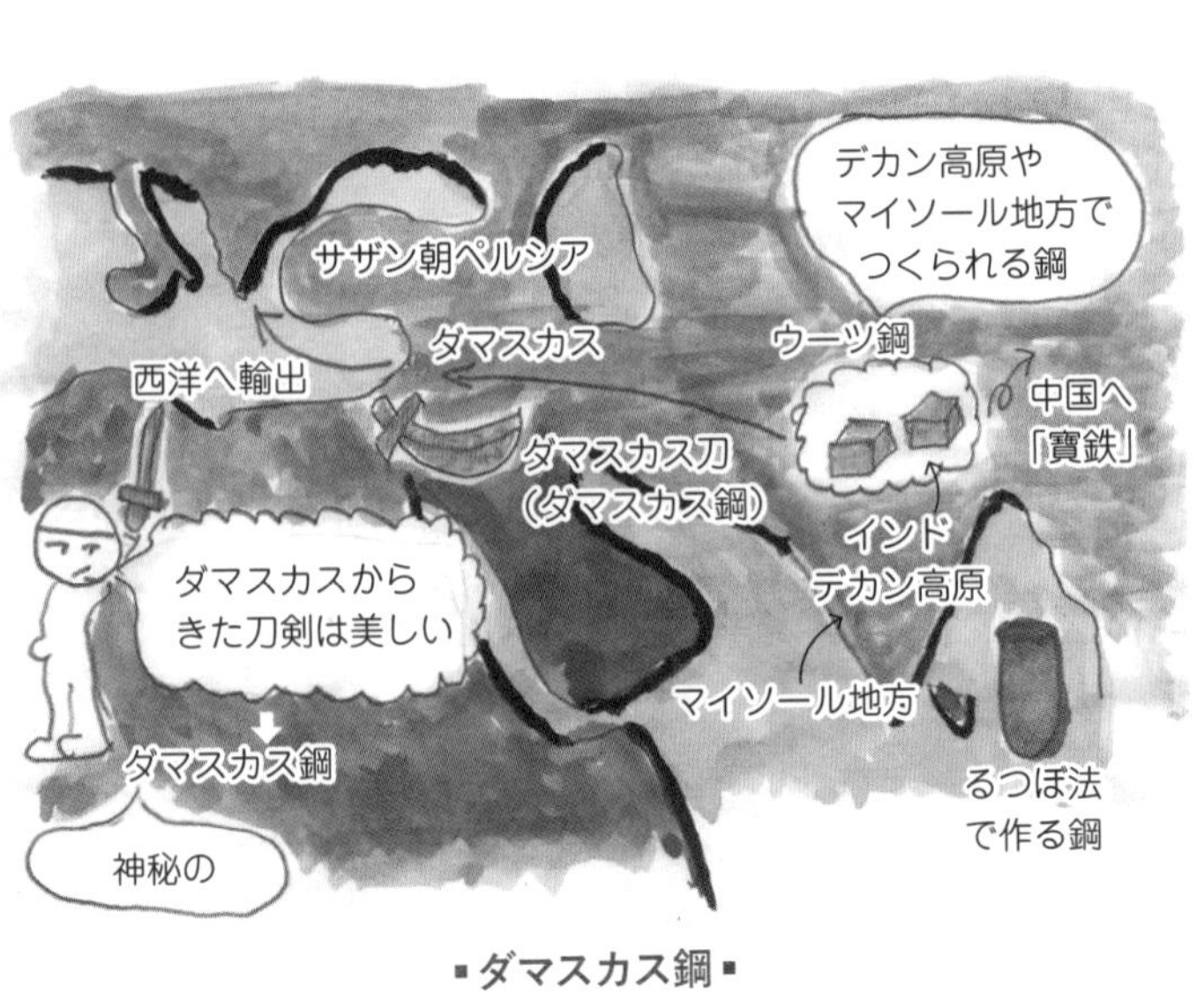

▪ダマスカス鋼▪

わが家の銅鐸

絶対にニセモノとわかっていても、集めたくなるのが悪い癖です。いや、ニセモノと割り切っているからこそ、集められる収集品もあります。銅鐸（どうたく）です。

緑青が吹いていて、なかなか雰囲気は出ています。メルカリで2千円で買いました。到着して納得しました。小さい。高さは30㎝くらいです。緑青は手で擦ったら取れて、黄色い地肌が見えました。重さはズッシリしています。プラスチック製では無いことは確かです。

試しに磁石を近づけると、ガチっと音がして吸い付きました。「お、この銅鐸は磁石に吸い付く。ということは、磁石に吸い付く新種の青銅でできた銅鐸だ。あまり高さが無いところを見ると、弥生後期のものかもしれない」。箱から取り出して、一人芝居をしばし楽しみます。「まあ、もう一つの可能性は、鋳鉄製のニセモノかも」。最初からわかっていることなので、ちょっとウキウキ気分です。

しかし、実物を見て気づくこともあります。賢明な皆さんは先刻ご承知でしょうが、銅鐸は円筒形ではないのです。本当にカウベル（牛の首につける鈴）の形をしています。この鈴が巨大化して、我われの知っている銅鐸になりました。さすが、ウルトラマンやゴジラなど、巨大化文化の先駆けをいくご先祖様たち。

青銅器が日本に入ってきたのは、紀元前2世紀。最初は単純な型でしたが、やがて土の型になり、複雑な形状や表面に模様がある器物が鋳込まれるようになりました。型の大きさも、最初は小型でしたが、次第に大型の青銅製品を作られるようになりました。さまざまな大きさの銅剣や銅矛、銅鏡や飾り品の鋳型が残されています。

弥生時代の末期、銅鐸は突然と言ってよいほどの短期間で、ことごとく埋葬されてしまいます。初期の銅矛が副葬品として埋められた事例とは異なり、祭祈や副葬とは関係なく、集落の外れなどにまとめて埋葬されてしまうのです。それも広範囲の場所で、似通った埋葬方法です。使用済の祭器の廃棄とか、長期保管のためとか、さまざまな事態が想定されていますが、弥生時代末期に例外なく埋葬されたという事実は、社会的な共通認識が生まれたか、大きな権力による何かが働いていたかもしれません。この埋葬にはまだ決定的な定説がなく、金属から見た日本史の大きな謎となっています。

こんなことをぼんやりと考えていると、後ろから奥さんの声が響きます。「また、こんなガラクタを買って。家をゴミ屋敷にするつもり？　ただでさえ古本であふれかえっているのに」。小言を聞きながら、ダイソーで買ってきたテレビの回転台に銅鐸を置いて、クルクル回転させながら眺める至福の時間を過ごします。

WORLD HISTORY OF METALS

第4章

金属の思想——金属は文明と錬金術を生み出す

西洋(続き)

790年　スカンディナヴィアで銑鉄用の溶鉱炉
8c　シュタイエルマルク(オーストリア南東部)、ケルンテン(同南部)で鉄の堅型炉生産
809年　ジョービル・ハイヤーン、賢者の石イクシールを使用して、中国の錬丹術とアレクサンドリアの錬金術師の融合
864年　イングランドで石炭使用開始【英】
932年　錬金術書『ラサイール』の著者イワーン・アッサファー(純粋兄弟たち)結成
943年　マスーディ『時代の情報』執筆。ペルシャから中国までの東方世界紹介「黄金の牧場と宝石の鉱山」
950年　コルドバ、人口50万人、図書館などコルドバ文化がヨーロッパの学問の中心【スペイン】

中国

10年頃　車が通る強度の「鋳鉄」の橋
20年　前漢武帝、鉄を国家管理下に置く
110年　隊商が洛陽を出発、中央アジアでローマの金銀と交換【漢】
300年　新羅の脱解王「余は鍛冶族出身である」と語る。韓国での製鉄遺跡

鋼の製造

400年　鋳鉄と錬鉄から鋼製造【中】

鋳鉄の柱

695年　則天武后、周王朝記念に1325トンの鋳鉄の柱を建造【中】

金丹

943年　南唐の初代烈祖李昇、猛毒の金丹を服用し死亡(十国)

日本

0年　金属製品、大陸より渡来。鋳物の製造
0年頃　西日本で鉄器普及、石器は急速に消滅

銅鐸・銅鉾

40年頃　近畿地方で銅鐸、西日本で銅矛・銅剣・銅鉞の制作
100年頃　後期弥生文化開始、青銅器使用

鋳銅鏡

150年　鋳銅鏡渡来『魏志倭人伝』

銅鐸・銅鉾の埋葬

240年　奈良盆地の大集落消滅、銅鐸や銅矛・の一括埋葬

前方後円墳

290年　前方後円墳(古墳時代前期)

白村江の戦い

663年　韓国白村江の戦いに日本敗北、輸入高級鋼の途絶
683年　富本銭の製造、1998年奈良で発見。年号は『日本書紀』の記述

和同開弥

708年　蔵国、和銅を献上「和同開弥」鋳造。日本最初期の貨銭。円形で四角い穴鋳造【日】

東大寺盧舎那仏坐像

749年　奈良の東大寺 大仏鋳造開始【日】
752年　奈良の東大寺 大仏造立【日】

砂鉄採取の鉄穴

820年　『日本霊異記』砂鉄採取の鉄穴(かんな)労働記載

刀剣

980年頃　刀剣製造技術の発達。備前の正恒、京の宗近、筑後の光世

年表2<AD1-1000>

AD1

ローマの興隆

製鉄先進国中国

AD500

ビザンチン文化

錬金術の萌芽

AD1000

西洋

60年　アレクサンドリアで蒸気の噴出利用球形エンジン【ギリシア】

セレスの鉄

77年　プリニウス『博物誌』37巻·2500章。「鉄はセーレスが最高、ペルシアがそれに次ぐ」

ローマの釘

83年　ローマ軍北限の 英国のインチトゥトヒルに釘を埋めて撤退

117年　ローマ帝国最大版図：軍隊の巨大化【伊】

206年　セヴェルス帝、テナリウス貨幣に改鋳。銀含有率を60%とする

3c　ゾシモス、錬金術の発生と百科事典的著作『エジプト』

350年　純粋な錫製品が北方ノーサンバーラードで大量制作

364年　シリアの金属専門家が西ヨーロッパで銀のレリーフなどを作る

425年　オリンピオドスによるペルシアンナイトへの錬金術【ギリシア】

622年　聖遷50万人の大移動（イスラム帝国）

695年　南イタリア『黄金製造法の鍵』の編集

中世キリスト像金貨

705年　ユスティニアヌス二世、ビザンチン金貨にキリスト像を鋳造。中世のドル【ビザンチン】

700年　フランク族、金本位制から銀本位制に転換

721年　アラビアの錬金術師ジャビールイブン・ハイヤーン、塩化アルミ、白色鉛、硝酸、酢酸などの製法を記す

完全な全書

780年　ジェビール・イブン・ハイヤーン、アラビア錬金術を含む『完全な全書』著述

4-1 〈AD1－500〉文明の興隆――ローマは興隆し、中国は鉄鋼先進国へ

◉年代解説

■ローマの興隆

1年－500年の金属は、西洋はアレクサンドリアとローマが中心です。一方、中国は漢王朝*になり、金属技術が一気に進んで製鉄先進国となります。日本にもようやく大陸より金属器が渡来し始め、弥生時代から古墳時代を迎えます。銅鐸や銅矛が作られるのも、この時期です。

ローマでは、プリニウスが77年に『博物誌』で、東方からもたらされる**セレスの鉄**が1番で、2番目がペルシャだと述べます。エトルリア人から奪った海綿鉄製鉄法を受け継いだローマ

*漢王朝
前漢BC206－AD8年、後漢25－220年。400年間続く安定統一王朝。戦乱が無いと、科学技術や文化が花開く。中国は鉄鋼技術を大幅に伸ばし、大製鉄国になっていく。東洋西洋の交流が盛んになった時代でもある。

にとって、外国からもたらされる鉄の優れた品質は、目を見張るものだったことでしょう。

プリニウスはローマが作っていた鉄を外国製品より下に見ていますが、それほどではありません。英国のインチトゥトヒル＊から出土した、ローマ軍北限で作られた**ローマの釘**は立派な鋼です。ローマ帝国は、117年のローマ版図の最大化と同時に、衰退を始めました。330年には、首都もローマからコンスタンティノープルに遷都し、391年にはアレクサンドリアも破壊されてしまいます。

■鉄鋼先進国・中国

中国では、前漢の武帝が、鉄を国家管理下に置きます。長方形錬炉、円形錬炉、海綿鉄を生産する排炉＊、低温炒鋼炉（しょうこうろ）＊など、さまざまな鉄精錬炉が作られ、反射炉で銑鉄を脱炭して鋼、錬鉄にする技術が発達しました。

こうした中、**水力ふいご**が発明され、爆風炉（高炉）に使わ

＊インチトゥトヒル
英国のスコットランドの中央に位置。パース・アンド・キンロスにある、古代ローマの要塞があった場所。1950年代の考古学者の発掘調査で、大量の釘が土中に埋められているのが発見された。AD87年に埋められたと推定される。

＊排炉
鉄鉱石を錬鉄に変える還元炉。ふいごで炉に送風できる設備を持つ。

＊低温炒鋼炉
炒鋼とは、銑鉄を炉で脱炭して錬鉄を作る方法。これで鋼鉄を作っていたような説もあるが、ヘンリー・コートのパドル炉でも錬鉄しか作れていないことから、いきなり鋼の炭素濃度の鋼鉄ができたとは考えにくい。高炭素の銑鉄と低炭素の錬鉄（炒鋼）を作ってから混ぜて溶かし、中濃度の炭素の鋼を作り出していた溶融冶金炉と考えられる。2種類の濃度の鉄を溶かして混ぜる方法は、銑鉄を脱炭したり、錬鉄に浸炭したりして作る刀剣より、生産性や品質が安定していた。

れます。400年には、炭素分の高い鋳鉄と炭素が少ない錬鉄を溶かした鋼の製造を実現しています。この時代、漢の中央政権に統率された中国は、世界水準を超える製鉄先進国となっていました。

日本は、このような超製鉄先進国の隣にいました。銅鐸や銅矛など青銅器文明も渡来しますが根付くことはなく、古墳時代には一気に鉄器文明に移行しました。こういう視点で見ると、日本軍が百済や新羅を攻める*のは、製鉄技術を欲してのことだと見えてきます。事実、それ以降の日本の遺跡には、鉄製品が急増します。

1年-500年は、ローマ衰退と中国超製鉄先進国化が明瞭になった時期です。周辺国である日本の金属事情は、機会があれば日本史編で詳しく解説したいと思います。

その時代、インドでは、400年頃に**デリーの鉄柱**が作られています。

***日本が百済や新羅を攻める**
百済は、日本の友好国になる。日本は、唐と新羅に攻められた百済を救援するために、日本留学に来ていた百済王子や百済残党と一緒に対峙するが、663年の白村江の戦いでボロ負けする。これで日本は朝鮮進出を断念。高級鋼が手に入らなくなったため、自前で国内製鉄業を興す。

⦿鉄のシルクロード

■鉄の回廊

鉄や金属の歴史を、史書や史跡によって想像することは簡単です。しかしこれは、わかっていることから想像しているにすぎません。中国やメソポタミア、エジプト、インドの目に見える歴史です。では、目に見えない歴史があるのでしょうか。その姿は、地域や時代を区切ると見えてきます。

西洋と東洋の交通路を**シルクロード***と呼びます。この道路は、もちろん高速道路ではないし、安全な道ですらありません。しかし、多くの文物が行き来し、多くの富をもたらす道路でした。単なる通路ではなく、多くのもの作りの拠点でもありました。

中国では「流砂の彼方に鉄ありき、**ガンダーラの鉄***」と呼び、「西域のどこかで鉄ができる」と言い習わしました。プリニウスは『博物誌』に、「ローマでは、中国**セレスの鉄**は良質の鉄で

***シルクロード**
BC2世紀－AD18世紀の間、東洋と西洋をつないだ交易路。文物のみならず、宗教や政治、経済など、互いに社会に影響を及ぼし合った。交易は両端の往復だけでなく、途中の国々の特産品や加工なども加わり、多様であった。

***ガンダーラの鉄**
BC6世紀－AD11世紀に現在のパキスタンあたりにあった王国がガンダーラ。カニシカ王の時代に、仏教美術・文化が花開く。アレクサンドリアとの交流もあり、西洋から運ばれてきた神々の青銅像を見て、ガンダーラの石仏作りが始まったとの説もある。

す。当時先進国だったペルシャの鉄は2番手です」と書いています。アジアから運ばれてくる鉄の品質を、手放しで褒めているのです。

■誰も知らない鉄のふるさと

しかし、セレスの鉄はどこで作られたものか、はっきりとはわかっていません。中国では、鉄は専売公社的な官鉄で作られており、そこから出てきたものではありません。西域地方やインドの天竺*で作られていたようです。

ローマも中国も、相手の鉄が優れていると思うのは理由があります。それは鉄の産地が、新疆（しんきょう）ウイグルやパミール高原など、私たちが未だに踏み込めておらず、調査もまだ行き届いていない地域にひしめいているからです。

新疆ウイグルのウルミチ市には、30トン近い大隕鉄*が展示されています。想像するだけで、古代から鉄に親しんできた地区ということがわかります。

＊天竺
インドの古い呼び方。

＊30トン近い大隕鉄
第1位はナミビアのホバ隕鉄66トン。第2位はアルゼンチンのエル・チャコ隕鉄37トン。第3位はグリーンランドのアーニートゥ隕鉄30・9トン。第4位はアルゼンチンのガンセド隕鉄30・8トン。第5位がこの新羅隕鉄28トン。

＊楼蘭
「さまよえる湖」ロプノールで知られる楼蘭だが、成立は不明。4世紀頃に湖が干上がり、砂漠に飲み込まれた。シルクロードの分岐要衝に位置し、交易で栄えた。政治的には、漢と匈奴に挟まれて苦悩した。

金属資源が豊富なアルタイ山脈の近傍では、鉄を始めとする金属遺物が膨大に発見されています。私たちがまだ踏み入れたことのないシルクロードは、絹を敷いた道ではなく、無限の金属資源の上を歩く道でもあります。

西域の古代王国、**楼蘭**（ろうらん）*では、後漢時代の鉄器が出土します。銑鉄や鉄釘などです。楼蘭は、紀元7世紀には滅亡したので、痕跡もわずかです。中央アジアには、まだ調査できていない地域も多く、立ち入りもままなりません。

この封じられた地域が、**鉄のシルクロード**です。その地の歴史も文物も、まだ帳（とばり）の中です。まだ知らない地域の鉄の歴史に、どのような繁栄の物語が隠れているのでしょうか。

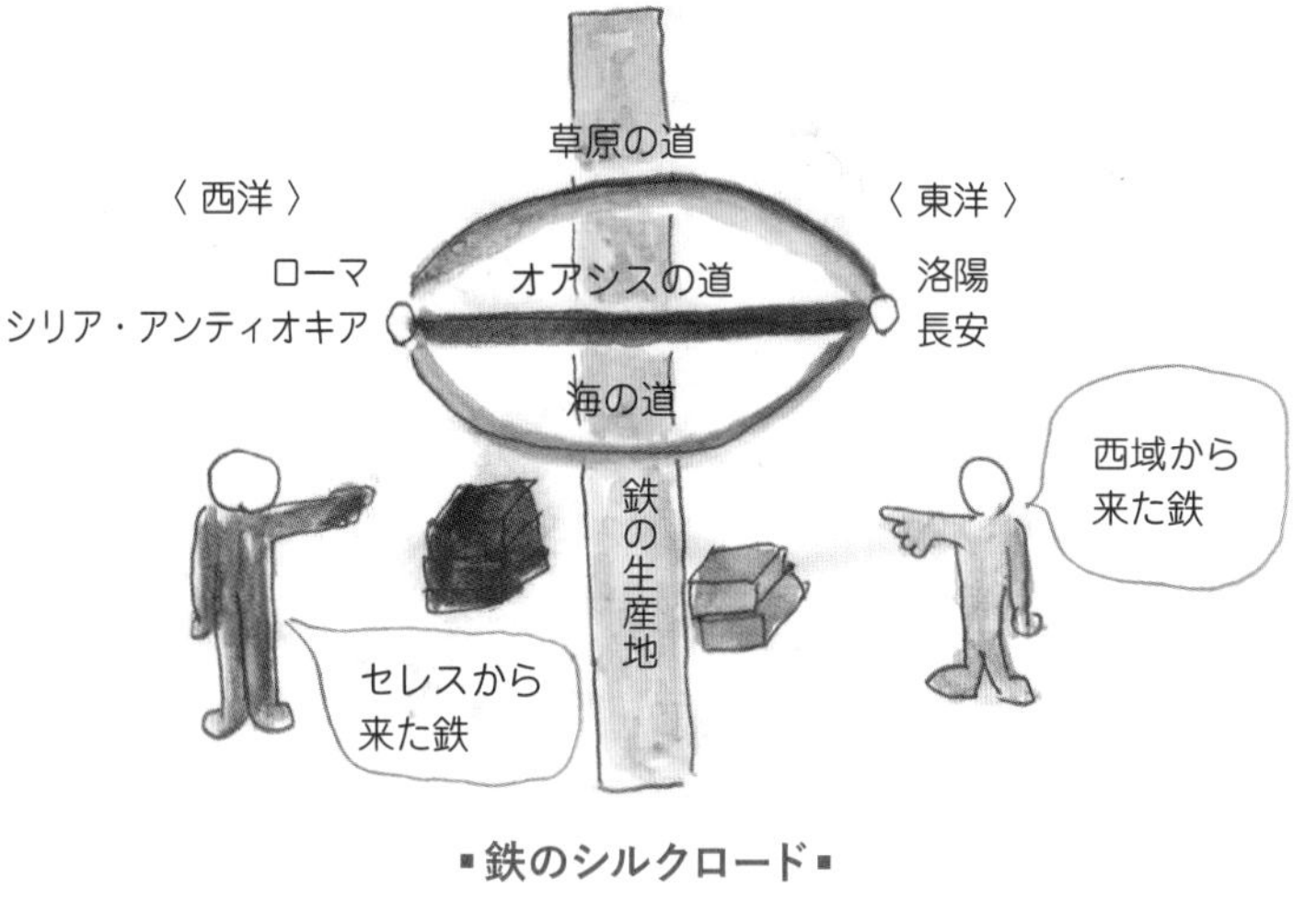

■鉄のシルクロード■

◉中国の製鉄政策

■中国の鉄の専売制度

鉄文化は、シルクロードを伝って中国に入り、そこから日本に渡ってきました。春秋末期から戦国期にかけてです。群雄割拠の時代から、鉄器は武器の素材として超貴重品でした。

秦や漢の時代になると、鉄作りは政治的に組織化されていきます。鉄の生産拠点は、**夷狄**(いてき)の地*に、原料立地型で点在しました。発展期の国家にとって、武器の製造は当然であり、素材の増産は必須でした。とりわけ漢にとっては、国家体制の整備と**匈奴**(きょうど)対策のため、膨大な費用の工面が喫緊の課題でした。

こうした背景から考え出されたのが、塩と鉄を中心とした主要物資の国家独占です。専売公社は、別に昔の日本の特徴ではありません。漢の武帝は、塩、鉄、後に酒までも、国家の専売にしました。

鉄の話に絞ると、鉄屋を最高位の大臣に相当する「大農」に

＊**夷狄の地**
鉄には様々な漢字が当てられる。「鐵」は画数の多い字の筆頭だが、「鉄」とか「銕」の字もある。元々は、中国の田舎である夷狄からきた金属という意味で「銕」を使ったが、簡略化されて「鉄」になり、「金を失うのは縁起が悪い」ということから、「失」を「矢」に変えて「鉄」になり、もっと重々しくしたいので「金の王なるかな」と読んで「鐵」を使った。「鉄」は現代でも社名で使われている。

迎え入れ、その下に大小の「**鉄官**」を置き、鉄の生産と販売の専売化を推し進めました。鉄鉱石の産地で鉄一貫生産を管理するのが「大鉄官」で、鋳造作業のみを管理するのが「小鉄官」です。国家事業は単なる名目で、技能者を拘束して価格を統制することが目的でした。官営の製鉄所の労働者は、滅亡した国から連れてこられた捕虜であり、劣悪な労働環境のため、時折反乱が起こりました。

■規制緩和は是か否か

漢の時代に行われた**塩鉄会議**＊は、書物になっています。専売公社制度を続けるべきか、廃止すべきかの生々しい論争は、今読んでも面白いものです。論争の結論は、「鉄官制度は残す」でした。鉄の値段の暴騰や業者と役人の癒着など弊害は多いものの、差し迫った匈奴対策の膨大な出費に、どうやって対応するのかということです。鉄官制度は、唐の時代まで続きました。

鉄官制度は、当然のことながら、莫大な利益を生みます。こ

＊**塩鉄会議**
前漢の役人である桓寛（かんかん）がまとめた、昭帝時代の『塩鉄論』に出てくる会議。塩、鉄、酒の国家専売をどうするか、政府代表と民間知識人が論じた。「専売をやめて民に富を分配すべし」との意見と、「対外出兵には金がかかる」との議論は、現代でも通じる面白さ。結局、酒の専売を中止した。

の冶金業を資本家が見逃すはずはなく、操業場所が山間の僻地であったこともあり、密造が絶えませんでした。管子の一節には、「お上の鉄鉱石の山を掘り返す者は、死刑に処して許さんぞ」「規則を破って左足を鉱山に入れた者は、左足を切断するぞ」と恐ろしげな記述があります。

また、淮南氏の一節には、「屑鉄を拾って、鍛冶屋が再溶解して使うのは是か否か」とあり、屑鉄使用はグレーゾーンであって、鉄の密造は儲かっただろうと思われます。

⊙セレスの鉄

帝政ローマ時代の大プリニウスは、77年に著した世界最古の百科事典『博物誌』の中で、「セレスの鉄は非常に良質で世界最高の質だ。当時やはり先進

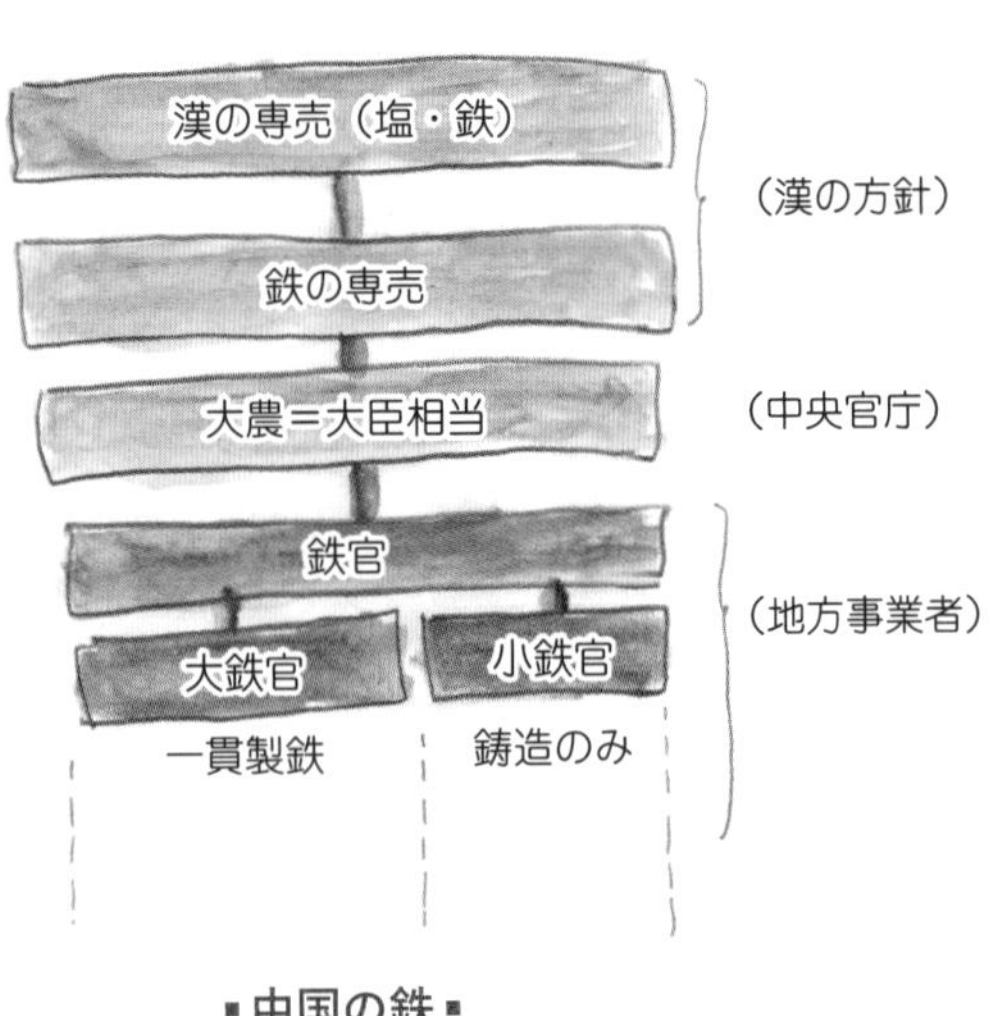

▪中国の鉄▪

文化国であったペルシャの鉄は二番手のもの」と、東方からやってきた鉄を絶賛しています。アジアから隊商によって運ばれた鉄は、1世紀頃のローマ市場で、鉄の加工業者のグループや武具鍛冶職人に極めて高い評価を得ていたようです。

東方からきた**セレスの鉄***は、従来は中国産のものとされてきました。しかし、どうも中国の官鉄ではなさそうです。最近は、中国西域地方かインド周辺の天竺で作られた鉄ではないかと推定されています。まあ、漢の時代は、中央アジアあたりまで中国の領土でしたから、「中国の鉄」と括っても間違いではないでしょう。

しかし一方で、中国では、西方から**胡人**（こじん）*によって運ばれてきた鉄を、賓鉄（ひんてつ）と呼んで、長安や洛陽の都で珍重していました。

では、ローマには東方から、中国には西方からやってくる驚異的な品質の鉄の生産地は、一体どこなのでしょうか。セレスという国については、近年いろいろな説が発表されています。総合的に研究した学者がいて、この国について「東は大洋に接

***セレスの鉄**
「セレス」にピンとこない人も、トヨタのスポーツカー「セリカ」は聞いたことあるかもしれない。スペイン語の「天空」という意味。同じセリカでも、古代国の名「セリカ」は、ローマ人から見た東方の国で、その国の民がセレスと呼ばれていた。

***胡人**
中国の西方民族の呼び方。北方の遊牧騎馬民族である匈奴を指す場合もある。

し、西にも広がった国で、絹織物や毛皮、および大量の鉄などの産物を出荷している」とまとめています。ギリシアの歴史家クテシアスは、セレス人と北インド人をはっきり区別しています。中央アジアに広がる国というところでしょうか。

古代ローマは、漢の絹をシルクロードを通して輸入してきました。タリム盆地のアーリア人は、貿易の中継をしていました。ローマの輸入品は、絹だけでなく、シルクロードの途中の地域で作られた鉄もありました。絹の道の向こうからやってきた鉄を「セレスの鉄」と呼び習わしたのではないでしょうか。

◉ローマの釘

■たかが釘、されど釘

筆者の書斎には、鉄の歴史コレクションが並んで

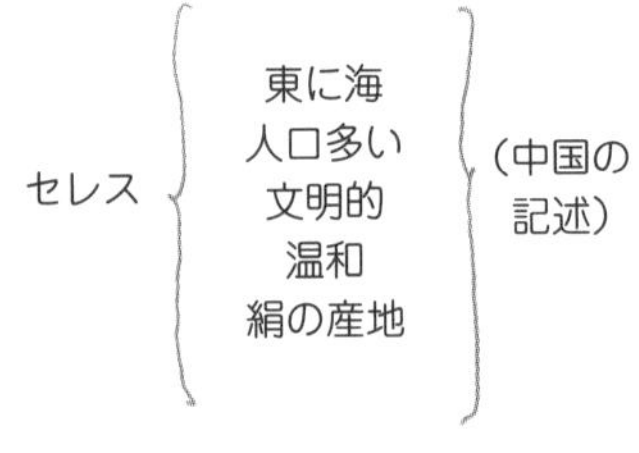

セレス
「セーリケ＝シルク＝絹の産地」

セレス
「東からシルクロードに沿って
やってくるルート」

■セレスの鉄■

います。その中で異彩を放つのが、ローマの釘です。以前、英国のBSスチールの技術指導*をしたときに、お土産としてもらったものです。

古い釘といっても、たった1900年くらい前のものです。河原に転がっている岩石は数十万年前のものだし、地面の砂は数億年前のものかもしれません。それらに比べれば、たいしたことのない古さです。とはいえ、十分に博物館の特等席には座れるもののようです。大英博物館の展示室で同じものに出会ったとき、あの錆びた釘をちょっと見直してしまいました。

釘は樹脂に埋められており、銘板には「紀元83年～87年にローマ人によって作られた釘で、スコットランドのインチトゥトヒルの城塞の跡で出土したものである」と書いてあります。約1900年前に作られた、10㎝ほどの鉄釘です。錆びていますが、原形をとどめています。頭部が鍛造でしっかり作られています。

＊BSスチールの技術指導
前年にイタリア指導に行った流れもあって、引き受けさせられた。今回は先方が日本に来るという面白味のない仕事。発端がひどく、筆者の大学時代の知人が某メーカーで英国駐在しており、「日本で品質勉強しておいで。ついては……」と筆者の名前を出したものだから、初対面では先方は完全に喧嘩腰。「俺様たちに何を教えるんだ、若造」状態であった。でも、こういうときに有効なのは食事会。ちょうど桜が満開だったので、近くの公園にブルーシートを広げて昼間からの歓迎大宴会。英国人も靴を脱いでビールの乾杯合戦になった。二日目からは大人しくなった。入社6年目の出来事。

■鉄は貴重品

由来を調べていくと、**インチトゥトヒル**には、帝政ローマがスコットランドのピクト族*を服従させるために構築した、兵站基地がありました。しかし、侵攻する前に将軍が解任され、ローマは撤退を余儀なくされます。城塞を放棄する際、鉄の釘を置いていくと武器にされてしまいます。だからといって、持って行くわけにもいかず、地下に埋めたようです。

鉄釘の成分は分析されており、高炭素鋼と低炭素鋼の二種類があったそうです。どこで作った鉄かは不明ですが、ローマには鋼を作り分けて加工する技術がすでに存在していました。

ローマは周辺国を次々征服し、帝国に組み入れては周辺国に拡大していく政策をとっていました。その際、道具や武器は現地で調達していました。西はスペインまで到達し、製鉄のために樹木を採り尽くし、赤茶けた大地にして、侵攻は止まりました。

筆者は、鉄釘を眺めているうちにうたた寝をしていたようで、

▪ローマの釘▪

ローマの軍隊が鋼製の槍の穂先を揃えて集団で攻めてくる光景が現れ、驚いた拍子に目が覚めました。

⦿デリーの鉄柱

■錆びない鉄柱

インドのオールドデリー近傍にある、クトゥブ・ミナール*の境内に建つ鉄柱は、「**錆びない鉄柱**」として有名です。紀元5世紀に作られたもので、直径40㎝、全長7・25m、地上6m、グプタ語で当時の統治者ラヤ・ダワを讃える辞が刻んであります。不純物を含まない素材と、乾燥した気候のため、1700年間も朽ち果てずに原形をとどめています。

■気の遠くなるような作り方

鉄柱の成分は、錬鉄と呼ぶ純鉄です。まず小さな鉄塊を作り、それを熱して槌(つち)で叩く**鍛造加工**で、鉄塊を延ばして板を作りま

＊**ピクト族**
スコットランドに住む部族で、ケルト語を話す。ローマ人のタキトゥスは、書籍『アグリコラ』に「AD83年、ピクト連合軍とローマ軍の戦いがあった」と記している。ローマ軍が去ると、要塞を襲って略奪した。釘が埋められた理由である。

＊**クトゥブ・ミナール**
1200年頃インドのデリーに建てられた、イスラム教徒に礼拝を呼びかけるための塔。この敷地内にあるのがデリーの鉄柱。デリーの鉄柱は、415年にチャンドラグプタ2世が建立したものだが、13世紀に現在の場所に移設された。

す。板同士は、真っ赤に加熱して叩いてくっつける鍛接加工でつないでいます。溶かした鉄を鋳込んだわけではありません。鉄柱をコロの上に置いて、転がしながら少しずつ継いでいったものです。

こんな手間のかかる製法で作った鉄柱を考えると、筆者が横浜ランドマークタワーの鉄柱作り*でボヤいていた苦労なんて、足元にも及ばないなあと実感します（厚み9㎝の板を丸めて直径90㎝の円柱にするのですが、ちょっとでも傷があると大音響と共に破裂するのです。でも、デリーの職人たちの苦労に比べると……）。

■本物ではないのですが……

鉄好きの筆者ですが、本物のデリーの鉄柱は見たことがありません。「本物」と断ったのは理由があります。インドの有名な製鉄所を訪れた際、車窓からそれらしき鉄柱を見つけたので、降りて観察してみると、まごう事なき例の鉄柱です。柱に書か

＊ランドマークタワーの鉄柱作り
横浜ランドマークタワーには、特殊な柱が使われている。通常の高層ビルは、柱に床を支えるリブを直角に取り付けられるので、ボックス型の角柱が使われる。ところがランドマークタワーは、3方向にリブが出る構造であり、三角柱は作れないので、円柱が採用された。しかし、厚みのある鋼材を丸めて円柱にするときに、外面にはとても大きな引張り力が働く。そのため、少しの傷でもあれば円柱が破壊するという、史上空前の難製造となった。作っている最中は、本当にビルが建つのかと思った。オープン後、自宅近くの海岸から、対岸の横浜にビルが無事に立っているのを目視確認するのが、しばらくの日課だった。

れているグプタ文字まで同じです。「おかしいなあ、デリーってここのことだっけ」と、付き添いに聞いてみると、下を向いて一言「フェイク……」。明らかに模造品なので、恥ずかしがる必要はないと思いましたが、向こうなりの理由があるのでしょう。

鉄柱は、その製鉄所によって、現代の鋼鉄で作られたものでした。その証拠に、表面が真っ赤に錆びて*います。本家とは異なり、100年は持たないと思われます。これが現代の鋼鉄の実力だと、フェイク鉄柱を見て感じ入りました。

■古代インドの製鉄技術

古くから鋼鉄製品は、インドの最も重要な輸出品でした。旧約聖書にも、インドの鋼の記述があります。古代インド人は、良質の鋼を貴重品として扱っていました。インド王が自分を負かしたアレクサンダー大王に、貴重な贈物として鋼塊を献上したという記述もあります。

＊真っ赤に錆びて
鉄は錆びると知られているが、錆びるのは現代の鋼鉄。錬鉄や銑鉄は錆びない。鋼鉄で錆びないのは、日本の玉鋼（たまはがね）とウーツと呼ばれるインド鋼。「ご先祖さんのウーツは錆びないのに、子孫の作った鋼鉄は錆びるんかい」と嫌がらせを言おうとしたが、日本も同じ状況でブーメランになりそうでやめた。

インド人は、鉄が磁石になり、鉄剣は稲妻を引き寄せることを知っていました。デリーの柱には、いくつもの伝説があります。「柱は7種類の金属でできている。だから柱は錆びない」「15m以上の巨大柱を鋳込む驚異の技術が古代にあった」。インドの伝承によると、この柱は地下深いところまで達して、地底の蛇の王を突き刺しているのだそうです。

実際は極めて純度の高い錬鉄であり、小さなパーツを鍛造加工で成形し、鍛接接合*で柱に組み立てたようです。この厚みと大きさの錬鉄片を加熱して叩いて接合していく技術は、機械もない時代であることを考えると、驚異的な努力と人力の投入だったと思われます。

■鉄柱だけではない鉄建造物

ただ、勘違いしている人もいるかもしれませんが、この鉄柱が一本だけ立っているわけではありません。鉄柱は他にもあり、しかも鉄骨構造の寺院まであるそうです。紀元3世紀から10世

*鍛接接合
デリーの鉄柱は、溶けた鉄を鋳型に流し込む鋳造品ではない。錬鉄を叩いて板に成形し、板の端同士を加熱し重ね、叩いて接合する鍛接接合で長い柱に仕上げた。錆びない理由は諸説あるが、どう加工したのかにも興味は尽きない。

紀にわたって、大きな鉄建造物を作る技術が長期間栄えていたようです。

この鉄柱は不思議なことに、インドの高温多湿気候にも関わらず、錆びていません。理由については、「鉄柱の持つ熱伝達性により、水分が飛ばされるため」だとか、「巡礼者が抱きつくため、体の油分で錆を防いでいる」だとか、さらには「この鉄柱は実は青銅である」といった迷信まであります。

実際のところは、るつぼの中で鉄鉱石を鉄に変える**るつぼ精錬**で作られているため不純物が少なく、錆びないのではないかと考えられています。

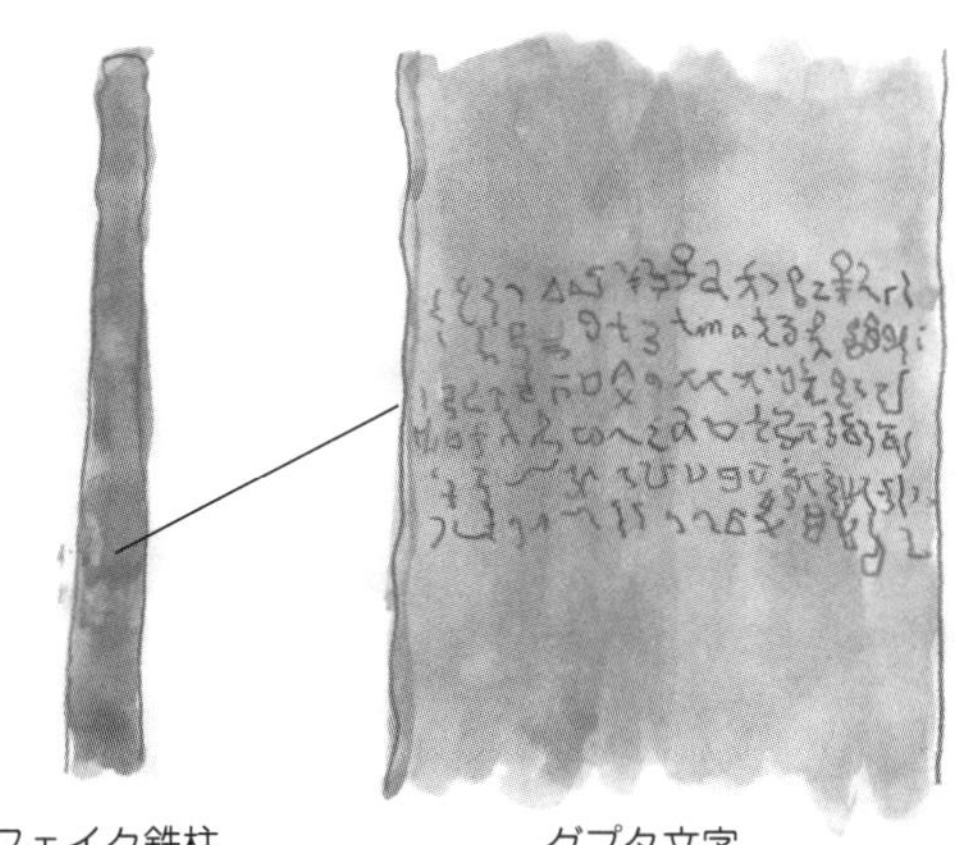

▪デリーの鉄塔▪

4-2 〈500－1000〉 錬金術出現——ビザンチン文化と錬金術の萌芽期

◉年代解説

500年－1000年は、中国の勢いが止まり、西洋ではフランク王国創立と分裂が起こります。アラビアでは錬金術が生まれ、日本では大和朝廷の骨格ができ上がります。

この頃、西洋ではビザンチン文化が普及します。529年にアテナイのアカデメイア学堂が封鎖され、622年にコンスタンティノープルへ遷都します。705年、ユスティニアノス2世*は、**中世キリスト像の金貨**を鋳造し、それまでの神々の肖像を貨幣から消し去ります。

アラビアも勢いを増し、780年には錬金術師ハイヤーン*

＊ユスティニアノス2世（人名）
［東ローマ］668－711。ソリドゥス金貨にキリストを描いたり、教会会議を開催するなどして、宗教を重んじた。一方、独裁的でスラブ人を制圧、移住させた。政敵に鼻をそがれる刑罰を受けて追放されるが、つけ鼻をつけて返り咲き、最後は捉えられ処刑死。

＊ハイヤーン（人名）
［アラビア］721－815。ジャービル・ハイヤーン。多くのアラビアにおける錬金術の著作を執筆。しかし名前が知られるのは、著作をラテン語翻訳したときで、実在する人物なのか、複数人がハイヤーンの名で執筆していたのか不明であり、現在も議論が続いている。

＊アラビア錬金術
8世紀以降、エジプトから散逸した錬金術のギリシア語文献書籍は、アラビア語に翻訳された。その後、アラビア思想が加わり、本来は科学的な錬金術が、「劣位な金属を変成させて高貴にする賢者の石探し」という錬金術に変わる。

が、アラビア錬金術*まで包括した**完全な全書**を著します。これ以降、西洋は約1000年の間、錬金術の追求が始まります。

この間、中国では、695年に則天武后*が、周王朝の記念に鋳鉄の柱を建造します。また、943年に南唐の初代裂祖が、中国風の錬金術である**金丹**を服用して死亡する事件などが起こります。

日本は、663年の白村江の戦いに敗れ、高級鋼の大陸からの輸入が途絶える中、大和朝廷の骨格ができ上がります。国内貨幣も誕生し、683年の富本銭*に続き、銅を献上して作られた**和同開珎***などの金属貨幣が作られます。護国のため、東大寺の**盧舎那仏坐像**が鋳造銅で作られ、アマルガム法による金メッキが施されます。この時期から、砂鉄採取の**鉄穴操業**が行われ、900年頃には刀剣製造技術が発達して、多くの名匠が登場します。

＊則天武後（人名）
［中国武周］624－705。武則天。中国唯一の女帝。則天とは天の意志に則るという意味。唐の第2代皇帝の後宮に入り、第3代高宗に見い出されて皇后となる。高宗の死後、周（古代周と異なる）を建国し、女帝になる。死後、唐が再興。

＊富本銭
682年、天武天皇の時代に日本で作られた貨幣。708年の和同開珎よりも古い。材質は、アンチモンを含む銅。故事「富民之本在於食貨」（民を富ませるには食事が大切）に由来しているという。実際に流通したかは不明。

＊和同開珎
708年。日本初の流通貨幣。和同とは和銅元年の簡略化で、開珎とはお披露目することと解されるが諸説あり、古来議論となってきた。貨幣の発行目的も、平城京の建設の荷役支払いのためなど諸説あるが、近畿圏で通用した。

⊙中世キリスト像の金貨

東ローマ帝国の皇帝ユスティニアノス２世の代に作られた**ソリドゥス金貨**は、裏面にはＰＡＸ（平和）と刻まれ、正面にはキリストが刻まれています。それまでの金貨には皇帝の肖像が描かれていたので、キリスト像が描かれた珍しい金貨でした。

ソリドゥス金貨は、４世紀のローマ皇帝コンス

ユスティニアノス２世のソリドゥス金貨

■ソリドゥス金貨■

＊**ローマ法大全**
５３４年、東ローマ帝国皇帝ユスティニアノスが編纂させた法律。ビザンツ帝国になったときも、ローマ法を受け継いだ。ただし、ローマ帝国は貨幣改鋳で危機を迎えたため、ビザンツ帝国においては、常に変わらぬ貨幣体系を堅持する施策が滅亡するまで続いた。

タンティヌス1世の時代より、ビザンチン文化圏で流通していた金貨の総称です。**ローマ法大全**＊で金貨の純度の取り決めをしていたので、11世紀頃まで純度が保たれ、信用のおける通貨として国内外で流通していました。「中世のドル」といわれる所以です。

ソリドゥス金貨が信頼を勝ち得たのは、貨幣改鋳＊をしなかったためです。為政者は、財政が苦しくなると、貨幣の金や銀の含有量を減らす貨幣改鋳を行い、立て直しを図ります。この行為はローマのみならず、多くの政府、幕府が行いましたが、必ず政情不安を招くことにつながりました。

⦿金丹

筆者が執筆時に愛用するのは仁丹（じんたん）＊です。薬草を丸めて周囲を銀でコーティングした小さな粒をご存じの方も多いでしょう。

＊貨幣改鋳
古今東西、国の財政が悪くなると、国家は貨幣改鋳を採用してきた。金の含有量を1割下げると、貨幣量が1割増す。誰もが採用したがる施策だが、貨幣の品質は悪くなり、市中での貨幣の信頼を無くし、必ず政情不安になる。日本でも、江戸時代に貨幣改鋳がしきりに行われた。

＊仁丹
仁丹の銀色の正体は銀箔。銀や金は胃液でも溶けず、身体に取り込まれないため、健康に害はない。金や銀は、味もない。金箔入りのお酒を美味しいと飲むが、あれは錯覚。味覚に反応するには、まず金属イオンにならなければならないが、金銀は無理筋。身近にある害のない物質は他に、硫酸バリウムがある。胃酸では溶けないので、胃の検査に使われる。ただし、バリウムは猛毒である。

では、金丹も同じかというと、とんでもない。こんな薬を飲んだら、健康に悪いどころではなく、死んでしまいます。現代の常識ではそう判断できますが、過去には薬の効果を信じて飲み続けて、死んでしまった王様が数多くいます。その一人が、南唐の初代烈祖*です。９４３年、猛毒の金丹を服用して死亡するのです。

そもそも金丹とは、どんな物質でしょうか。これは、中国道教で説く仙人になるための薬です。晋の葛洪が書いた『抱朴子』金丹篇には、「不老長生を得るには、金丹を服用することが肝要」だと書かれています。

金丹の「金」は、火で焼いても、土に埋めても朽ちない点が不朽であるとし、丹を服用すると「３日で仙人になれる」とされました。「３日であの世に逝く」の間違いかもしれません。典型的な金丹は、丹砂と呼ぶ硫化水銀、汞と呼ぶ水銀、鉛などを調合し、火にかけて調合しました。

***烈祖（人名）**
［十国南唐］８８９−９４３。呉国から禅譲を受け、南唐を建国。清廉潔白。戦争を好まず、善政を行う。土地を分け与え、開墾を奨励し、死刑も廃止。ただし、晩年は道教にはまり、不老不死を目指して金丹を服用し続け、中毒死する。

金丹の服用で死亡した烈祖は、争いを好まず、善政を行いました。貧しい者を助け、曲がったことが大嫌いでした。こういう真面目な性格は、一旦思い込んだら聞く耳を持ちません。怪しい道士の言うことを素直に信じて、周囲の言葉を聞かず、金丹を服用し続けて死んでしまいます。

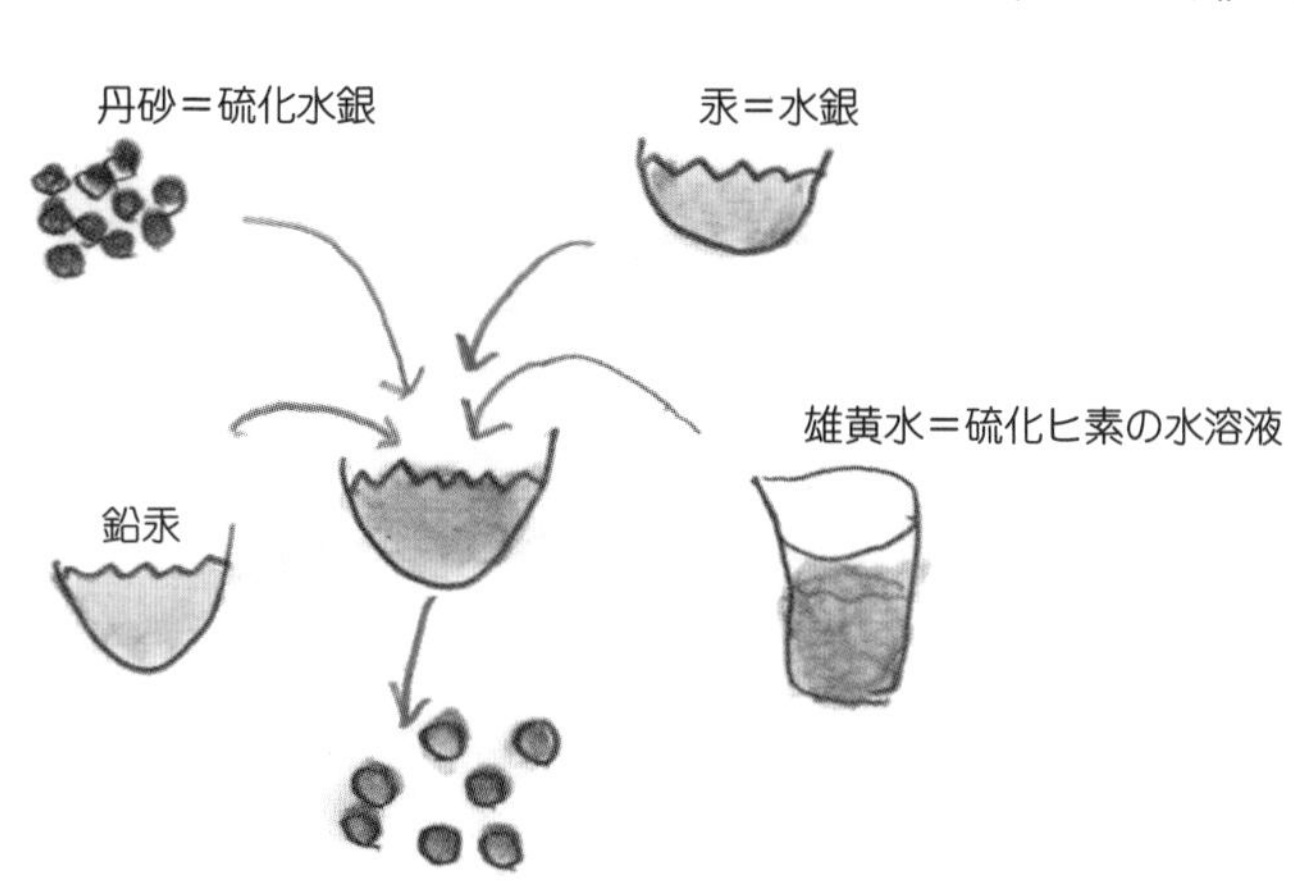

■秘薬「金丹」のレシピ（模倣・服用厳禁！）■

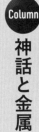

神話と金属

筆者の机上には、出雲にある金屋子神社の金屋子神（かなやこがみ）のお札が祭ってあります。金屋子神は女性で、異国から出雲に降臨して、製鉄を教えたことになっています。製鉄は、製錬に火を扱うため、古代から神聖視されて、さまざまな製鉄神が祭られてきました。

ギリシア神話では、雄牛に変身したゼウスが、背に絶世の美女エウロペを載せて歩き廻った土地がヨーロッパとされています。そこには、土着のケルトの民が住んでいました。そして、ゼウスの子であるヘファイストスが、火と金属加工の神として登場します。鍛冶神のキクロプスを助手に、ギリシアの英雄や王の武器、飾り道具を数多く生み出します。ヘファイストスの妻は、美の女神アフロディテ（ビーナス）でした。

筆者の大好きな戦いの女神アテナは、ヘファイストスが作った無敵の胸当てアエギスをつけていました。あのイージス艦のイージス（神の盾）です。胸当ては、見たものをみんな石にしてしまう魔女メデューサを退治し、封じ込めたものでした。戦いの剣はまだ青銅でしたが、無敵の金属鋼で作ったものも現れていました。トロイ戦争で名前を馳せたアキレスの剣も、鋼だったかもしれません。

製鉄神は、単眼神が多く登場します。前述のキクロプス、イラクの遺跡の顔面が太陽のような単眼女神テラコッタ、中国の山海経などに登場する一目民、スコットランドの高地に住む一目一手一足の妖怪ファハンなどは、製鉄に関係します。日本でも、古事記に登場する鍛冶神天目一箇神が同様です。単眼は、製鉄時に火炎を見つめて目を痛めるためだと言われています。

製鉄には、蛇や龍退治も数多く登場します。古事記の八股の大蛇（おろち）退治だけでなく、トルコのトプカプ宮殿のサーペンタイン（蛇の柱）や、ヒッタイトの遺跡にある龍神イルルヤンカシュを酒を飲ませて退治するレリーフなど、蛇や龍をモチーフにした伝説は世界各地にあります。蛇の脱皮を永遠の生命と結びつけ、鉄の強靭さとイメージを重ねたのでしょう。

神様の係累に妖怪がいます。その代表格が、河童（かっぱ）です。河童は水辺に生息する妖怪です。背中には甲羅（こうら）、頭の天辺には皿があり、手に水かきがあったり、足がうろこに覆われていたりします。

河童は、各地でさまざまな呼び名で呼ばれています。筆者は大阪で育ちましたが、子供の頃、ダラけた格好をしていると、祖母に「ガタロのようだ」とよく言われました。ガタロとは河童のことです。河童を「ヒョウスベ」と呼ぶ地方もあります。いずれも、水辺でしゃがみ込んだり、うろついたりしています。

その昔、日本では、製鉄原料を水辺で採取していました。葦（あし）などの水辺植物の根に、水酸化鉄が堆積していたからです。鉄分は、陸地から押し流されてくる土砂に含まれています。草の根にはバクテリアがいて、その鉄分、つまり三価の鉄イオンを二価鉄イオンに還元し、水酸化鉄として根の周りに付着させました。

現在でも日本の各地で、湿地帯の葦や水田の稲の根の周囲に、高師小僧（たかしこぞう）と呼ばれる、チクワのように穴の開いた棒状の酸化鉄の塊が見られます。これは水酸化鉄が乾いたものです。水酸化鉄が非常に大きくなったものを、鉄糞（かなくそ）と呼ぶ場合もあります。

古代の人は、この水酸化鉄を製鉄に利用していました。これは日本だけのことではありません。湖沼鉄が製鉄原料になっていたことは、スウェーデンを始め各国で報告されています。

日本では、兵主（ひょうす）神社を中心に、この水酸化鉄を利用していました。古代語で組織のことを「部」といいます。兵主の部の人が、水辺で腰を曲げて水酸化鉄を採取するさまは、陸地の村の人にとって異様に見えたことでしょう。「兵主」の「部」、つまり「ヒョウスベ」が水辺で金糞を拾っている。「河にいる人＝河太郎」、つまり「ガタロ」が川にいる、と言い合ったことでしょう。河童の姿は、川で製鉄原料を採取する人たちのことを指していました。このように考えると、時の流れに隠された史実が見えてくるような気がします。

鍛冶神ヘファイストス
テラコッタ単眼女神
ヤマタノオロチ

WORLD HISTORY OF METALS

第5章

金属の拡張——距離の拡張と技術の拡張

金属の利用(続き)

1382年 錬金術師ニコラス・フラメル、水銀から銀を作ったと発表【仏】
1382年 英国のソールズベリー大聖堂に、現存最古の機械時計設置【英】
1402年 王立活字鋳造所設置

アンチモン

1413年 バジリウス・ヴァレンチヌス、アンチモン発見
1415年 航海王子エンリケ・セウタ、モロッコ領ジブラルタル海峡のアフリカ側、金の集散地を攻略

グーテンベルク活版印刷

1450年 グーテンベルク、マインツで活版印刷術発明【独】
1453年 マホメッド2世、コンスタンチノープル攻撃に青銅製巨砲使用

コロンブス

1492年 クリストファロ・コロンボ(イタリア名):南スペインのパロス港出発。4回航海
1511年 富豪ヤコブ・フッカー、カール5世に融資。ヨーロッパの鉛銀銅の生産支配と水銀の独占

火工術

1540年 ビリングッチョ、『ピロテクニカ(火工術)』で化学・冶金・造兵の技術全書著す【伊】

ポトシ銀鉱

1545年 南アメリカのボリビアで、ポトシ銀鉱を発見。ヨーロッパ全体の銀生産量以上を産出し、16世紀の貨幣革命につながる【西】

デ・レ・メタリカ

1556年 ゲオルグ・アグリコラが『デ・レ・メタリカ』発刊【独】

鉄の利用

ウーツ鋼

1096年 十字軍遠征、ダマスカスからインドのウーツ鋼(Wootz)が伝わる
1098年 シトー派修道会、フランスシャンパーニュ地方で製鉄・鍛冶【仏】
1150年 スェーデン、ラップヒッダ高炉
13c ウェストファリア、シュワーベン、ハンガリーで半溶融製鉄
1300年頃 大きな鞴を動かす水車の使用による溶鉱炉、西ドイツのジーゲルランドの間接製鉄法が西漸、ベルギーリュエージュ、フランスロレーヌ、シャンパーニュ

銑鉄製大砲

1323年 フィレンツェに銑鉄製大砲が初めて出現【伊】
1339年 ベルギー、ナミュールに溶鉱炉

木炭高炉

1340年 リエージュで最初の木炭高炉
1340年 青銅製砲、臼砲が威力発揮
15c レオナルド・ダ・ヴィンチ『アトランティコ手稿』で、鉄線の強度実験【伊】
1400年 水車駆動の水力ハンマーで大型品の鍛造
1410年 クランク利用のふいご出現

水力動力高炉

1444年 製鉄高炉出現、水車動力で炉内温度1000℃以上上昇【ヨーロッパ】
1450年 ラインのジーゲルランドに鋳鉄砲50門供給【独】

シェフィールド

1570年 シェフィールドの刃物はオランダ人刃物鍛冶が住み着いて鎌と鋏の製造を始める【英】
1588年 スペイン無敵艦隊をドレイクらが撃滅【西】

年表3<1000-1600>

AD1000

十字軍の東方文化発見

鉱山冶金の進化

AD1400

大航海時代

鉱山冶金学技術書の刊行

AD1600

金属の利用

1005年　カイロの科学図書館「ダル・アル・イム」設立

フライベルク銀山……

1171年　フライベルク銀山開掘、鉛・亜鉛・黄銅鉱産出【独】

1198年　石炭を鉱石溶融に使用【独】

1200年頃　金属棒の鍛伸(ワイヤスミス)と引き抜き(ワイヤドローン)の区別

1205年　プロバンスのギョーム、羅針盤有効性証明

機械式時計……

1275年頃　セント・ポール聖堂に機械式時計設置【英】

1275年頃　ヨーロッパにも錬金術侵入

1281年　ファルン鉱山開発開始【典】

1284年　ヴェネチア、ダカッド金貨発行【伊】

1307年　ルードルフ、針金製造機械製作【独】

1310年　最初の脱進装着付き、重駆動機械時計

1317年　水銀アマルガム法鏡がベネチアで完成【伊】

1320年頃　穿孔技術の発展による大砲製造

1320年　『錬金術(金属貴化秘法大全)』:ジャービル・イブン・ハイヤーム著書のラテン語翻訳

1345年　カオール・トゥールネの戦闘で青銅砲と臼砲使用

1354年　シュトラスブルグ寺院の時鳴装置付塔時計

1358年　初めて金属スプーン使用【仏】

1380年　シャルル5世、錬金術禁止令公布【仏】

1381年　アウグスブルグで小銃の発明【独】

5-1 〈1000－1400〉冶金の進化――十字軍の東方文化発見と鉱山冶金術の進化

◉年代解説

1000年－1400年は、金属の利用では、採掘と利用技術が発達します。同時に、錬金術が西洋に広がっていきます。鉄の利用においては、鋳鉄需要の高まりが特徴です。

西洋の金属の利用は、1005年にアラビアのカイロに科学図書館「**ダル・アム・イム**＊」が設立されたときから始まります。以降、学術研究の中心はアラビアに移行します。1171年には**フライベルグ銀山**が開掘され、その後の鉱山技術は、この地に集積されることになります。1275年には、金属を用いた機械式時計が、英国のセントポール聖堂＊に設置されます。

＊**ダル・アム・イム**
1005年。5代カリフのハキムがカイロに作った「知識の家」。それまで宮殿にあった宮殿図書館を吸収。宮殿北の別館にアカデミーを作る。蔵書数100万冊。中でもギリシア文献、古代、ヘレニズムの科学書は重視されていた。

＊**セントポール聖堂**
607年、ロンドンに建設。初代は火事、2代目はヴァイキングの焼き討ちに遭い、3代目が1240年までに再建された。機械式時計は、この3代目に据えられた。

1382年には、ニコラス・フラメル*が「水銀から銀を作った」と発表したことにより、禁止令が出ているにも関わらず、錬金術が爆発的に広がります。

西洋の鉄の利用は、1096年から始まった十字軍の遠征*がきっかけです。彼らが持ち帰った**ダマスカス刀**への興味から始まりました。ダマスカス刀には、ウーツ鋼*が使われていました。製鉄技術は革新が続き、1323年に**鋳鉄製大砲**が出現します。より大量の鋳鉄が求められ、1340年にはリエージュに最初の**木炭高炉**が建てられます。

この時代は、金属や鉄の実学的な精錬・製品加工技術が発達する一方で、錬金術師が数多く共存しました。

⊙フライベルク銀山

■フライベルク銀山

フライベルクは、チェコの国境にほど近い独国の都市です。

＊ニコラス・フラメル（人名）
［仏国］1330－1418。出版業者。錬金術に関わったという説もあるが、真偽は不明。ただし、錬金術の書籍を多数書いており、当時の錬金術ブームを煽ったことは事実。

＊十字軍の遠征
第1回目、1096年。約200年にわたり、7回実施。聖地エルサレムをイスラムから奪還することを目指した。遠征を呼びかけた教皇の権威は低下し、一方で皇帝や国王の権力が増大した。また、地中海の交易が盛んになり、北イタリア商人都市の力が強くなった。

＊ウーツ鋼
インドのデカン高原あたりで製造されていた鋼。鉄鉱石と木炭をるつぼの中で加熱し、直接還元法で錬鉄を作り、さらに浸炭を進めて鋼にしていたと考えられている。

昔から鉱山業が発達して栄えました。1168年に村の拡張工事で銀鉱石が見つかり、1171年に銀山を開掘すると、鉛、亜鉛、黄銅鉱などが産出し始めます。

鉱山は、勃興期もあれば衰退期もあります。長い衰退期を経て、1520年代にはザクセン州の好景気も後押しし、鉱山町が乱立します。その後、戦争で大打撃を受けたりしますが、銀鉱山は銀を産出し続けます。

■ **フライベルク鉱山大学**

1765年、鉱山・冶金技術者の育成を目的に、世界最古の鉱山大学「**フライベルク鉱山大学***」が創立されます。この大学は明治期、日本の鉱山や鉄鋼の留学先となっており、日本人にも馴染みが深い大学です。留学生は当時、特に**レーデブーア先生***にお世話になったといいます。今でもフライベルク工科大学として続いています。

＊フライベルク鉱山大学

［独国］18世紀半ばの西欧では、産業革命の推進と発展のために、工科大学が必要とされた。13世紀から銀山で採鉱冶金が発達していた地に、1765年、鉱山大学を設立。明治時代には、多くの日本人留学生が殖産興業の基礎を学んだ。

＊レーデブーア先生（人名）

［独国］1837－1906。アドルフ・レーデブーア。苦学し、製鉄所で冶金、操業管理技術者を務めた後、1884年にフライベルク鉱山大学の冶金学と鋳造学の教授となる。数多くの日本人留学生を受け入れ、日本の製鉄業誕生の指導をした。

＊ピッチブレンド

閃ウラン鉱を指す。ピッチとは、黒色の不定形の塊、コロイド状や葡萄状のもの。通常の鉱石のような結晶構造は持たない。キュリー夫婦が元素発見のとき、このピッチブレンドの精製を繰り返し、最後に放射性元素を単離した。

■鉱物コレクション

鉱山に隣接した大学には、膨大な鉱物コレクションが蒐集され、一大コレクションになっています。フライベルク近傍は鉱山が多く、鉱山町も数多くあります。キュリー夫婦が分離濃縮し単離に成功したポロニウムやラジウムは、この地の**ピッチブレンド**＊がスタートでした。筆者にとって、コロナや戦乱が落ち着いたら、真っ先に見に行きたい場所です。2020年には独国鉄鋼・鉱山めぐりを計画していましたが、現在は延期中です。

◉木炭高炉

■高炉の発祥

現在の製鉄業は、高炉法を用いて、鉄鉱石から溶けた銑鉄を作っています。16世紀のヨーロッパでは、

▪筆者所蔵のフライベルク鉱山200周年記念切手▪

すでに高炉法が出現*していました。ライン川のほとりのどこかで高炉が発明され、木炭と鉄鉱石を上から投入し、下から空気を送り込んで、鉄鉱石から溶けた鉄を取り出しました。

■高炉の送風

高炉の中では、鉄が取り出される反応が起こります。高炉では、温度が高ければ高いほど、効率的に銑鉄を生産できます。初期は人力のふいごで送風していましたが、やがて川べりで水車を用いるようになりました。水車になって、送風が安定しました。

資本家が台頭するようになると、資本主義に基づいて銑鉄を量産できる高炉は、格好の設備投資先になりました。

■木炭高炉の短所

高炉生産のネックは、原料である木炭でした。木炭高炉法は大量の木炭を消費するため、森林資源が枯渇したのです。ヨー

＊**高炉法が出現**
高炉の原型になるのは、1300年代に発明された農夫炉。ここから、炉の高さが高く、容積が大きい高炉が出現する。上から鉱石と木炭を投げ込み、下から空気を送り込んで銑鉄を作る。このシンプルな機構は、700年経過した現在でも健在。

＊**森林伐採禁止令**
16世紀の英国は、製鉄業が大発達する。ヘンリー8世が大砲の国内生産を開始し、大量の木炭を消費する。エリザベス1世の時代になると、銅やガラスなどの輸入品を国産化し、さらに軍船や商船建造により、森林は急速に消滅していった。

ロッパ大陸から英国に移り、急拡大した鉄鋼生産は、英国の森林の減少によって急減速します。

木炭高炉は、スウェーデンやロシアなど、森林資源が豊富な国でしか成りたちません。英国では森林伐採禁止令*が出され、英国の高炉は風前の灯火になりました。危うし英国製鉄業です。

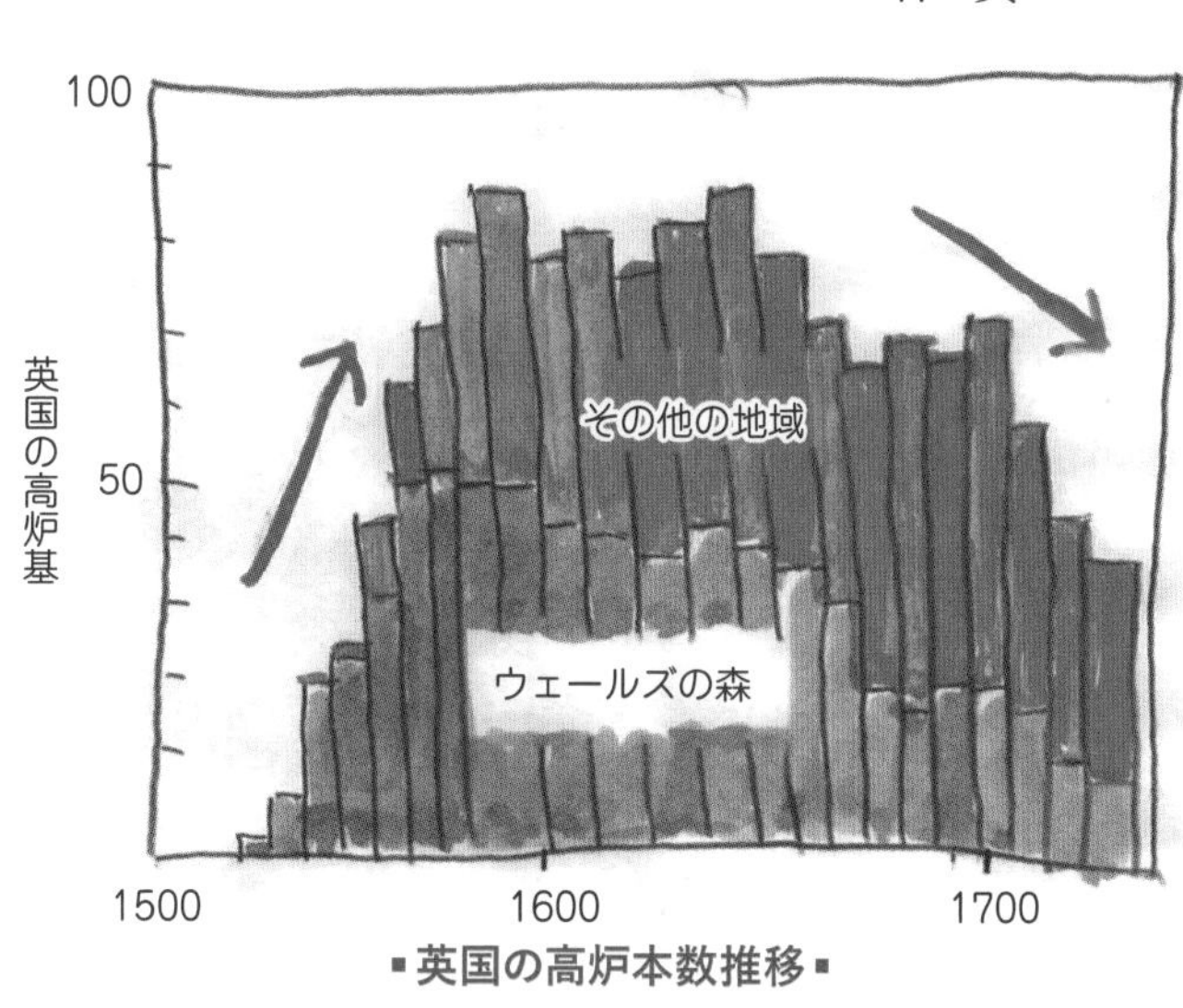

■英国の高炉本数推移■

5-2 〈1400－1600〉冶金技術──大航海時代と鉱山冶金技術書籍

⊙年代解説

1400年－1600年は、鉱山学、冶金術、ポンプの発達により各種実用書が出版され、金属の利用は錬金術から化学*へと変化していきます。鉄の利用は、高炉と加工技術の発展があります。

金属の利用は、1413年のアンチモンの発見*から始まります。時は大航海時代。航海王子、ポルトガルのエンリケ*は、ジブラルタル海峡にある金の集積地を攻略しました。ジパングの金を求めてスペインから派遣された**クリストファー・コロンブス**は、アメリカに到着します。

＊錬金術から化学
金属の製造に関わっている人にとって、錬金術が入り込む余地はない。『デ・レ・メタリカ』には、錬金術のかけらもない。13世紀のイタリアに始まるルネサンスが、人々のキリスト教の思想のくびきを解いたとき、錬金術は消えていった。

＊アンチモンの発見
アンチモンは、古代から顔料として利用されていた。錫の代わりに使われ、銅の融点を下げた。古代銅から見つかる。酒石酸アンチモンは、不思議な模様の結晶星状レグルスを作る。ニュートンは、これを「賢者の石」と信じていた。

＊エンリケ（人名）
［ポルトガル］1394－1460。航海王子。こう聞くと、船を乗り回していたようだが、自らは航海していない。アフリカ西岸に探検船を送り出し、彼の死後になるが最南端の喜望峰に到達する。大航海時代を切り開いた。

時はルネッサンス。イタリアでは、レオナルド・ダ・ビンチが、金属の冷間加工圧延機を考案します。中世の三大発明である火薬、羅針盤に次ぐグーテンベルク活版印刷*も発明され、以降、印刷所が各国に設置されて、情報の普遍化に寄与しました。技術書の刊行も続きます。1540年、イタリアのピリングッチョが、化学・冶金・造兵の技能全書**火工術***（ピロテクニア）を著します。

1556年、独国のゲオルグ・アグリコラが、鉱山冶金術『**デ・レ・メタリカ**』を発行します。鉱山の発見もあります。1545年にスペインは、南アメリカのボリビアでポトシ銀鉱*を発見します。ヨーロッパ全体の銀生産量以上を算出し、16世紀の貨幣革命につながります。

鉄の利用では、高炉の送風方法の改善などが進みます。ふいごが工夫され、**水力動力高炉**が出現します。水車動力で送風し、炉内の温度を1000℃以上に上昇させることができるようになります。

＊グーテンベルク活版印刷
［独国］1397－1468。ヨハネス・グーテンベルク。活版とは、活字を並べて文章にしたもの。活字は文字が出っ張っている部品で、低融点の鉛などの金属を型に鋳造して作る。活版で同じものを印刷できるため、人は手作業による書写から解放された。

＊火工術
［伊国］1480－1537。ヴァンノッチョ・ピリングッチョ。独国に出かけ、採鉱冶金の知識を得て、教皇の命令で大砲と火薬の製造を行う。その知見を生かし、『ピロテクニア』を執筆する。冶金学の最初の教科書。

＊ポトシ銀鉱
1534年、現在のボリビアで発見された巨大銀山。水銀を使ったアマルガム法で銀を精錬した。スペイン本国に送られた膨大な銀は、銀貨の価値を下げ、1世紀にわたり西洋の物価が数倍上昇する価格革命を引き起こした。

1540年、オーガスティン・コタ―＊が、発射された弾丸に回転を与えて着弾精度を向上させるため、銃身に施条（ライフル）＊を付ける技術を開発します。1570年、**シェフィールド**にオランダ人刃物鍛冶職人が住み着いて、鎌と鋏の製造を始めます。1588年、英国のドレイクらがスペイン無敵艦隊＊を撃滅し、以降、英国が国力を増していきます。

⦿大砲物語

大砲は、火薬の燃焼力を用いて大型の弾丸を発射し、敵陣営を破壊して殺傷する兵器のことです。大昔の弓矢から始まり、銃、大砲、航空機からの爆撃、さらに最近ではミサイルなどに発展してきました。大砲の存在の良し悪しは別にして、大砲は古くから存在してきました。

大砲の歴史を振り返ると、鉄の歴史と重なります。話を15世紀から始めましょう。当時はまだ鋼などない時代です。火薬を

＊オーガスティン・コター（人名）
［独国］ニュルンベルクの鍛冶が発明するが、ライフルを大砲内壁に刻む技術の難しさと、弾丸がライフルに沿って回転するためには、内径より大きめの砲弾を押し込む必要があったため、実用化には至らなかった。

＊施条（ライフル）
大砲などの砲身内壁に、螺旋状の溝を加工したもの。砲弾に旋回運動を与えると、中央部に寄ろうとするジャイロ効果が起こり、直進性が高まる。

＊スペイン無敵艦隊
1588年、英国とスペインは、宗教問題やオランダへの干渉、英国船の海賊行為のために戦争に突入。スペイン無敵艦隊は、英国艦隊との決戦に向かう。海戦経験の無い司令官などの原因で、アマルダの海戦で敗北を喫する。

破裂させて砲弾を飛ばすには、頑丈な筒が必要です。当時、手に入る鉄は柔らかい錬鉄でした。錬鉄で鍛造した外筒を嵌めた、長さ約5ｍの大砲が作られました。その後、1470年頃には、火薬室を鋳鉄で作った鋳造砲*が作られます。

大砲の構造は、15世紀末でほぼ固まります。変わったことは、鋳鉄や錬鉄では強力になる火薬の威力に耐え切れなくなり、材質を青銅に戻したことです。当初は鉄製だった大砲が、次第に青銅製に変わりました。フランス革命後、ナポレオンが皇帝になったときの大砲は青銅製です。パリの**アンバリッド***などに行くと、ずらりと青銅砲が並んでいます。青銅砲から再び鉄製の大砲に戻るのは**普仏戦争**の結果からです。

1862年、当時のドイツは、小国が分立していました。これを統一しようとの機運の中、プロイセン政府が軍備を拡張しようとしていました。宰相であったオットー・フォン・ビスマルクは、予算委員会でいわゆる「**鉄血演説**」を行いました。「今やドイツがプロイセンに注目しているのは、我が国の自由主義

＊鋳造砲
当時、鋳造できる鉄は、炭素分が高い銑鉄を溶かした鋳鉄だった。鋳鉄を型に鋳込んで、一体成型の大砲を作った。鋳鉄は衝撃に弱く、発射の衝撃で砲身はバラバラに吹き飛んでいた。大砲の威力と爆発の危険性が同居していた。

＊パリのアンバリッド
パリ中央部にある、昔の負傷兵看護施設。現在は戦争博物館。ドーム状の教会には、ナポレオン一族の棺がある。中庭で周囲を見渡せば、青銅製大砲が取り巻いている。ナポレオン時代は青銅砲だったことが実感できる。

ではなく、力なのだ。現在の大きな問題を解決するのは、演説や多数決ではなく、鉄（兵器）と血（兵士）によってである」。この「鉄と血」はプロイセンのスローガンになり、この演説以降、ドイツ統一に向かいます。ここでいう鉄は、**大砲王**の異名をとるアルフレート・クルップが提供する鋳鋼砲と鉄道網です。

当時の青銅砲より融点の高い鋳鋼砲は、青銅砲に比べて速射が可能でした。この差は歴然でした。後にプロイセンとフランス間で争った普仏戦争では、プロイセンは周到な鉄道網を作り上げて、軍隊の機動力を高めました。そして1871年のパリ攻防で、プロイセンは圧倒的な砲弾の嵐*を降らせて、青銅砲のフランス軍に勝利します。

幕末の日本は、世界情勢をよく認識しており、

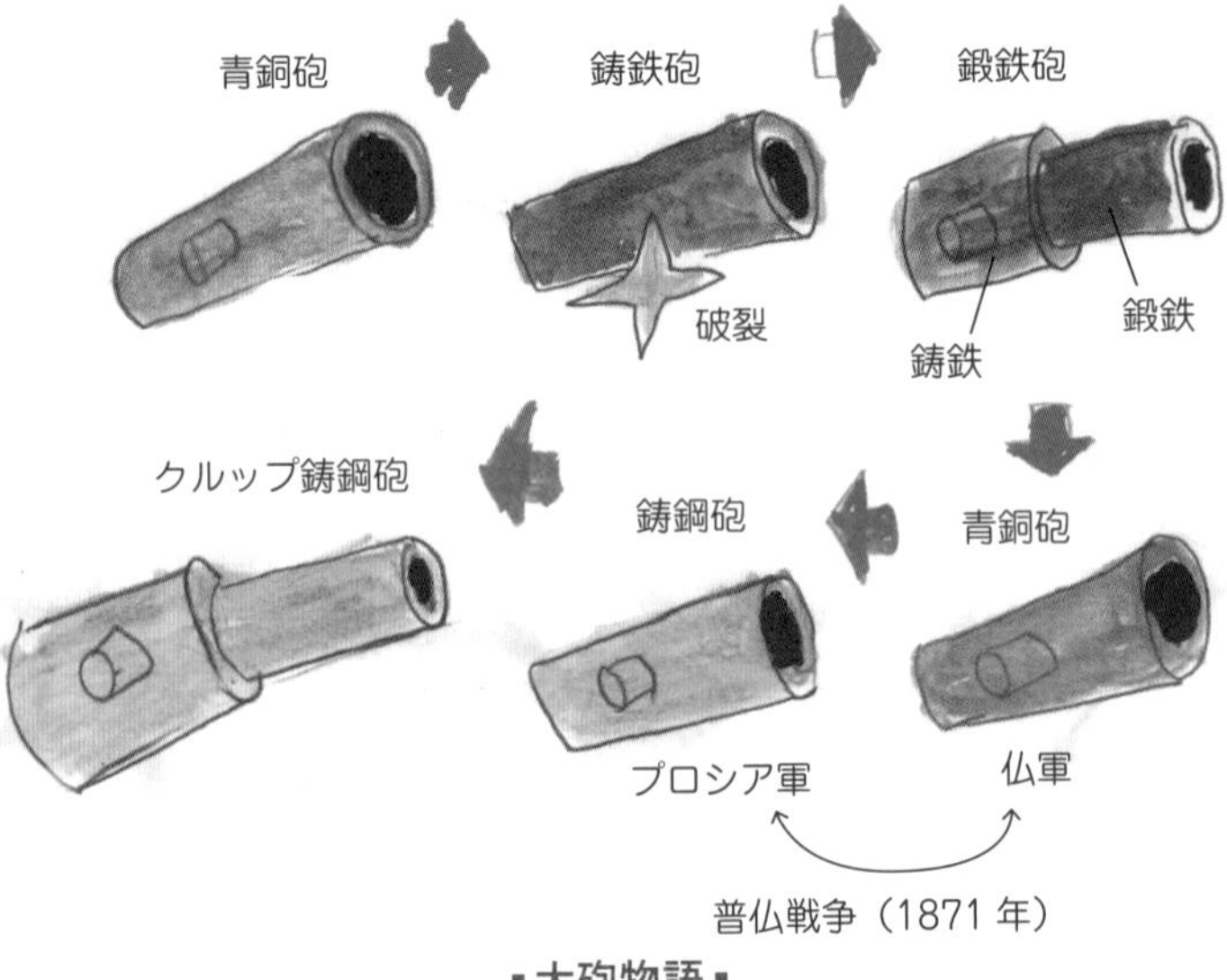

青銅砲
鋳鉄砲
鍛鉄砲
破裂
鋳鉄
鍛鉄
クルップ鋳鋼砲
鋳鋼砲
青銅砲
プロシア軍
仏軍
普仏戦争（1871 年）

■大砲物語■

反射炉で鋳鋼砲を作ろうとしました。ただ、この着眼はよかったのですが、結果として失敗に終わります。その顛末は「日本史版」に譲りますが、一言でいえば、良質の高炉銑が手に入らなかったためです。

◉アグリコラ「デ・レ・メタリカ」

筆者は学生時代、採鉱冶金の流れをくむ資源工学科で、資源精製工学を学びました。昔から、鉱石から金属を取り出す技術に魅力を感じていました。

鉱山冶金術の最高峰が『デ・レ・メタリカ*』です。ラテン語のペンネームをゲオルグ・アグリコラと称したドイツ人、ジョージ・バウアーが書いた書籍で、彼の死後、1556年に発刊されました。当時の鉱山業・冶金業全般に関する、技術や知識の集大成です。

『デ・レ・メタリカ』は、本当に面白い本です。当時は錬金術

＊砲弾の嵐
フランスのナポレオン3世と、プロシアのビスマルク率いるドイツ連合の戦い。普仏戦争。クルップ製の鋳鋼砲は、青銅砲が1発発射する間に、3発の砲弾を発射した。ドイツ軍が火力で圧倒し、ナポレオン3世がスダンの戦いで捕虜になり、戦いは終わる。

＊デ・レ・メタリカ
「金属について」と表題にあるが、内容は鉱山での探鉱から始まり、鉱石から金属を取り出す冶金までの記述。当時の設備や道具が詳細に図解されている。

が流行しており、怪しげな実験を行う輩や、一攫千金を夢見た抽象論に耽る輩が大勢いました。そんな輩の言動について、幼稚な戯言と思わせてくれるのが、この本です。言うなれば、観念論にふける青白いインテリの戯言に対して、現場叩き上げ頑固おやじが書いた実用ノウハウ本というところです。初版はラテン語で出版され、翌年にドイツ語訳が出されています。ドイツ人なのだから、最初からドイツ語でよかったとは思いますが。

翻訳書は、後に米国大統領になる**フーバー夫婦***が1912年に英訳し、三枝博音が1968年に日本語訳をしています。筆者はフーバー本と三枝本を所有していますが、三枝本は私の蔵書の中で最高金額です。分厚くて読み応えがある日本語版は、どのページにも引き込まれます。もっとも、分厚いのが災いし、奥さんが洗濯の室内干しの転倒防止に使っていたのを発見したときは、めまいがしました。

『デ・レ・メタリカ』は、第1巻から第6巻までが鉱山業全般です。第7巻から第12巻までが治金技術に関する個別金属や鉱

＊フーバー夫婦（人名）
［米国］1874－1964。ハーバート・フーバー。米国31代大統領。奥さんはルー。大学卒業後、豪州鉱山の鉱山技師となり、次いで中国清で鉱山開発に携わった。1907－1912年、夫婦はアグリコラの『デ・レ・メタリカ』を翻訳する。その後、米国大統領になる。

物の試金・製錬が載っています。きれいな木版画が多用され、図中に記号が振ってあり、現代の図解解説本と何も変わりはありません。簡潔で余計な背景を省略している点など、現場作業者でも一目で理解できるように配慮されています。図解本を手掛けている筆者など、アグリコラの爪の垢を煎じてがぶ飲みしたいくらいです。彼が生きていればの話ですが……。

現場・現物に徹していて、序文でも「自分で見聞きしたこと、信頼できる人からの情報以外は書いていない」と綴っています。決してググったりSNSのリツイート伝聞情報は使っていないと明言しています。まあ、参考にした本*は、その後いろいろと見つかってはいます。

版画からわかるのは、鉱山冶金術はまさに実学であり、驚くほど機械化が進んでいたということです。分厚い『デ・レ・メタリカ』は、私の愛読書です。

＊参考にした本
アグリコラの『デ・レ・メタリカ』の発刊は1556年。ピリングッチョのピロテクニア火工術が1540年。挿絵の図解方法などは酷似している。しかし、ピリングッチョはドイツに行って、採鉱冶金を学んだと言っている。痛み分けかな。

独国
ゲオルグ・アグリコラ
1494-1555

■ゲオルグ・アグリコラ■

⦿金角湾封鎖の大鉄鎖

■戦争と鉄鎖

鉄の鎖と聞いても、昨今では、自転車の盗難防止具や忍者の鎖鎌、船の錨（いかり）装着くらいしか思い浮かびませんが、歴史上では何度か登場します。三国志に登場する「赤壁の戦い」のときの魏軍の**鉄鎖連環の計***はさておき、ここではもっとスケールの大きな鉄の鎖を紹介します。

時は西暦1453年、場所はトルコのイスタンブールです。ここは当時、東ローマ帝国、ビザンチン帝国の首都コンスタンティノープルと呼ばれていました。そして今まさに、オスマン・トルコ帝国の若き国王**メフメット2世***が、超大型の大砲や無数の艦船で攻め入ろうとしていました。これに対しビザンチン軍は、城塞を補強し、海路入り口の金角湾（きんかくわん）*に鉄鎖を900m張って、艦船の侵入を防御しました。この鎖は現在でも残っています。どんな鉄の鎖でしょうか。

＊鉄鎖連環の計
三国志の赤壁の戦いに出てくる、兵士の船酔い対策に船を鎖でつなぐという対策。敵が攻めて来たとき迅速に応戦できず、これは愚策。

＊メフメット2世（人名）
［トルコ］1432−1481。オスマン帝国第7代スルタン。帝国の版図を広げ続けたことから征服者と呼ばれる。イスタンブールを攻略し、東ローマ帝国を滅ぼす。攻略には、青銅製の巨大砲のウルバン砲を使った。

＊金角湾
ゴールデン・ホーン。湾の入り口に築かれたテオドシウスの鉄壁の城塞がコンスタンティノープルを守る。攻め手は、波が穏やかで守りの薄い金角湾を選ぶ。第4次十字軍やトルコの軍勢は、金角湾を選び、都を攻略した。

■海上封鎖

鉄鎖は、首都や近隣の鍛冶屋を集め、急ごしらえで鉄の輪を作ってつないだものと思われます。錬鉄製で、一つひとつが大きさも形も異なる手作り品でした。断面形状が6㎝で、長さ40㎝、幅25㎝の巨大鎖であり、輪の形はまちまちです。使った鉄の総重量は90ｔ以上あったそうです。鉄の増産ができるわけもなく、国中の鉄器をかき集め、加熱して叩いて接合していく鍛造加工法で作ったものと思われます。

海上封鎖ともなれば、当然ながら、鉄鎖を固定する治具や、自重で湾底に沈まないようにする筏(いかだ)なども必要でした。固定治具は、引っ張られるとハサミが閉まる構造になっていて、製鉄所で見てきたスラブをクレーンで吊り上げる機構*とそっくりなことに驚きます。

■船の山越え

ビザンチン帝国の海上鉄鎖封鎖は成功しましたが、メフメッ

***吊り上げる機構**
見かけは非常に簡単で、ハサミがぶら下がっているだけ。ただし、締め込む力はスラブの自重なので、強烈であり、滑って落ちたりはしない。むしろ、締め込みの力が大き過ぎて、側面にハサミが食い込むため、傷ができて困ることもある。

ト2世の方が一枚上手でした。オスマン・トルコ軍は、ボスポラス海峡の途中から上陸します。それも艦船ごと上陸し、木製レールとオリーブオイルの潤滑により、延々と山中を輸送します。そして、70数隻を金角湾の鉄鎖の内側に下ろし、奇襲に成功します。

こうしてビザンチン帝国は壊滅し、首都コンスタンチノープルは、オスマン帝国の首都イスタンブールに改名させられることになりました。金角湾の守りの鉄の鎖は、トルコの博物館で、当時の攻防を今の世に伝えています。

⦿コロンブス

■意欲に燃えたコロンブス

コロンブスは、西への航海の末、アメリカ大陸

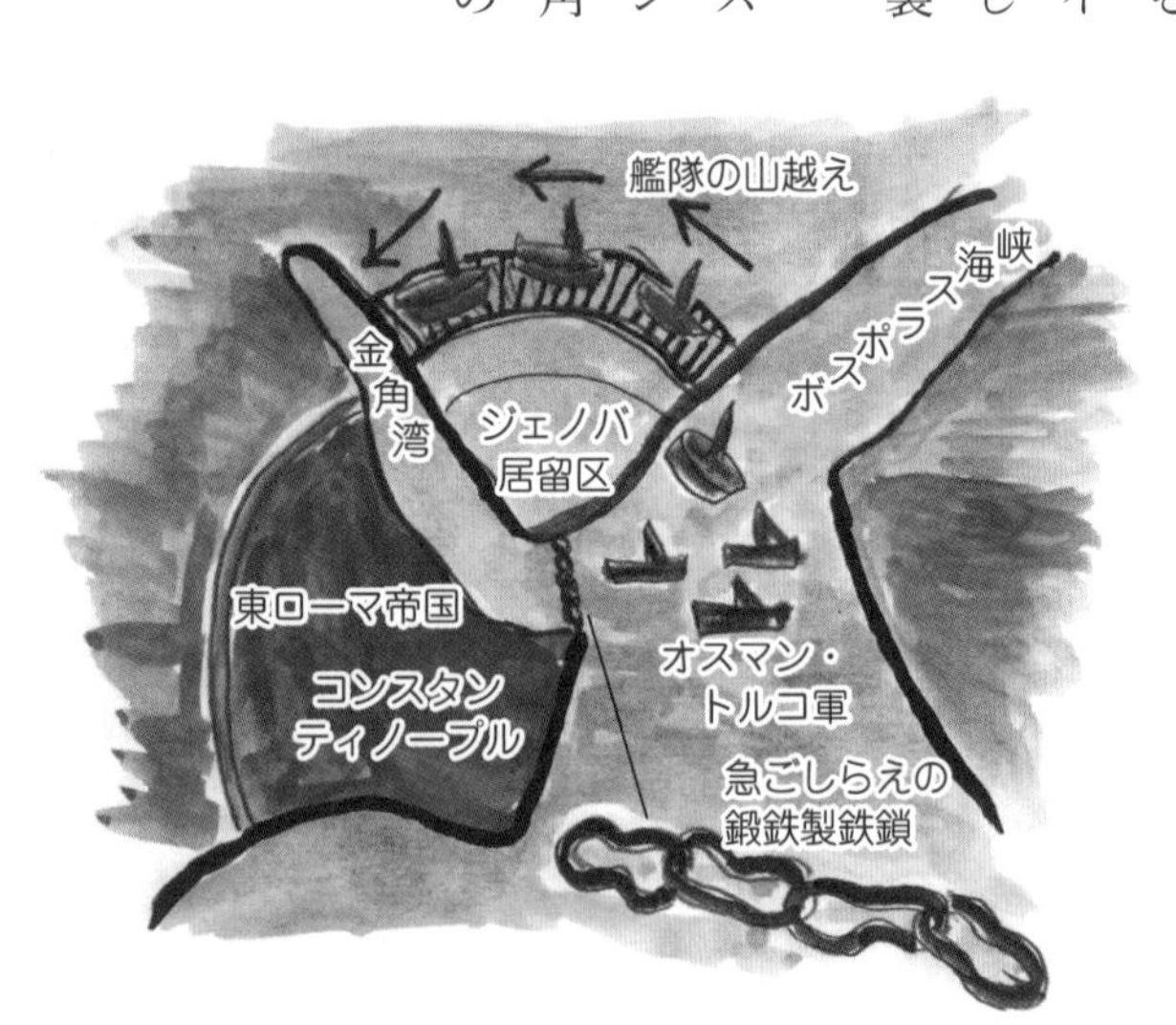

▪金角湾封鎖の大鉄鎖▪

にたどり着きます。彼はイタリアのジェノバで育ち、若い頃から航海の経験をします。そしてポルトガルに移り、西廻り航路を思いつきます。やがてスペインに移り、そこで西廻りでインドに行く航路を王室に売り込んでスポンサーを獲得し、大航海を行いました。こうした経緯は、さまざまな物語になっています。

ここでは、真偽不明の話ではなく、なぜコロンブスはこれだけの情熱をかけてインドを目指したのかについて、金属を交えてお話ししてみます。

■若者を狂わすマルコのベストセラー

コロンブスの愛読書は何だと思いますか。それは、200年前に出版されてベストセラーになっていた、マルコポーロの『**東方見聞録***』です。コロンブスの遺品の本には、一部分に書き込みがたくさんありました。

それは、もちろん**ジパング***の黄金の記述の部分です。ペー

***マルコ・ポーロの『東方見聞録』**
[伊国] 1254-1324。ベネツィア出身。少年時に父と元(げん)に向かい、フビライ・ハンに気に入られて、元の外交官として24年間過ごす。帰国後、ジェノバとの戦争で捕虜になる。投獄中に物語を書き始め、釈放後『東方見聞録』を出版し、世紀のベストセラーになる。この本は正直、荒唐無稽で無茶苦茶面白い。

***ジパング**
『東方見聞録』では、日本はジパングと呼ばれた。平泉の金色堂や日宋貿易の金での支払いなど、ジパングを金の国と紹介。元が首都京都に攻め込んだなど、記述に誤りが多く、マルコが外交官の頃にイスラム商人から聞いた風聞と言われている。

ジの余白にびっしりと書き込みがあり、どうやって黄金で儲けるか、いろいろなアイデアが記されています。少なくとも、コロンブスが『東方見聞録』に魅入られていた時期があったことは確かです。西廻りでインドに行けば、ジパングを始め、富の豊かな国に出会えると考えていたのかもしれません。誰もがとらわれる黄金願望なのかもしれません。

⦿シェフィールド

■シェフィールドの印象

英国のシェフィールドは、かつて鉄鋼業の栄えた街です。筆者は2019年夏に訪れましたが、雨降る街は落ち着いた佇まいでした。駅近くの昔ながらのパブで、ビールジョッキを片手に平らげ

①発端はマルコから・・・。
お父さんが元に行く。

フビライ・ハンからキリスト宣教師を10人スカウト依頼。

バチカンは却下。

代わりに息子のマルコ（ポーロ）を連れて行く。

若いし話が面白いマルコはフビライのお気に入り。元の外交官を18年間。フビライが死にそうになると、元から逃げ出す。

マルコはイタリアにもどり軍隊に入り、あっという間に捕虜。

牢屋の同室の囚人から勧められて1275年「驚異の物語」執筆。ヨーロッパの若者の心をわしづかみで200年間大ベストセラー。

マルコポーロ

②若き日のコロンブス
東方見聞録を熟読。

金の儲け方、金のある場所を徹底研究。

「西廻りでインド行きます（途中でジパングに寄るけどね）」

コロンブスのジパングのページにはぎっしり金儲けネタが書き付けてあった。

■マルコ・コロンブスのジパング黄金伝説■

た絶品のフィッシュアンドチップスの味は、今でも舌の記憶に残っています。シェフィールドは、金属の歴史上、刃物、るつぼ製鋼、ベッセマー転炉の3つの技術が生まれた場所です。

■刃物の町

シェフィールドは、14世紀には刃物製造で知られていました。この頃に書かれたチョーサーの『カンタベリー物語』*では、長靴下の中にシェフィールド製のナイフを忍ばせる、派手で高慢な粉屋が登場します。当時シェフィールドは、すでに高級ナイフで有名だったようです。今でも、ドイツのゾーリンゲン、日本の関(せき)と共に、**刃物の3S***と称されています。

■るつぼ法

シェフィールドが製鋼都市として有名になるのは、18世紀半ばに移住してきた時計製作師、**ベンジャミン・ハンツマン***のおかげです。当時の鋼の品質は変動が大きかったため、彼は安

＊チョーサーの『カンタベリー物語』
［英国］1343−1400。ジェフリー・チョーサー。詩人。カンタベリー大聖堂に行く途中の宿屋で、一緒になった聖職者や宿屋の主人やら、さまざまな職業の人が物語を話す。粉屋の話はいろいろな意味で危ない話で、落語の艶笑小話風のオチ。

＊刃物の3S
ゾーリンゲンは独国の地名。中世の農民が武装を始め、刃物の町として発展。近代化が進み、手工業はもうない。シェフィールドでも同じで、昔ながらの工房は見つけられない。関(せき)は鎌倉時代の刀剣に始まり、室町に大発展する。

＊ベンジャミン・ハンツマン（人名）
［英国］1704−1776。るつぼ鋳鋼の製法を開発。るつぼの中に錬鉄と浸炭鋼、媒溶剤を入れて、コークスの強加熱で溶融したところ、鋼の品質が劇的に向上した。ただし最初の頃は、「この鋼は硬すぎる」と地元研ぎ師に不評で、仏国に輸出されて大好評となった。いつの世にも文句を付ける顧客は身近にいる。

定した品質の鋼を求めていました。

当時、一般に使われた方法には、**パドル法**と**るつぼ法**がありました。パドル法は、銑鉄の塊を炉で高温にして、棒でこねて錬鉄を作り、これに浸炭する方法です。るつぼ法は、インドが起源で、純粋な鉄鉱石を木炭といっしょにるつぼに入れて溶かし、小さな鋼塊をハンマーで打って薄板や棒にする方法です。

ハンツマンはこのるつぼを、反射炉に入れて加熱するアイデアを思いつきました。均一に加熱でき、密閉したるつぼには煙道の硫黄ガスが入らず、しかも鋼が液状で得られ、小さい鋳型に鋳込むことができます。るつぼ法で作った鋼は、純度が高く、機械部品や器具類に適していました。

筆者は2019年夏、シェフィールドでるつぼ法の工場跡を見学しました。るつぼをやっとこで挟んで炉から取り出し、鋳型に注入していた場所は、本当に狭いところでした。ずらりと並んだるつぼの列を眺めていると、当時の操業の様子が目に浮かんでくるようでした。

＊佇立する巨大な転炉
シェフィールドのドン川の中洲にある「ケルハム島 産業遺産博物館」の入り口に、ベッセマー転炉は立っている。あまりにも自然に展示されているため、筆者としては、製鉄所の中で、いつもの設備点検をしている感覚になってしまった。

■ベッセマー転炉

シェフィールドの3つ目のトピックスは、1856年、ベッセマー転炉の創業の地であるということです。雨の中、川辺りの博物館の入口に佇立する巨大な転炉*に対面したとき、その徳利型の開口部から吹き出す猛烈な炎を想像し、当時に思いを馳せました。

金属の歴史好きの皆さんなら必ず堪能できる街が、このシェフィールドです。アフターコロナにはもう一度訪ねて、しゃぶり尽くしたいと考えています。

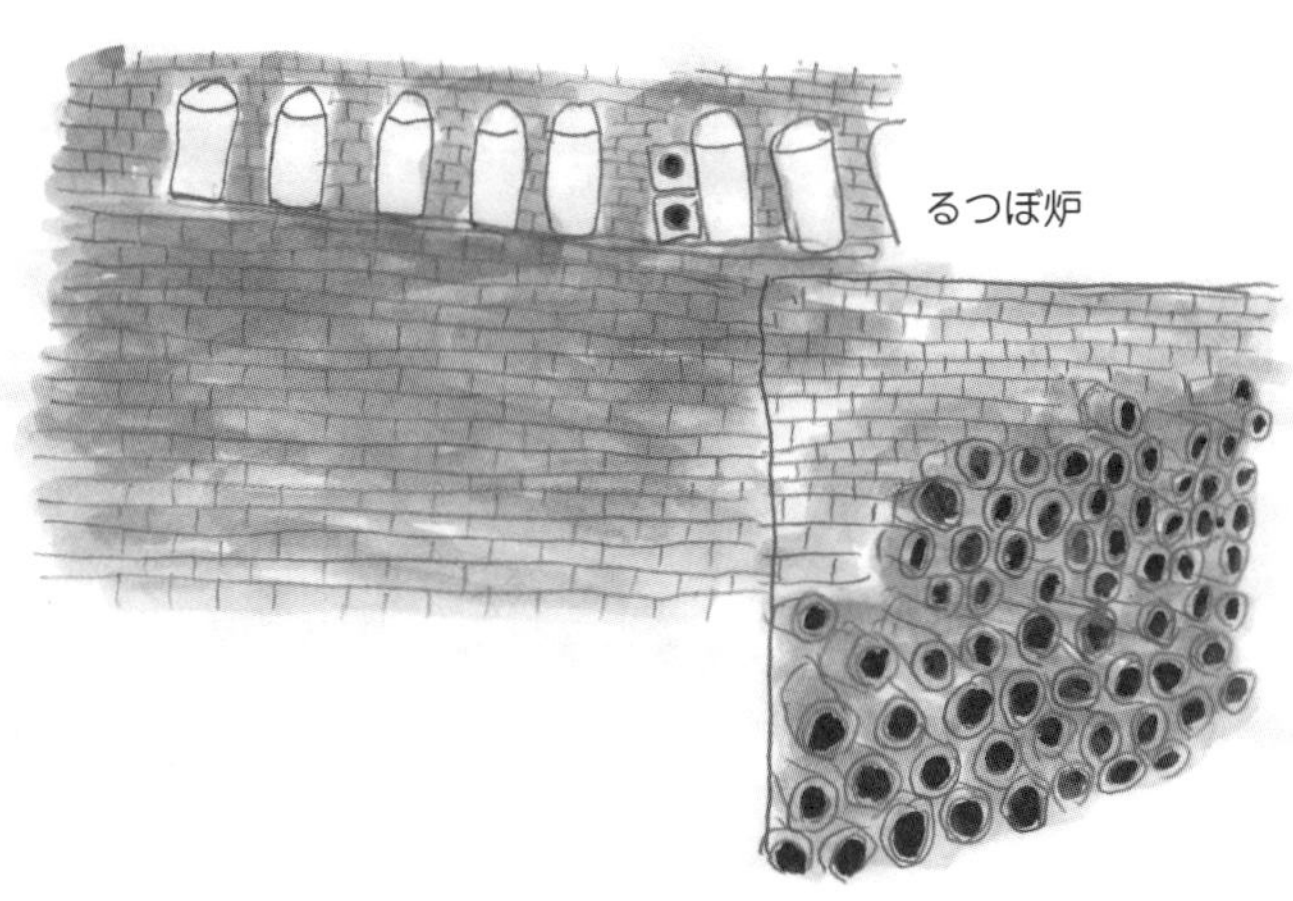

▪シェフィールド▪

ダンテ「神曲」の金属

ダンテの『神曲』は、13～14世紀に書かれた一大叙事詩です。主人公のダンテが、永遠の恋人ベアトリーチェを探し求めて、ウェルギリウスの導きで、地獄、煉獄、天国をさまよい歩きます。

『神曲』はイタリアにおいて、機械時計が記述されている最古の記録です。機械時計は、13世紀末頃から普及し始めました。精度は悪くても、初めて等間隔に時刻を刻む道具であり、これにより人々は時間を共有する手段を手に入れました。詩人は、そんな科学の分野も大胆に取り入れたのです。

「天国篇第10歌」に、時計の構造が描かれています。正確さはさておき、間違いなく、輪列時計構造を描写しています。輪列とは、歯車が組み合わさった時計構造のことです。ダンテが目撃した大きな輪列は、フィレンツェのウゴリーノ公の時計館でした。

ダンテの時代には、時計館のような大きな機械式時計が作られ始めていました。ロンドンのウェストミンスター寺院やセントポール寺院に、塔時計が設置された記録もあります。当時の時計塔は残っていないため、歯車の材質の記録はありませんが、青銅だったと考えられます

ウゴリーノ公時計館（飢餓の塔）

イタリア
ダンテ・アリギエーリ
1265-1321

ダンテ神曲　地獄篇　天国篇

■ダンテが宿泊した飢餓の塔のあるウゴリーノ公の館■

WORLD HISTORY OF METALS

第6章

金属の衝動——産業革命へ準備

金属の利用(続き)

1789年 マーチング・ヘンリッヒ・クラプロー、ウラン発見【独】
1789年 ラボアジェが『化学の教科書』を著す。燃焼を正しく説明し、鉄鋼理論を軌道に乗せる【仏】
1793年 ベルグマン【典】とエルヒュヤー【西】、タングステン発見【独】

鉄の利用

ブリキ

1618年 Saxonyでブリキ工場稼働

ダッド・ダッドリー

1619年 ダッド・ダッドリー、送風炉を石炭で操業する直接還元の特許を取得【英】

天工開物

1637年 宗応星による『天工開物』高炉と水車を用いたふいごの図、パドル炉の原型の図あり【中】
1641年 アイルランドのチャールズ・クーツ経営の3つの製鉄炉が反乱で破壊。アイルランドの森は17世紀末で完全に荒廃
1650年 ブリキ工場創設。戦争で中断【仏】
1665年 ダッド・ダッドリー、『メタルム・マルナスまたは石炭による鉄の製造』【英】

ディーンの森

1667年 アンドリュー・ヤラント「英国の鉄鋼業の重要性」→ディーンの森の周辺に6万人もの鉄産業従事者が住んでいた【英】

反射炉

1678年 クラーク親子がエーボン渓谷で反射炉発明【英】

鉄の利用(続き)

ダービー

1708年 ダービー1世、コールブルックデイルに移住、ダービーの製鉄会社創業【英】
1722年 レオミュール、『錬鉄を鋼鉄に変える方法と鋳鉄を磨く方法』出版【英】

スェーデンボルグ

1734年 エマニュエル・スェーデンボルグが『原理および鉱山学論』
1735年 ダービー二世がコークス高炉で鍛鉄用銑鉄生産【英】
1740年 シェフィールドが溶けた可錬鉄という前人未到の偉業でバーミンガムの刃物を世界的にする

るつぼ鋳鋼法

1740年 ハンツマンがスウェーデン棒鋼に浸炭、るつぼで溶融してつくるルツボ鋳鋼法【英】
1766年 クラネージ兄弟が反射炉を作り、燃料と金属を分離して精錬する【英】

アイアンブリッジ

1779年 ウィルキンソン、ダービー、プリチャードらによりセバーン渓谷に世界最初の鋳鉄製橋完成【英】
1782年 金属材料の父、スヴェン・リンマンが『鉄の歴史』10章を著す【典】
1783年 ヘンリー・コートの錬鉄製造の圧延法に蒸気機関を適用【英】

パドル炉

1783年 ヘンリー・コートとピーター・オニオンズが独立で反射炉でパドル炉を考案【英】

英国高炉

1790年 コークス高炉81基、木炭高炉25基【英】

年表4<1600-1800>

AD1600

鉄生産の
英国への移動

ミクロ観察と
異端科学

AD1700

第一次・元素発見
ラッシュ

コークス高炉と
るつぼ鋳鋼

AD1800

金属の利用

顕微鏡

1665年　ロバート・フックの『ミクログラフィア（顕微図学）』に100倍の針の先端、50倍のカミソリの刃の図が記載された【英】

1669年　ブラント、リンの発見【独】

フロギストン説

1696年　ゲオルグ・シュタールが『フロギストン説』を発表。燃素の存在を主張し、フロギストンと命名【独】

コバルト

1733年　G.ブランド、コバルト発見【典】

モリブデン

1744年　カール・ヴィルヘルム・シェーレ、マンガンとモリブデン発見【典】

1747年　パリ鉱山学校の創設【仏】

白金

1748年　ウロア、プラチナを発見【仏】

ニッケル

1751年　アクセル・フレデリック・クロンステッド、鉱石からニッケルを抽出

1762年　パリ科学アカデミーが『技術と産業の記述』刊行開始【仏】

ラボアジエ

1772年　ラボアジエ、質量不変の法則【仏】

1774年　ガーン、マンガン発見【独】

ボルタ電堆

1775年　ボルタがボルタ電堆、電池の発明

1777年　ラボアジエ『燃焼一般に関する報告』、フロギストン説の追放【仏】

1779年　ルイス・ニコラス・バンケーリン、クロム発見【仏】

1782年　ライヘンバッハ、テルル発見【英】

1788年　ラボアジェ、33元素を4つに大別『化学原論』【仏】

6-1 〈1600－1700〉鉄生産前夜――鉄生産は英国に移動し、ミクロ観察が発明される

⦿年代解説

1600年－1700年は、金属の利用分野では「目で見る金属」と「妄説で見る金属」です。鉄の利用分野では、英国に渡った高炉法が中心になります。

金属の利用では、1665年の英国**ロバート・フック***の『ミクログラフィア*』に載った、針の先端やカミソリの刃を観察した**顕微鏡**が活躍します。1696年、ゲオルグ・シュタールが燃素の存在を主張し、**フロギストン説**を発表します。この説は、1777年にラボアジェが論破するまでの約80年間、ヨーロッパの化学界を席巻します。

***ロバート・フック（人名）**
［英国］1635－1703。実験と理論の両面から科学革命を牽引する。晩年のフックは短気で気位が高く、論争では相手をやり込めるため、誰もが嫌がった。人のアイデアも自分のものとした。王立協会の仕事が多忙だったので、イラついていたのが真相。

***ミクログラフィア**
1665年にロバート・フックが発行した顕微鏡図鑑。昆虫や植物、針の先や剃刀の刃などを顕微鏡で観察したミクロ組織をスケッチした。

***メタルラム・マルティス**
1665年出版のダドリーの著書。ラテン語の「戦争神マースの金属」の小

鉄の利用では、1618年にザクソンでの**ブリキ**の生産が開始されます。1619年に英国の**ダッド・ダドリー**は、『**メタルラム・マルティス***』で、鉄の直接還元を記述しました。中国に目を転じると、1637年に宋応星（そうおうせい）が『**天工開物**（てんこうかいぶつ）』で、水車を用いてふいごを動かす高炉や反射炉を描いています。

英国に渡った高炉は、森の周辺に乱立します。1677年、アンドリュー・ヤラントンによると、**ディーンの森***の周辺に約6万人が生活していました。1678年、英国のクラーク親子が、エーボン渓谷で**反射炉**を発明します。

◉フロギストン

■シュタール

18世紀の後半、西洋世界を席巻した学説がありました。シュタール*が『**キモテクニカ・フンダメンタリス***』で提唱したフロギストン説です。この説は金属の酸化還元挙動を巧妙に解

さな題名の下に、「石炭、瀝青炭や炭、もしくは不完全な金属を溶かし製錬し、完全な金属に精錬する燃料で作られた鉄」という大きな副題がある。

***ディーンの森**
英国の西南にある古代森林。南側を、アイアンブリッジがあるセバーン川が流れている。鉄鉱石や石炭の埋蔵が豊富であり、森林から得られる木炭も揃い、古代から製鉄業が盛んであった。

***シュタール（人名）**
［独国］1659−1734。ゲオルグ・シュタール。フロギストン説の提唱者。ただし、このアイデアは、ヨハン・ベッヒャーが1663年頃に書籍に書いたが、顧みられなかった。ギリシア語っぽいネーミングで、シュタール説は大ブレークする。

***キモテクニカ・フンダメンタリス**
1697年発行の書籍で、和訳すれば化学の基礎。書籍では燃素の性質を、火では破壊しないとか、燃素の色は硫黄が含まれるとか、匂いがするとか言いたい放題の定義をしていた。

説しており、当時まだ残渣が残っていた錬金術もうまく取り込んでいました。

フロギストンとは「燃素*」という物質です。物質が燃焼すると、フロギストンが放出され、炎が見えます。残った物質は灰です。金属は、この灰とフロギストンが結合したものなのです。フロギストンを大量に取り込める金属は強くなります。灰にフロギストンを少量しか取り込めないと、柔らかい金属になります。

■硬い鉄

固く脆い銑鉄は、過剰なフロギストンを失って鋼になり、さらにフロギストンを失うと軟らかい錬鉄となる。さらに錬鉄を燃やすと、フロギストンが炎になって出ていき、灰が残る――。これが精錬方法だと説明されていました。さあ、皆さんもそろそろフロギストンの存在を信じそうになってきませんか。

*燃素
フロギストンとも呼ぶ。燃焼するときに物質から放散する物質。1697年、独国のシュタールが自書で取り上げて話題になる。歴史の流れを知っている現代から見ると珍説だが、当時の化学知識を前提に、現象を素直に説明できる。

■誤謬科学

科学の発展は、必ずしも正しい道筋を通るわけではありません。「金属からフロギストンが出ていくと灰になり、灰に燃素が入ると純粋な金属になる」と言われると、イメージしやすいですね。一旦信じると、なかなかその考え方から抜け出せません。

実際は、銑鉄から出ていくのは、燃素ではなく炭素です。しかし、燃素でもすべてうまく説明できてしまうのです。これが誤った解釈の科学のこわいところです。

■ラボアジェの反証

フロギストンを葬ったのは、若き日のラボアジェです。金属から燃素が出て行って灰になるなら、灰は金属よりも軽くならなければなりません。

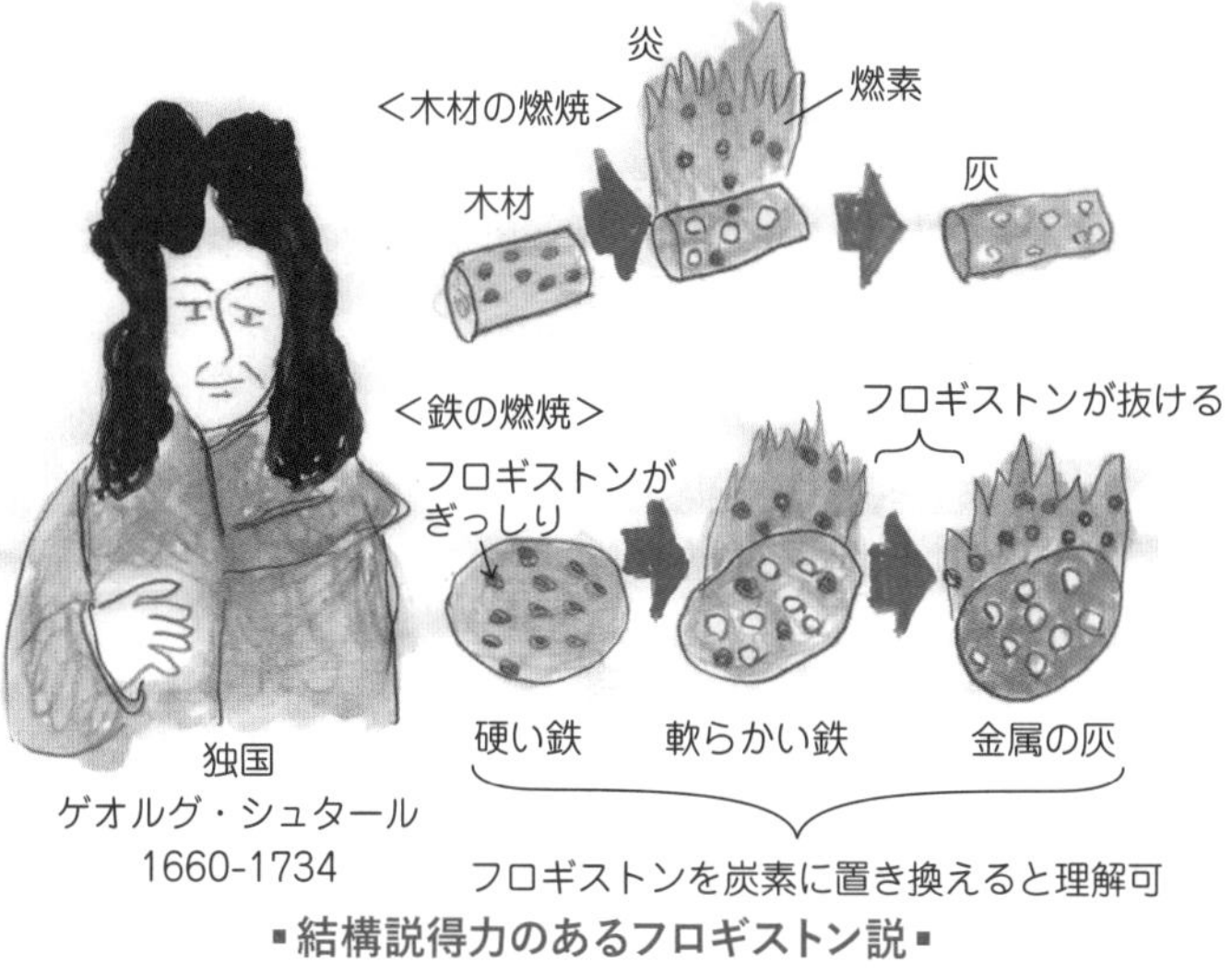

▪結構説得力のあるフロギストン説▪

でも実際は、灰を計測すると、金属より重くなります。「燃素はマイナス質量を持つのか」と論争を挑んだのです。

「ボイルの法則」のボイル*は、「フロギストンは出て行くのだが、燃焼した熱が金属に付着するから重くなる」と反論します。創始者のシュタールは、「フロギストンが抜けた後に、空気が入り込んで重くなる」と説きました。

ラボアジェに知恵を送ったのは、フロギストンの発見に向けて実験を重ねていた孤高の科学者、キャヴェンディッシュ*が発見した**酸素**でした。ラボアジェは、「とうとうフロギストンを見つけた」と公表された酸素を使って、フロギストンの誤謬を公開実験で断罪します。ラボアジェは化学の基礎を作りました。しかし、フランス革命は彼を断頭台に送ったのです。

＊ボイル（人名）
［英国］1627－1691。ロバート・ボイル。気体の体積と圧力の反比例関係の、ボイルの法則で知られる。科学者として、実験に対して先入観を持たずに観察した。一方で筋金入りの錬金術師で、金属の変容は可能だと信じて実験を行っていた。

＊キャヴェンディッシュ（人名）
［英国］1731－1810。ヘンリー・キャヴェンディッシュ。人嫌いで孤独を好んだ。生前発表したのは、水素の発見、水の合成、地球密度の計測。死後判明する研究結果は、ドルトンの法則、クーロンの法則、オームの法則など。

⊙ぶりきととたん

■ぶりきのおもちゃととたんの屋根

ぶりきのおもちゃと聞いて、懐かく思う人は昭和世代でしょう。かくいう筆者もその一人です。とたん屋根と聞いてピンとくる人もしかりです。

日常会話にときどき登場する、「**ぶりき**」とか「**とたん**」は何を意味するのでしょうか。それに、「ぶりき」とひらがなで書く場合と、「ブリキ」とカタカナで書く場合があります。どちらが正しい*のでしょうか。こうした謎に迫ってみましょう。

■ぶりきととたんの技術内容

ぶりきは、鉄板に錫（すず）を薄くめっきしたものです。とたんは、鉄板に亜鉛をめっきしたものです。では、何のためにめっきするのでしょうか。

理由は、鉄が錆（さ）びるのを防ぐためです。鉄は昔から安くて入

＊**どちらが正しい**
オランダの金属缶を意味する「ぶりき」から来ている説が有望。江戸時代からすでにぶりきは知られていた。神経質に「JIS」ではひらがなだし」とか気にせず、ぶりきでもブリキでも、便利な方を使えばよいのではないだろうか。

手しやすく、加工しやすいなど、良い性質をたくさん持っています。しかし一つだけ、「錆びる」という欠点を持っています。錫は空気中でも錆びにくい性質があります。そこで、鉄板の表面を錫で覆ってしまうと、鉄板は錆びなくなります。これがぶりきです。

同様に鉄板の表面を亜鉛で覆ってしまうと、錆が抑えられます。これがとたんです。ぶりきもとたんも、最初は大気中での錆び防止のために使われていました。

■ぶりきととたんの用途

ぶりきのめっき層には、小さな穴が開いていて、分厚く塗らなければ、穴を通して鉄が錆びてしまいます。ところが、ぶりきには、幸運にも最適な用途があったのです。それは缶詰（かんづめ）です。内容物が弱酸性の場合、鉄よりも錫の方が溶けやすくなります。これを**犠牲防食**＊と呼びます。つまり、缶詰にぶりきを使うと、鉄板に穴が開くことはありません。

＊**犠牲防食**
2種類の金属が接触している場合、片方の金属が溶け出すと、もう片方は腐食を免れる現象。溶け出しやすい金属が「卑な金属」で、これが犠牲になって腐食を防ぐので、犠牲防食と呼ぶ。

＊**DI缶**
1958年に米国で開発された飲料缶の成形方法。「D」はドローイングの頭文字で絞り加工、「I」はアイアニングの頭文字でシゴキ加工。この2つの加工を同時に行うことで、缶底部と缶側面を一体成型したアルミニウムや、鋼材の飲料缶ができる。

＊**ティンフリー鋼板**
もともとぶりきは、鋼板の表面に錫めっきしたもの。錫の人体有害性が話題になって以来、錫を使わない防食鋼材が必要になった。そのため、錫をクロムで代替した錫なし（錫フリー）のめっきが開発された。

一方、とたんは、鉄板の表面に亜鉛を付着させたものです。亜鉛は鉄の犠牲防食で、鉄板を錆びや腐食から守ります。年表には「1805年、英国のシルベスター、ホプソンらが鉄に亜鉛メッキ」という記述があります。これ以降、鉄板に亜鉛メッキは、大量に作られ始めます。ぶりきの方は、1500年代から製造が行われてきました。

■現代のぶりきととたん

缶詰のぶりき、屋根のとたんは、最近では見かけません。というのも、缶詰に使う錫が健康に悪いということで、錫をなくした缶詰、**ティンフリー鋼板**＊が開発されたためです。とたん屋根も無くなりました。しかし、亜鉛めっき鋼板は、自動車用のボディなどに大量に使われて

1536年	ザクセンでぶりき製造（独）
1570年	Bohemiaでぶりき製造（独）
1575年	Cornishの錫をBohemiaへ輸出し、Bohemiaからぶりきを輸入
1618年	Saxonyでぶりき工場稼働
1623年	ぶりき製造の試み（John Tilteの手紙（英）
1627年	ぶりき製造の試み（仏）
1650年	ぶりき工場創設成功。戦争で中断（仏）
1661年	ダッドリーがぶりきの特許取得（英）
1700年	ぶりきを屋根材で使用（英）
1923年	八幡製鉄所、ぶりきの初生産
1962年	極薄ぶりき箔の製造
1864年	ぶりき用自動溶接機の開発
1973年	大和製缶、ぶりきDI缶＊生産開始
1978年	不溶性陽極技術開発で、ぶりき飲料缶用溶接缶の生産開始

■年表に見るぶりきの出来事■

います。

ただし現在は、**合金化溶融亜鉛めっき**鋼板が主流になっています。これは、溶融亜鉛中に鋼板を浸漬させた後に加熱し、鉄と亜鉛のメッキ面で鉄と亜鉛の合金層を作り密着させたものです。

⦿ダッド・ダッドリー

■脱木炭化要請

製鉄業に共通の問題は、燃料に木材を使うことでした。周囲の森林を切り倒して木炭を作り、これを燃料として鉄鉱石から鉄を取り出してきました。森林資源の枯渇は鉄鋼業の終焉を意味し、製鉄所は森林資源を求めて移動し続けなければなりませんでした。無秩序で広範囲な森林の伐採に、英国政府はとうとう森林から作った木炭を製鉄の燃料に利用する

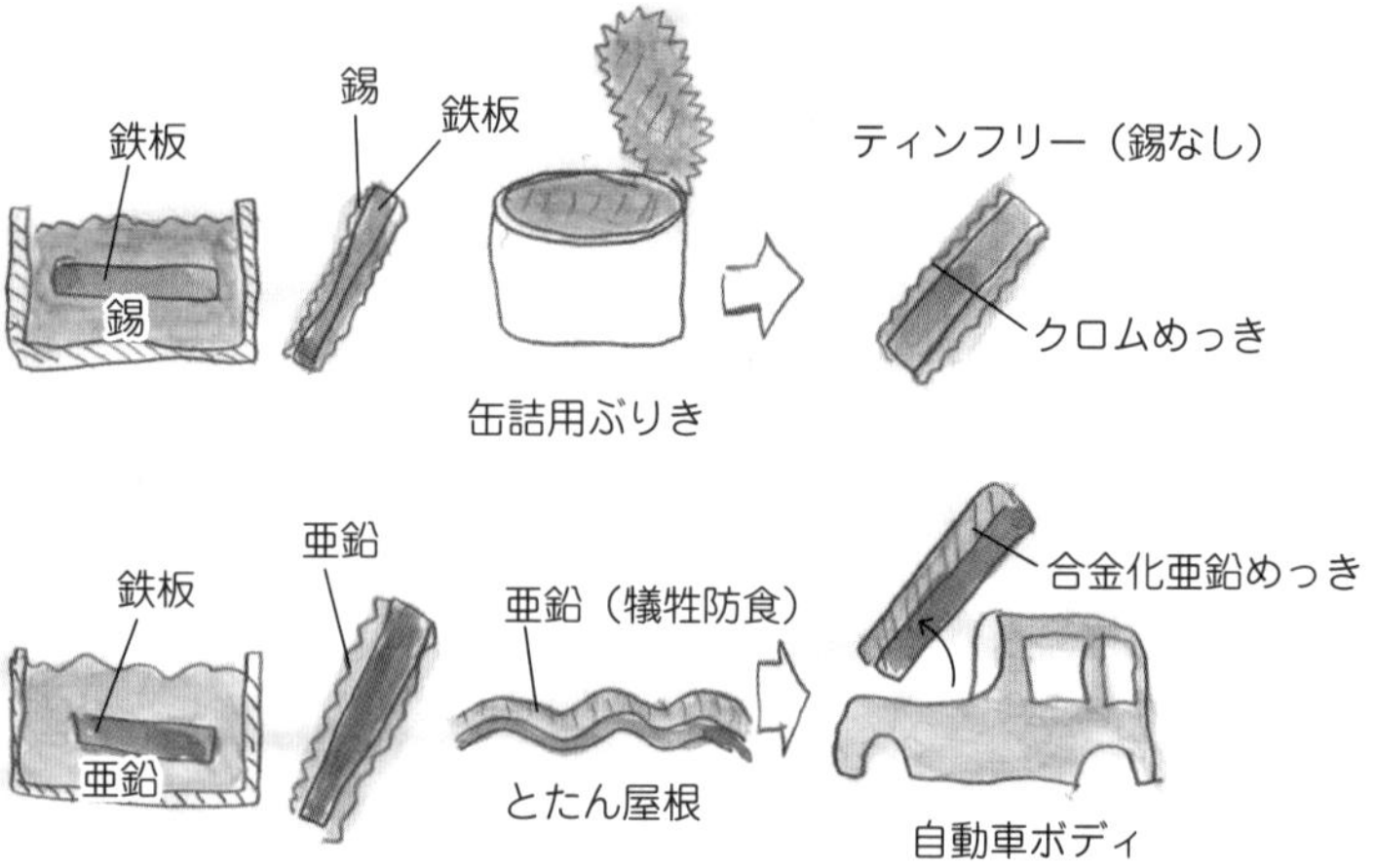

▪ぶりきととたんの用途▪

ことを禁じました。

■石炭利用

溶鉱炉や高炉に木炭以外の燃料を使うという考えは、17世紀の英国では認識されていました。政府も特別の法令を出して、治金に鉱物性燃料を使用して問題を解決するようにと、発明家に呼びかけていました。

17世紀から18世紀初めにかけて、英国人やその他の国々で、石炭を使って銑鉄を作る試験が繰り返し試みられました。けれども当時は、まだ石炭をコークス*に変える条件がうまく認識されておらず、また、コークスに適する石炭の品種も知られていなかったことから、ことごとく失敗を重ねていました。

■石炭利用の製鉄法の成功

石炭を使った銑鉄製造に初めて成功したのは、英国のダッド・ダドリーです。ダドリーは、１６１９年に銑鉄生産に関す

＊**コークス**
周囲の空気遮断して、炉の中で蒸し焼きにした石炭。揮発分や重油分が抜け出して、硬いが、気孔だらけの軽石のような外観になる。構成物は炭素だけ。石炭をそのまま燃焼させると、揮発分がガスとして出てくるので、燃焼温度が上がらない。

る特許を取得しました。特許明細書には、次のように書かれています。

「ダドリーは長期間にわたる努力と大金をかけた実験の末、送風用ふいごつきの炉で、石炭を使って鉄鉱石を製錬し、鋳鉄板および角材を生産する秘密の方法、手段を解明した。その上、木炭で生産されたのと同じような良質の銑鉄を得た。これは、我が英王国で、今まで誰も完成できなかった発明である」。

しかし、ダドリーは木炭を使って銑鉄を生産していた企業家たちと争う羽目*に陥り、銑鉄製錬法の改良を中止しなければならなくなります。あげくの果てに、ダドリーは破産してしまいます。

*争う羽目
ダドリーに限らず、この時期の英国の製鉄発明家は例外なく裁判で争い、疲労困憊している。

■裁判とその後の不幸

ダドリーは、ほぼ純粋な炭素の塊のようなコークスにより、鉄生産技術を完成させたと主張しました。鉄の製造を進め、特許が付与されてから1年後、彼はロンドン塔で行われた裁判の

*ブラックカントリー
英国中部のミッドランド地方にある工業地帯。産業革命以降、英国の鉄鋼業を中心に重工業を支えてきた。多数の炭鉱や鉄鉱山、製鉄所があり、大気汚染で黒っぽい光景が広がる。

ために、新しく作ったかなりの量の鉄を送りました。その性質は「良い鉄」と判定されます。

ダドリーが住んでいた**ブラックカントリー***は、英国の鉄製造の中心地でした。ここには豊富な石炭も鉄鉱石もありました。ダドリーはここに製鉄所を作ります。しかし、洪水がすべてを押し流してしまいます。

■メタルラム・マルティス

『**メタルラム・マルティス**』は、1665年刊行のダッド・ダドリーの著書です。著書では技術的な記述をしていませんが、ダドリーはコークスを使って確かに銑鉄を作ったと述べています。ただし、彼の作ったコークスがどのようなものであったのか、高炉に適していたのかは謎のままです。

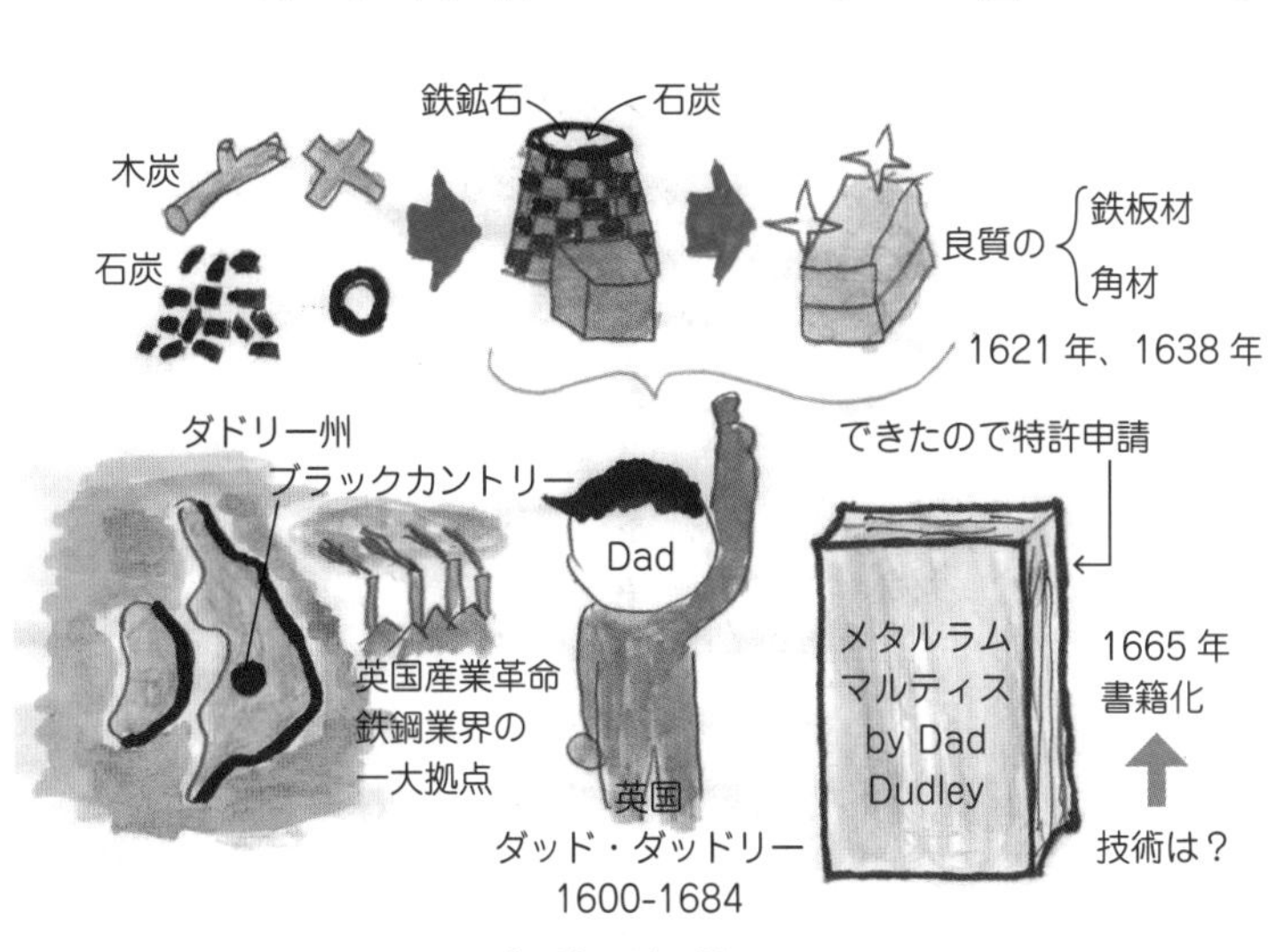

■ダッド・ダッドリー■

⦿天工開物

■中国の産業技術書

『**天工開物**』は、17世紀の中国明朝末期に、宋応星（そうおうせい）*によって書かれた産業技術書です。図解とその説明があるので、当時の技術レベルがわかる興味深い書籍です。「天工」は自然の創造の素晴らしさを意味し、「開物」は人間の技術の巧みさを意味します。

天工開物の金属に関する部分は、中巻の鋳造、鍛造、下巻の精錬と、18章中の3章を占めており、読み応えがあります。

■鋳造

鋳造（ちゅうぞう）とは、土を母とし金属が生み出され、母である土が型になり、金属が型どるものだと説きます。鋳造は、7種類について触れています。まず、鼎（かなえ）*

▪天工開物▪

や鐘(かね)*など、大物の鋳造について解説しています。次いで、釜、銅像、砲、鏡、銭などの鋳造鋳型の材質や作り方について詳しく語ります。特に銭の鋳造方法は、ケース分けして、そのまま使えるレベルの解説になっています。

■鍛造

鍛造(たんぞう)とは、金属に手を加え形を整える操作だと語ります。鉄の鍛錬が最初に登場し、熟鉄と鋼鉄の鍛え方を解説します。次いで、斧、鋤(くわ)、鑢(やすり)、錐(きり)、鋸(のこぎり)、鉋(かんな)、鑿(のみ)、錨(いかり)、針、銅細工の10種類の鍛造道具について語っています。

■精錬

精錬の記述では、大地が金、銀、銅、鉄、錫の5種類の金属を生じ、それぞれに役割があることを繰り返し述べます。一つひとつの金属を得る方法から始まり、使い方まで解説しています。

＊宋応星（人名）
［中国明］１５８７－１６６６。明朝末期の１６３７年に天工開物を刊行。直後に明朝が滅び、国内では評価されなかった。日本では１７０７年に貝原益軒が引用し始め、広まった。１９１２年、日本に留学した中国人が発見し、中国で再評価された。

＊鼎（かなえ）
なべ型の胴体に3本の足が付いた、液体を沸かす道具。古代中国では、殷から西周にかけて、四角い胴体も出現した。

＊鐘
音を出すための金属製の器具。内部に舌(ぜつ)と呼ぶ板をぶら下げるものや、叩いたり、木で撞いたりするものがある。青銅や鋳鉄の鋳造で成形する。日本の銅鐸も鐘の一種だが、銅鐸後期になると、音より形状重視になる。

■天工開物の使い方

『天工開物』がなぜ書かれたのかは、諸説あります。国のトップに見てもらうべき産業技術マニュアルであったため、天工開物には最先端ではなく、当時の中国のあたりまえの技術が記載されたと推察されています。背伸びしていない分、実用書としての価値が増しています。

一つ目小僧

一つ目小僧は、妖怪譚の定番です。山奥に住んでいて、村人を驚かせます。一つ目小僧は、鉄と関係があります。一つ目小僧は、たたら場で働く人を畏怖して作られた妖怪です。たたら場では操業中、竹の筒で炉内を覗きました。片目で炉内を見続けるため、目が焼けて激痛が走り、やがて失明してしまいます。しかし、炉内の状態を観察することは、どうしても必要なことでした。そのため、片目を潰しながら、操業を続けたことでしょう。

たたら場には、こうして片目を失明した人々が大勢住んでいました。普通の人にとっては、たたら場は異様な光景に見えたことでしょう。こうした異様な雰囲気が、たたら場の人々を妖怪に仕立て上げていったのです。

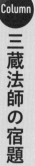

三蔵法師の宿題

20年ほど前、ある大学の研究者から、お便りをいただきました。

「あなたの本で、南蛮渡来の灰吹法を知りました。私は大学でサンスクリット語の研究を長年してきました。仏教の経典の文言で『塵を払って仏を取り出す』という言葉が長年、研究者の中では謎でした。ひょっとしたら、これは灰吹法のことをいっていると解釈できませんか?」

「お便りありがとうございます。灰吹法は、金や銀を鉛に溶け込ませて取り出す方法です。水銀を使うアマルガムも同じくらい古い方法ですね。どちらも、例えば旧約聖書にも出ています。仏教の経典に出ていても不思議ではありません」

「これではっきりしました。きっとこれは、インドから玄奘（げんじょう）（三蔵法師）が経典を持ち帰って、中国語に翻訳するときに誤訳したんだと思います」

スケールの大きな、時空を超えた謎解きに、金属がお役に立てたのかもしれません。

ただ、灰吹法が日本に伝わったのはわりと新しく、1500年代になってからのことです。「南蛮吹き」とか「南蛮絞り」と呼ばれ、純度の高い精銅と銀を採集することができました。この時期は、金の生産量が激増し、相対的に銀高金安相場になっていたので、「ゴールドラッシュ」ならぬ「シルバーラッシュ」が世界的に起こりました。独国のフライベルク銀山、南米のポトシ銀山、日本の石見銀山が世界の三大銀供給地でした。

6-2 〈1700－1760〉発見と革命——第一次元素発見ラッシュと高炉法の進化

◉年代解説

1700年－1760年の見所は、金属の利用分野では金属元素の発見ラッシュ、鉄の利用分野ではコークス高炉の発明です。

金属の分野では、まず1702年に独国のシュタールのフロギストン説が完成し、猛威を振るいます。こうした環境下で、1773年にブラント*がコバルトを発見、1744年にスウェーデンのカール・ヴェルヘルム*らがモリブデンを発見、1748年に仏国のウロア*が白金を発見、1751年にスウェーデンのクロンステット*がニッケルの抽出を行います。

＊ブラント（人名）
［スウェーデン］1694－1768。ゲオルク・ブラント。1642年にコバルトを発見。錬金術の詐欺師を暴いた。金属には6種類あり、ハーフ金属にも水銀、ビスマス、亜鉛、アンチモン、ヒ素、そしてコバルトがあるという。

＊カール・ヴェルヘルム（人名）
［スウェーデン］1742－1786。金属、有機酸を多数発見。1774年にバリウム発見、1774年にマンガン発見、1778年にモリブデン発見、1781年にタングステン発見。金属の毒性への警戒が甘く、何でも舐めるクセがあり、中毒で早死した。

＊ウロア（人名）
［スペイン］1716－1795。アントニオ・ウロア。海軍士官。南米に滞在中、コロンビアのピント川で銀に似た金属を発見し、銀の様なもの、プラチナと報告。実は略奪でスペインに持ち込まれていたが、加工できず捨てられていた。

鉄の利用は、1708年に英国コールブルックデールで、**ダービー**が**コークス高炉**を利用する会社を創業するところから始まります。1718年からダービーの会社は蒸気機関の部品を製造し、1729年から軌道用鉄製車輪の製造を開始します。

1735年、ダービー2世は、コークス高炉で鍛鉄用の銑鉄の製造を開始します。1740年になると、武器の製造を開始します。そして、1743年から高炉送風機をニューメコ蒸気機関とします。

1734年、エマニュエル・**スウェーデンボルグ**＊は、『デ・フェロ』で理学・鉱山冶金をまとめます。1740年にはスウェーデンのハンツマンが、**るつぼ鋳鋼法**を発明します。

◉ダービー

■ダービー父子

コークス高炉を発明したのは、英国のダービー父子です。ダー

＊クロンステット（人名）
［スウェーデン］1722－1765。アクセル・クロンステット。鉱物の分析試験方法に吹管分析を導入。1751年にニッケルを発見し、ベツツェリウスにつながる11種類の金属発見ラッシュの皮切りとなった。ニッケルは古くから意図せず混ざってきた。銅や銀の鉱石と区別できず、銅製錬しても銅が抽出できないことから、「クプファーニッケルだ」「妖精のニッケルのいたずらだ」と呼んだことが語源という。

＊スウェーデンボルグ（人名）
［スウェーデン］1688－1772。エマニュエル・スウェーデンボルグ。1747年までの前半生は科学者、後半生は神学的著作者。1735年に哲学と冶金学を結び付ける著作を出版。鉄と銅の精錬分析を書いた。

ビー家はコールブルックデールの製鉄会社を所有し、創意工夫を高炉操業に盛り込んでいくのです。

コークスとは、化石燃料の石炭から作られる製鉄用の燃料です。石炭を製鉄業に使う技術は、ダッド・ダドリーを始めとして、世界中で開発が進められていました。ではなぜ、ダービー2世が「コークス高炉の発明者」といわれるようになったのでしょうか。

現場実験の賜物

それは、実験と研究の蓄積の賜物でした。父親のダービー1世は、1709年、高炉にコークスを使う操業を始めています。しかし当時は、コークスの性質も操業条件も、未知のままでの操業でした。

コークスを使って銑鉄を得る製錬には、どんな条件が必要なのでしょう。ダービー2世は、あらゆる条件を知ることに努めます。父の代では成し得な

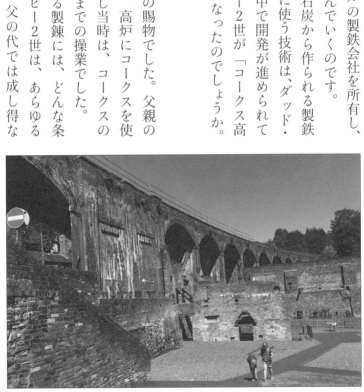

■現在も残るコークス高炉跡■

かった難題でした。ときには数週間も溶鉱炉のそばを離れずに、いろいろな種類の石炭を試し、コークスを作る温度を変え、不純物をスラグにして取り除くための一番良い融剤を探しました。

コークス高炉がまともに稼働するようになるのは、良質のコークスが得られる条件を見出した1735年以後のことです。実に、父親の操業開始から26年が経っていました。

この知見は、現代の高炉にも当てはまります。製鉄と聞くと、鉄鉱石に関心が向かいますが、製鉄の最重要技術は**コークスの品質***なのです。これが安定すれば、高炉操業も安定します。コークスが安定して初めて、さまざまな操業条件の適正化が生きてきます。

■ダービー2世の幸運

コークスを使うとき、高炉に送る空気量を増やす必要があります。ダービー2世が幸運だったのは、蒸気機関を備えた送風設備が使えたことです。以前のような水車動力では、コークス

***コークスの品質**
コークスは、石炭を蒸し焼きにして炭素分だけ残したもので、軽石のように穴だらけの炭のかたまりである。したがって、大きな力がかかると、崩れて粉になってしまう。高炉操業は、上部から鉄鉱石の層とコークスの層を交互に挿入し、お互いを反応させて溶けた鉄を作り出す。この反応が起きている間、コークスは粉にならないで、もとの形を維持しなければならない。粉になって穴が無くなってしまうと、溶けた鉄が下に落ちて行かなくなり、炉の下部から吹き込んだ空気も上昇できなくなる。高温でも丈夫なコークスを作ることが、コークス高炉を長時間安定稼働させる秘訣である。「ダービー2世がコークス高炉を発明した」とは、この丈夫な品質のコークスを作る技術を確立したことを意味する。

高炉の操業はできませんでした。

もっとも、蒸気機関は当時鉱山の排水などに使われていたニューコメン機関で、強力なワットの蒸気機関ではありませんでした。それでも、高炉に送られる空気の量は増加し、コークス高炉操業が可能になりました。

この後のコークス高炉の開発は、送風技術を中心に精力的に行われていきます。なぜでしょう？　それは生産性、コスト効率を考えたときに、一本の高炉で生産できる銑鉄量を増大させることが、不可欠の課題だからです。この状態は、現代製鉄業でも寸分も変わりません。

＊ウィルキンソン（人名）
［英国］１７２８－１８０８。ジョン・ウィルキンソン。アイアンブリッジの実現の推進者。大砲の砲身の中ぐり旋盤や、高炉送風の効率を上げる改良を蒸気機関を使って行う。

＊セバーン渓谷
ウェールズのカンブリア山地からブリストル海峡までの英国で一番長い川。全長３５４㎞。コールブルックデールの鉄製品は、この川を利用して運ばれた。

＊鋳鉄製橋
１７８１年に開通した、世界初の鋳鉄で組み立てられたアーチ橋。全長60ｍ。製鉄所がある地名から「コールブルックデール橋」と呼ばれるが、単に「アイアンブリッジ」と呼ばれる場合もある。

■ダービーの高炉跡■

1708年	ダービー1世、コールブルックデールに移住、ダービーの製鉄会社創業（英）
1709年	ダービー1世、コークス製鉄法（鋳造用銑鉄）発明（英）
1718年	ダービーの製鉄会社、蒸気機関の部品の製造開始（英）
1729年	ダービーの製鉄会社、軌道用鉄製車輪の製造開始（英）
1735年	ダービー2世がコークス高炉で鍛鉄用銑鉄生産（英）
1740年	ダービーの製鉄会社、武器製造開始（英）
1743年	ダービー2世高炉送風機をニューコメン蒸気機関にする（英）
1749年	ダービー2世、会社の敷地に軌道敷設（英）
1779年	ウィルキンソン*らにより、セバーン渓谷*に世界最初の鋳鉄製橋*完成（英）
1780年	ダービーの製鉄所、ワット式蒸気機関の製造開始（英）

■年表にダービー家が登場する出来事■

6-3 〈1760－1800〉蒸気と電気――蒸気機関と製鉄業が産業革命を生み、電気利用が始まる

◉年代解説

■主人公乱立

1760年－1800年は、金属の利用分野では、ラボアジェからナポレオンまで、主人公が目まぐるしく登場する期間です。科学思想が確立し、新金属元素が次々見つかった時期でもあります。鉄の利用分野では、蒸気機関と鋳鉄が主役になります。

金属の利用でまず注目すべきは、1772年のラボアジェによる質量不変の法則です。1777年には『燃焼一般に関する報告』＊で、80年間はびこったフロギストン説を追放します。1788年には、それまでわかっていた33元素を4つに大別す

＊『燃焼一般に関する報告』
ラボアジェは、燃焼とは「物質と気体が結合すること」と定義し、後にその気体を酸素と名付けた。それまでのフロギストン説の燃焼とは、「物質から燃素が出ていくこと」と真逆の論であり、真偽の決着がその後に行われる。

＊ガーン（人名）
マンガンを1774年に発見したのはカール・ヴェルヘルム。ただし、金属マンガンの単離は同年、助手のヨハン・ガーンが、軟マンガン鉱を還元して成功した。

る『**化学原論**』を発刊します。さらに、1789年に『**化学の教科書**』で燃焼を理論的に説明し、鉄鋼理論を正しい軌道に戻しました。

■金属発見ラッシュ

新金属元素も続々と発見されます。1774年に独国のガーン*がマンガンを金属単離、1779年に仏国のバンケーリンがクロムを発見、1781年にイエルムがモリブデンを金属単離、1782年にオーストリアのライヒェンシュタイン*がテルルを発見、1789年に独国のクラプロート*がウランを発見、1793年にベルグマンらがタングステンを発見します。

■電気に蒸気に反射炉の発明

この時期の発明として特筆すべきは、1775年にイタリアのボルタが発明した**ボルタ電堆**（でんたい）です。この発明は、しばらくして金属元素発見ラッシュ*を再び起こします。

＊ライヒェンシュタイン（人名）
［オーストリア］1742－1826。フランツ・ライヒェンシュタイン。テルルの発見者。単体分離はサンプル依頼されたマルティン・クラプロート。名前の由来は、ローマ神話に登場する、地球を意味する大地の女神テルース。名は美しいが毒があり、酸化物が体内に入ると、にんにくに似た悪臭のジメチルテルリドを生成する。鉱山の鉱夫がテルルに暴露されると、体調に異常をきたす。

＊クラプロート（人名）
［独国］1743－1817。元薬局の助手。マルティン・クラプロート。ウラン、ジルコニウム、セリウムの発見者。テルルとチタンの単離を依頼されて確認している。

＊金属元素発見ラッシュ
計測方法や分離方法が発明されると、数年間で引き続き多くの新金属元素が発見されている。今回の発見ラッシュは、電池の発明がスターターであり、電気分解での元素発見が引き継いだ。

鉄の利用では、1765年にジェームス・ワット*が、**蒸気機関***に凝集器を付けて、性能を大幅に向上させました。鉄鋼精錬では、1766年に英国のクラネージ兄弟が反射炉を作ります。ワットの蒸気機関は1776年、高炉送風機に初めて使用されます。1779年にダービーらは、セバーン渓谷に世界初の鋳鉄製の橋梁**アイアンブリッジ**を完成させます。

1782年、スウェーデンの**スヴァン・リンマン**は、『鉄の歴史』を著します。1783年、英国のヘンリー・コートは、蒸気機関で錬鉄の圧延、反射炉でパドル炉を考案します。これで銑鉄から錬鉄を作り、圧延する技術が出揃いました。重要な発明をしたヘンリー・コートですが、不幸な末期を迎えます。1790年、英国にはコークス高炉が81基、木炭高炉が25基ありました。

＊ジェームス・ワット（人名）
［英国］1736－1819。英国の産業革命を支える、ワット式蒸気機関の発明者。蒸気機関は、もともと鉱山の排水のための動力として利用されていたが、非力であった。

＊蒸気機関
始まりはニューコメン式。冷水でシリンダー内蒸気を冷やして往復運動させた。ワット式は、シリンダーの片側の蒸気を外部の復水器に送ると同時に、もう一方に蒸気を送り込み、強力な回転動力を得た。工場や乗り物に利用。

◉不幸なヘンリー・コート

■2つの画期的な特許

ヘンリー・コートは、18世紀後半の英国産業革命期に活躍した製鉄業者です。すでにコークス高炉は発明されていましたが、銑鉄から良質の鋼材を製造するためには、大量の木炭が必要でした。それを解決したのが、ヘンリー・コートの**パドル法**＊の発明でした。

彼の発明は、1785年と1783年の2つの特許から成っていました。前者は、石炭で加熱した反射炉に銑鉄を入れ、半溶融状にしてこねくり回し、錬鉄の塊を作るパドル法の特許でした。後者は、それをハンマーで打って鉱滓を取り除いた後、さらに熱して圧延ローラーにかける特許です。1790年代になると、ヘンリー・コートが発明したパドル法は、急速に採用されていきました。

筆者は、2019年に英国テルフォード＊にあるビクトリア

＊パドル法
ヘンリー・コートが発明したパドル法は、高炉で作られた銑鉄を高温で溶かして、銑鉄から炭素分を除去する方法である。従来法では、高温のガスは、コークスを燃やした燃焼ガスであり、コークスから出てくる不純物が含まれていた。この燃焼ガスで銑鉄を溶かすと、不純物で汚染された溶けた鉄になっていた。パドル法は、コークスの燃焼ガスで炉の中の煉瓦を加熱した後、燃焼ガスを追い出し、その高温の煉瓦の間に新しい空気を通して高温の空気を得た。この操業ができる炉を反射炉と呼ぶ。反射炉で作られた不純物を含まない高温の空気を使って銑鉄を溶解すると、不純物に汚染されていない品質の良い鉄が得られた。

＊テルフォード
英国のアイアンブリッジがかかるセバーン渓谷の町。ロンドンからバーミンガム経由で約3時間の列車の旅で行ける。

ンタウン*で、このパドル法の実物を見ました。簡便な炉と蒸気機関で動くハンマーの実物を見たとき、英国産業革命のロマンを感じたものです。と、ここまでは普通の記述ですが、ここからは、英国鉄鋼の黒歴史に触れていきます。

■英国鉄鋼の黒歴史

コートの晩年はひどいものでした。全財産を無くし、失意と恨みの中で死んで行きました。ルードウィヒ・ベックは、著書『鉄の歴史』でこう書いています。「祖国のために大きな善事を行ったのに、それがかえって災いとなった気の毒な発明家に対するこのような扱いは、イギリスの名誉の楯についた黒いシミであり、いつまでも消えないであろう」。

事の発端は、パドル法の普及でした。このプロセスが作り出す鋼の品質は、圧倒的でした。海軍省はコートの鉄がスウェーデン鉄*に勝ると判定し、そ

▪ヘンリー・コート▪

***ビクトリアンタウン**
アイアンブリッジから数㎞にある歴史博物館。もと高炉工場や錬鉄工場が稼働していた場所に、設備が実体保存してある。石炭による蒸気機関や鋳鉄作業が、実際に目の前で行われているのは感動モノだ。

れまでスウェーデンから輸入していた錨用などの海軍鉄材の一切を、コートの鉄で賄うことに決定したのです。

コートは大量注文に応じるため、王立海軍財務局の主計官に、特許権と利益の半分を担保に資金を借りて工場を拡張します。ところが、主計官が急死し、借りた資金が海軍の公金だと判明します。結果は、資金引き揚げの上、担保の特許は海軍省に差し押さえになり、100ポンドと査定されてしまいます。

特許を正確に査定すれば、得られる莫大な利益ですぐに立て直せたのでしょうが、海軍省は特許の返却請求には応じません。工場は主計官の息子に預けられ、利益を生みますが、コートは放り出されたままです。特許の実施に特許料を支払いたくない同業者が口をつぐんだことも、コートに災いしました。

コートは特許料も年金保証もされることなく、破産状態で亡くなります。

＊スウェーデン鉄
高炉法が西洋で拡大していく中で、スウェーデンは極めて品質の良い鉄を生み出すため、特別な位置にいた。17世紀、18世紀では、スウェーデンが世界の製鉄をリードしていた。りんが少ない鉄鉱石は、他国の製鉄に比して品質的に有利であった。

■そして、イギリスのシェフィールド卿の演説

「ワットとコート*の新発明によって受ける利益は、北アメリカの損失を償って余りがある。これらの発明はイギリスに鉄の貿易の支配権を握らせるであろうから」……。

⦿ラボアジェ

■ラボアジェの業績

ラボアジェは、50年の人生で近代科学を確立し、同時にフランスの行政のトップを兼任しながら、異なる分野で科学技術の進歩に貢献しました。気球操縦、フランスの鉱物地図、市街地の照明、パリの上水道、火薬の利用方法、大規模なモデル農場など、個別の仕事は、数え上げればきりがありません。

ここでは金属の歴史に限定して、ラボアジェの貢献を見てみましょう。彼が活動したのは、まさにベルサイユのばらの時代、マリー・アントワネットとフランス革命、断頭台の時代でした。

*ワットとコートの新発明
ワットの発明とは、ジェームス・ワットの発明した強力な蒸気機関。コートの発明とは、ヘンリー・コートが発明したパドル法。北アメリカの損失とは、植民地だったアメリカが独立して、税金が入ってこなくなったこと。「アメリカを失っても大丈夫だもんね。英国の工業は新発明の蒸気機関とパドル法で作った鉄で産業革命を成し遂げて、バッチリ儲けているもんね」ということ。しかし、ワットもコートも、英国内では特許訴訟で心身ともにボロボロだった。国家に富をもたらす発明家が真っ当に報われない典型例を知ってか知らずか、政治家は国会で堂々と演説していた。

■ラボアジェの生い立ち

アントワーヌ・ラボアジェは、1743年に裕福な上流中産階級の家庭に生まれました。学生時代には、ディドロ*の『百科全書*』が登場しています。百科全書はフランス当代の知識人、ヴォオルテール、ルソー、モンテスキュー、数学者のダランペールなどが執筆し、科学の未来は思索にではなく、実験にあると主張していました。若きラボアジェに大いに影響を与えたことは間違いありません。

■ラボアジェの生活

ラボアジェの才能は、23歳で**王立科学アカデミー***会員に選ばれるほどでした。そして、ここからが面白い行動なのですが、彼は徴税の民間組織に**徴税請負人**として就職します。ここで生活費用を稼ぎ、科学研究を続けるためだったという人もいます。いずれにしても、昼間の徴税機関の仕事で十分な収入を上げたことで、研究を続けられたことは事実です。

＊ディドロ（人名）
［仏国］1713－1784。デニス・ディドロ。唯物論の思想家。ジャン・ダランベール（1717－1783）らと百科全書を編纂した。約100人が執筆した。百科全書派は既成の知識権威を否定し、自由な知識の進歩を信じた。

＊百科全書
1751年に第一巻が発行されて以降、20年余りかけて、本巻17巻、図版集11巻が発行された。項目数は6万。金属技術は鉄鉱石、鋳造、鍛造などから始まり、鍛冶屋や蹄鉄、板金加工などを詳細に解説している。

＊王立科学アカデミー
1600年創立の英国の王立協会は、科学技術の愛好会的組織。一方、1699年、正式に王立と認定された仏国王立科学アカデミーは、科学研究の活性化と保護のため設立された。国王からの潤沢な資金援助により活動できた。

そしてラボアジェは、民間組織の責任者の娘マリー・アンヌと結婚します。二人の関係は非常にうまくいき、妻はラボアジェの研究成果の挿絵を描き、英語ができないラボアジェのために論文を翻訳するなど、才女ぶりを発揮します。彼女はラボアジェ亡き後、英国の王立研究所の創始者の貴族と再婚*し、ナポレオン時代に英国のデービーの叙勲にも一役買いますが、ここではこれくらいにしておきます。順風満帆の夫婦ですが、フランス革命前夜の徴税機関の経営が、ラボアジェの運命を変えます。

またラボアジェは、科学アカデミーの数多くの委員にも任命され、さらには軍需産業のための改善策を提案したことにより、火薬管理部の監督官に任命されます。このポストによって、パリの兵器工場の敷地内に大邸宅を与えられ、そこにみごとな実験室を作ります。

ラボアジェの業績は、決まった日課を厳しく守り続けた結果だといいます。毎朝6時に起床して8時まで科学研究を行い、日中は仕事と科学アカデミーの各委員会、夕方7時からの3時

＊貴族と再婚
［仏国］1758－1836。マリー・アンヌ。13歳でラボアジェと結婚。『化学原論』で挿絵を担当。自宅サロンは、ラボアジェの断頭台の悲劇の後も続き、英国王立研究所創設者のラムフォード伯爵と再婚。

間は科学の研究をしました。日曜日は、自分の実験日としていました。

■ラボアジェの仕事①（元素論を打ち壊す）

ラボアジェの研究方法は、思惟ではなく実験でした。とくに化学天秤*を絶対的に信頼していました。彼はそれまでの四元素論のように、水、空気、土、火が元素だとは考えませんでした。今では当たり前のことですが、水を沸騰させると消えてなくなり、わずかな土（固形物）になる現象を、水が土に変わると考えるのがそれまでの認識でした。

これに対してラボアジェは、ペリカン*と呼ばれる密閉容器の中で水を沸騰させ、水蒸気を回収すると、元の質量と変わらぬことを見い出します。質量保存の法則*です。

■ラボアジェの仕事②（打倒フロギストン）

ラボアジェは、ペリカン実験の余勢を駆って、鉛の加熱実験

*化学天秤
パリの芸術工芸博物館には、ラボアジェの研究室が再現展示されている。筆者は2017年に訪れているが、化学天秤が写真では不明瞭だ。上皿天秤だったのか精密化学天秤だったのか、もう一度確かめに行きたい。

*ペリカン
ペリカンのくちばしのような気体凝集装置。これは筆者が撮影した展示室の写真に写っていた。ラボアジェが使っていたのは（たぶん）銅製のもの。書籍にはスケルトンで描かれているので、ガラス製であると勘違いしてしまう。

*質量保存の法則
化学反応の前後では、質量が変化しないと計測結果より導いた。今では当たり前に見える法則も、ラボアジェ以前は質量が普遍ではなかった。後に、アインシュタインがこの考え方は古く、質量は変化すると言い出した。

をします。密閉容器の中で加熱された鉛は、シュタールらが言うように、フロギストンを吐き出し灰になります。でも、不思議なことに、その灰化は途中で止まってしまいます。どこかおかしいのです。

フロギストン説では、加熱し続けている間、鉛からフロギストンが出続け、密閉容器の中の空気に取り込まれていなければなりません。鉛と鉛灰の重量は増えています。でも、密閉容器の総重量は変わりません。しかも、密閉を外すと、空気を吸い込みます。つまり、鉛から何かが出てきたのではなく、何かが鉛に入った*ことを証明します。

ラボアジェは後に、この状態の空気を**脱フロギストン空気***とし、鉛に入った空気中の気体を「酸素」と名付けます。

■ラボアジェの仕事③（化学物質の名称統一）

それまでの化学名称は、大昔から使ってきた名称を慣習的に使っていました。慣習的な名称は、化学を混乱させます。ラボ

＊**何かが鉛に入った**
鉛と空気を封じ込めていた密閉容器を加熱反応後に開けると、空気を吸い込む。吸い込んだ体積の空気は、鉛に入り込んだとしか考えられない。

＊**脱フロギストン空気**
フロギストン説では、物体からフロギストンが出ていくので燃焼が起こる。密閉容器ではフロギストンが一杯になると燃焼が止まる。酸素（と名付けられた空気の一部）を密閉容器に入れて物体を燃焼させると、いつもより激しく燃える。これは酸素が、フロギストンをたくさん蓄えられる、つまりフロギストンが欠乏している空気だと考えた。

アジェは、1787年に『化学命名法』を刊行し、すべての化合物を慣習名ではなく、構成元素で記述することを提案します。こうすることで、実験を科学にできます。彼は2年後の1789年、『化学原論*』で、ついに化学用語の基礎となる元素を定義しました。

■革命と科学の犠牲

1789年は、化学の革命以外に、もう一つの革命の年でもありました。マルセイユから歌いながらやってきた人々はバスティーユ監獄に襲いかかり、フランス革命が始まります。ルイ16世がギロチン刑に処せられ、**共和制**が宣言されました。

そんな中でも、ラボアジェは科学の啓蒙活動を進めていました。しかし、革命の嵐は、ラボアジェにも襲いかかります。きっかけは、革命前の科学アカデミーが行った、アマチュア発明家の科学上の解釈の些細な誤りの指摘です。相手は恨みを忘れませんでした。ラボアジェは、科学アカデミー会員であり、徴税

＊化学原論
期待させて悪いが、当時の科学知識では仕方ないが、いただけない。自然界にある元素は、光、熱、酸素、窒素、水素、非金属元素、金属元素と続き、最後は土元素！　ライムやマグネシア、アルミナなどの5つが土元素。

請負人であることを理由に、恨みを根に持った人物によって弾劾され、裁判にかけられました。

裁判官は「共和制に化学者はいらぬ*」と死刑を宣告し、ラボアジェはギロチンにかけられます。科学アカデミーの責任者としての誤謬指摘と昔の職業が、化学の革命者ラボアジェの命を奪いました。

▪ラボアジェ▪

⦿ボルタ電堆

■電池と電堆

電池は、化学反応や物理反応のエネルギーを、電気エネルギーに変換する装置のことです。電堆は、「でんたい」と読み、ほとんどの場合は「**ボルタの電堆**」という熟語で語られます。では、ボルタの電堆とは何でしょう。

ボルタの電堆は、1800年にイタリアの物理学者**アレッサ**

＊共和制に化学者はいらぬ
徴税請負人のラボアジェは、自首するが投獄される。革命裁判所の審判では、フランス人民に対する陰謀で死刑判決が下され、裁判官からこのフレーズが出る。即日ギロチン処刑されるが、35分間で26人の超過密スケジュールだった。

ンドロ・ボルタが作った電池のことです。ボルタの電堆は、亜鉛板と銅板を交互に積み重ね、柱状にしたものです。何かに似ていますね。そうです、人間の背骨の脊椎です。電堆も脊椎も、重なったものを指します。ボルタは、2種類の金属を重ね合わせると電流が流れることに気づき、電堆を作りました。電堆も広い意味では電池のことです。でも「ボルタの」という枕詞がつくと、「電堆」がふさわしい表現になります。

ここからは、ボルタの生涯と、ボルタの電堆が金属へ果たした役割についてお話しします。

■ボルタの生涯

ボルタが電池を発明するはるか以前から、人類は電気の存在を知っていました。ただし、摩擦などで物質に溜まる静電気です。スマートフォ

▪ボルタと電堆▪

ンの表面にガラスカバーを付けようとすると、ホコリが吸い付いて貼り付けに失敗しますが、これはスマートフォンに溜まった**静電気**がホコリを吸い付けるからです。古代から人々は、稲妻は知っていました。しかし、稲妻が電気だと判明するのは、1752年の米国のフランクリン*の凧揚げまで待たなければなりませんでした。

1775年にボルタは、絶縁体の柄（え）を持つ金属板をエボナイトの盆（ぼん）に載せてて、静電気を集める「**電気盆**」を考案しました。一方、1791年にイタリアのルイージ・ガルバーニ*は、解剖したカエルに2種類の金属を当てると足が痙攣することについて、いわゆる**ガルバーニ電気**を主張しました。カエルの体には、電気を作る性質があるというわけです。

これに対して、ボルタは「そんなばかな」と、生物体が電気を作ったのではなく、2種の金属の接触で電流が流れて痙攣したのだと主張しました。同じイタリア人同士で電気論争が勃発です。そこでボルタは、1800年に銅を陽極とし、亜鉛を陰

＊フランクリン（人名）
［米国］1706−1790。ベンジャミン・フランクリン。1776年の米国独立宣言の起草委員。1752年、雷雲中にタコを揚げ、ガラス瓶の内外に錫箔を貼り付けたライデン瓶に電気を貯める実験をして、雷が電気だと証明した。

＊ガルバーニ（人名）
［伊国］1732−1798。ルイージ・ガルバーニ。カエルの解剖で、筋肉が震えるのを観察し、電気を発見。ただし、神経が電気を運んで来る動物電気、生体電気とした。これがガルバーニ電気である。ボルタは逆に、電気が通ったためと考えた。

極として、希硫酸を電解液としたボルタ電堆を作って、ガルバーニを論破します。論争に勝つための発明こそが、ボルタの電堆でした。

ボルタの電堆の発明の知らせは、ヨーロッパの科学者たちに科学的興奮を引き起こしました。多くの人が同様の実験を行い、再現性を確かめました。これが、**電気化学**という新分野の発展につながりました。

■ボルタの影響

ボルタは、当時フランスの第一統領になっていた、新しいものが大好きのナポレオンに気に入られて、1801年にフランス科学アカデミーで発明の実証実験をするように招待*されます。実はこのとき、まだ若かった英国の**ハンフリー・デービー***が、招待状が無いのに実証実験の会場に潜り込んで、ボルタの実験を目の当たりにします。

デービーは、ボルタの電堆の可能性を感じながら、英国に帰

＊**実証実験をするように招待**
ナポレオンはボルタの発明を絶賛し、1801年の科学アカデミーでの講演をボルタに依頼した。接待役は、シャルルの法則のジャック・シャルル（1746－1823）。シャルルは、数日間の博物館めぐりに付き合わされた挙げ句、講演の前日の晩にボルタから突然、「明日までに、分厚い銀と亜鉛の板が32枚ずつ必要だ」と言い出されてしまう。前日に言うか普通？　稀代の苦労人シャルルの奔走の夜が始まった。

＊**ハンフリー・デービー**（人名）
銀板、亜鉛板を求めて国庫や問屋を探し回り、ドタバタ状態のシャルル。その彼につきまとうのが、後にラボアジェ未亡人と結婚した、英国ラムフォード伯爵の推薦状を持つ若き英国人デービー。シャルルの後ろについて、首尾よくアカデミーに潜り込む。

国します。その年、英国王立研究所の教授になった彼は、ボルタの電堆の話題を公開講義で話し始めます。そして、ボルタの電堆をスケールアップし、最終的には千対の異種金属を組み合わせた、強力な電堆を作り出します。

1807年から1808年にかけて、デービーは、塩を高温にして溶かし、溶融塩を強力なボルタの電堆で電気分解を行う「**溶融電解装置**」を作りました。そしてこれを駆使して、怒涛の新金属発見を開始し、何と6種類の新金属を発見する成果につなげました。

1813年にデービーは、フランスでナポレオンから電気分解の成果による勲章を授与*された後、その足で助手のファラデーと共にイタリアのボルタを訪れます。ボルタは、ナポレオンにより伯爵に任ぜられていました。二人を伯爵の礼装で迎えたボルタについて、1812年にデービーの助手になったばかりの若きファラデーは、「年配ながらかくしゃくとしており、気さくに話をする人」と、日記に記しています。ファラデーは

＊**勲章を授与**
1807年、英国のデービーは、ナポレオンからボルタ勲章を授けられる。ボルタ勲章は、1801年に創設。米国のフランクリンレベルの電気関連の発見に贈られるもので、3万フランの副賞を伴う。デービーは、1813年のナポレオン戦争の最中に受け取りに行った。デービーを推薦したのは、ラボアジェ夫人と再婚した、英国王立研究所創設者のラムフォード伯爵。昔の部下に対して、面倒見が良いことこの上ないが、まあご愛嬌。

日記魔だったので、彼の日記により当時の様子を生き生きと伺い知ることができます。

ボルタの電堆は、1836年まで電気分解の研究で活用され、新金属単離などに使われました。なぜ1836年までなのかというと、その年に英国のジョン・ダニエル*が、ボルタ電池の問題点を改善した**ダニエル電池***を発明したからです。

⦿アイアンブリッジ

■アイアンブリッジとは

アイアンブリッジは、1779年に英国の中西部のセバーン渓谷にかけられた、長さ約60mほどの鉄製の橋です。世界初*の鉄製の橋ですが、正確には世界初の鋳鉄（ちゅうてつ）製の橋です。鋳鉄は、溶鉱炉から出てきた溶けた銑鉄（せんてつ）を、鋳型（いがた）に流し込んで作ります。アイアンブリッジは、パーツを組み合わせて作ってあるので、見た目はバカでかいプラモデルのような印象です。

＊ジョン・ダニエル（人名）
［英国］1790－1845。ダニエル電池の発明者。

＊ダニエル電池
ボルタ電堆は、銅と亜鉛の電極の組み合わせだが、銅極の表面に水素が発生し、分極を起こして、すぐに起電力が無くなった。ダニエル電池は、素焼きの容器で銅と亜鉛を分離し、水素を発生させない構造。安定した電池になった。

＊世界初
世界初の鉄の橋など、世界中を探せば「俺が一番」と主張する橋が出てくるかもしれない。しかし、ユネスコ世界遺産に「世界初」と登録されているので、一番古いとしておく。

鉄が貴重な時代に、鉄の橋など盗まれてしまうのでは、と心配になる人もいるかもしれません。でも、あんなに大きくて重いものを背負って逃げるのはムリです。橋を盗むくらいなら、鋳鉄で作られた芸術品顔負けの精密鋳造家具を盗んだ方が効率的でしょう。実は筆者も、現地を見るまでは、橋泥棒*を心配していました。

■アイアンブリッジ峡谷

筆者は、2019年にアイアンブリッジの調査に行きました。電車とバスを乗り継ぎ、最後は徒歩で向かいました。橋があるセバーン渓谷は、渓流では鴨が遊び、岸辺は夏草が覆い、涼しげな日陰をそこかしこに作っています。アイアンブリッジは、観光地となっていました。

昔は橋を渡るには料金が必要で、チャールズ国王も昔0・5ポンド支払って渡ったそうで、写真が飾ってありました。写真の説明文には、「今では誰でも、牛でも馬でも犬でも、無料で

*橋泥棒
童謡『ロンドン橋落ちた』の歌詞で、「鉄や鋼で作りましょう」と職人が言うと、「曲がるので嫌だ」と奥様が言う。「じゃあ金や銀でもいいかな」と嫌がらせを言うと、「盗まれないように、番人を置いて、居眠りしないようにタバコで眠気を覚まさせなければならない」そうだ。なお、ロンドン橋は石造りで、鉄や鋼の橋は歌詞の中だけの話。金銀も童謡、いや同様。

渡れます」と書いてありました。

■観光目的

実は、アイアンブリッジは観光のために作られたと言うと、そんな馬鹿なとの声が聞こえてきそうです。しかし現地に行って記録を読むと、この橋はダービー3世が作った銑鉄製品の実物展示であり、ここを訪れる英国紳士淑女の馬車が軽やかに行き来できるよう、観光地として企画されたようです。

橋の設置場所も、橋の姿が一番優美に見える場所が選ばれました。「開業6か月前から風景画家を雇い、ロンドンで一大宣伝を仕掛けた」とありました。

▪アイアンブリッジ▪

■橋の部品が作られた場所

アイアンブリッジは、1779年、銑鉄を鋳込んで作った鋳鉄製の部品を組み立てて作られた橋です。でも、それらの部品が、約1マイル以上も離れた**コールブルックデール製鉄所**で鋳込まれたものかどうかは、確証がありません。アイアンブリッジからコールブルックデール製鉄所まで歩いてみましたが、坂道もあり相当な難路でした。

この工場で鋳込まれたという根拠は、橋に「コールブルックデール設置、1779年」と書いてあることです。しかし現地での研究結果によると、「コールブルックデール」は、今でこそ製鉄所のある場所の名称ですが、18世紀当時は渓谷全体の名称だったということです。

実は1770年代後半、ダービー家は3つの炉を保有していました。橋から1マイル離れた所にある「コールブルックデール炉」、3マイル離れた所にある「ホースヘイ炉」、セバーン川に沿って橋から460mほど下った所にある「**ベドラム炉***」

*ベドラム炉
アイアンブリッジからセバーン渓谷沿いに数百m行くと、マデリーのベドラム炉の跡が残っている。巨大なレンガ作りの構造物で、1757年に大規模な高炉が2基建設された。土地の石炭と鉄鉱石を使って、鋳鉄を大量に生産した。

です。筆者がベドラム炉のあった場所に行ってみると、山の斜面沿いに製鉄所跡が残っていました。アイアンブリッジの構成部品であるハーフリブは、長さが21・3m、最大で6t近い重さです。さて、どこから運んできたのでしょうか。

1785年、フランス人の訪問者がこう述べている記録があります。「私たちはまず鋳物工場に行きましたが、そこでは鉄が使われていました。ここで橋は作られました。この場所にはセバーン川が流れています」。

現地の資料には、こうも書かれていました。「ダービーが3つの炉で、数か月かけて銑鉄を鋳造した可能性があります。橋には384tの鉄が必要でした。おそらく通常の商売を止めて生産したのでしょう。そしてどの製鉄所の炉も、4t以上の製品を鋳込むには十分ではありません。銑鉄を集積して一度に大量の鉄を溶かす必要がありま

■橋のすぐそばにあるベドラム炉跡■

した。それには専用炉が必要で、ベドラム製鉄所かその近くに炉を作り、鋳込んだことでしょう。いずれの場所でも大変な労力を要したことでしょう」。

製鉄所がある対岸から積出港がある対岸まで、橋ができるまでは船で運んでいました。ところが、セバーン川の水位は、冬は上昇し、夏は川底が見えるといいます。

通行に支障があるというので、橋をかけました。橋の建設に伴い、渡舟への保証も大変だったような記述もありました。

■セバーン川

セバーン川は、ウェールズの森を水源にしていて、比較的変動が少ないといいます。ダービー一族の屋敷が博物館*になっていて、説明のおばさんに「この川は洪水がないんですか？」と質問したところ、「過去

■セバーン川にかかるアイアンブリッジ■

に3回ある。1722年、1728年、そして3年前だ」と、何だかすごい尺度の答えが返ってきました。

橋は無骨ですが、ガッシリしています。橋の下を通る遊歩道から手を伸ばせば、触ることもできます。腐食跡は若干見られますが、しっかりしたものです。橋の色は赤色ですが、これは建設当初に決めた塗装の色だそうです。締結は筆者の大好きなリベット止めでした。

◉パドル炉

■銑鉄と錬鉄のアンマッチ

コークス高炉よる銑鉄の生産量が爆発的に増大してくると、銑鉄を錬鉄に仕上げる操業が追い付かなくなってきました。

ここで「製錬」と「精錬」の意味を説明しておきます。製錬は、主に鉱石から金属を取り出す操作をいいます。だいたい高温状態で、木炭や石炭から発生する炭素や一酸化炭素によって鉱石

＊ダービー一族の屋敷が博物館
ダービー一族は結束が固く、クエーカー教徒で身の回りを飾らない。執務室は最近流行のミニマリストの部屋さながら。屋敷の一室は、世界中のクエーカー教徒と情報交換でき、世界規模で仕事をする空間だった。

の酸素を取り除き、金属を取り出す操作です。精錬は、金属になった後、その性質を整えるため、不純物や異物を取り除く操作です。製錬炉は鉱石を溶かし、精錬炉は金属を溶かす、と考えればわかりやすいかもしれません。

■ **精鉄炉**

18世紀半ば、銑鉄から錬鉄を得るためには、精鉄炉の使用が一般的でした。炉の中で銑鉄が部分的に酸化され、それを同じ炉内で再溶解しました。これを何度も繰り返すと、銑鉄から炭素が完全に抜け、海綿鉄状の錬鉄になり、これをハンマーで叩いて成形していました。しかし、得られた錬鉄は生産性も品質も悪く、時代の要請に応えられていませんでした。

■ **パドル法誕生**

銑鉄を錬鉄に仕上げる精錬過程の改良は、18世紀後半に始まりました。1766年に英国の現場労働者であったクラネージ

▪銑鉄▪

兄弟が、精鉄炉を反射炉に改造することを提案します。精錬の際、金属を燃料から分離するために、反射炉の溶融室と燃焼室を火橋と呼ぶ仕切り壁で区切りました。

この反射炉によって、精錬の際に燃料から金属に入り込む硫黄の量が非常に少なくなり、精鉄炉よりも安定して均一なスラグが作れるようになりました。金属とスラグをよく接触させるには、絶えずかき回す必要がありました。このかき回しを「**パドリング**」と呼ぶことから、パドル法と呼ばれました。

■ヘンリー・コートの改良

パドル法が広く知られるようになったのは、英国の発明家ヘンリー・コートの改良からです。コートは自分の発明の特許を1784年に獲得します。コートの方法は、高い煙突を採用することで送風をやめ、パドル法を簡単にしました。

コートのパドル法の工程は、3つに分かれています。まず、不純物を含んだ銑鉄を砕き、小塊にして加熱します。炭素の一

■錬鉄（パドル鉄）■

部はこのとき除かれます。次に、これを鉄の酸化物をたくさん含んだスラグと一緒に、反射炉の中に入れます。

銑鉄が溶融し始めると、炭素が直ちに酸素と結合します。反応を促進するために、溶融した金属を強くパドルでかき混ぜます。こうすると、一酸化炭素の燃焼で青白い炎を出しながら沸騰が起こります。火力を強くしたり弱くしたりして、白熱するまでかき混ぜると、純粋な金属が海綿鉄の形で少しずつ集まってきます。

この海綿鉄を炉から取り出し、ハンマーで叩いてスラグを押し出し、最後にローラーで圧延します。圧延ローラは、コートの最も独創的な発明です。これを使うことで、海綿鉄をハンマーで叩くという骨の折れる作業が大きく短縮され、短時間に大量の錬鉄を作ることができるようになりました。

■パドル法を試す

筆者は2019年、英国のテルフォードにあるビクトリアンタウンを訪問しました。ここでは、パドル炉の実物と圧延機を当時の状態で見ることができました。

小塊の銑鉄をパドルでひっくり返すのは、本当に力のいる作業でした。反射炉に火は入っていませんでしたが、炉の前に立つと、パドルを持つ手や顔に「熱い！」という感覚が襲ってきました。また、パドル炉の前でパドルを持ち上げてみましたが、重いこと重いこと。数mもある太い鉄棒を使ってこね回していたのです。昔の製鉄マンは、きっと力持ちばかりだったんでしょうね。

■銑鉄・錬鉄、そして鋼鉄

パドル炉でできる鉄は錬鉄です。当時は、炭素の多い銑鉄か、炭素の少ない錬鉄しか、工業的に得られませんでした。強靭な性質を持つ、炭素が適度に入った鋼鉄の大量生産までには、もうしばらく待たなければなりませんでした。

▪パドル炉▪

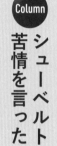

シューベルトは騒音に苦情を言ったか？

2012年頃、一通のメールをいただきました。

「こんにちは。私は音楽大学で教えている者です。シューベルトが楽曲『鱒(ます)』を作曲した場所は、ドイツのシュタイアーです。シューベルトは「天国のように美しい場所」と書いていますが、当時は、製鉄所がガッコン・ガッコンと騒がしかったのではないでしょうか。あの美しい曲が作られた当時のシュタイアーは、どんなところだったんでしょうか。想像すると夜も眠れません」

「ご安心ください。当時の製鉄所は川辺にあり、送風に水車駆動のふいごを使っていました。ですから、ガッコン・ガッコンではなくて、コットン・コットンでしたよ」

「ありがとうございました。シューベルトを歓待したパウムガルトナー氏も、目ざとく製鉄業のイケイケ感を味わっていたのではないかと推察しました。その高揚感が、ひょっとしたらシューベルトの音楽にも反映されている感じがします。お手紙から、水車が回る天国のような風景を空想しました」

不眠治療に貢献できたかもしれません。

■シューベルトの「鱒」の作曲場所■

WORLD HISTORY OF METALS

第7章

金属の胎動――産業革命への歩み

金属の利用(続き)

アルミニウム

1827年 ヴェーラー、アルミニウムの単独分離1828年 ロシア冶金学者アノーソフ、ファラディの論文で、ダマスカス鋼の研究を開始

1864年 パーシー『冶金学・鉄と鋼』を著す。原始製鉄として赤鉄鉱、褐鉄鉱の還元法を論じる【英】

金属組織

1865年 ソルビー金属組織の顕微鏡検査【英】

メンデレーエフ

1871年 メンデレーエフ、未発見元素の予言(K、Ge)【露】

鉄の利用

1803年 フランス最初の鋳鉄橋、ルーブル橋

リエージュ大砲鋳造所

1803年 ベルギーリエージュ大砲鋳造所フランス艦隊の36ポンド砲3000門受注

トタン

1805年 シルベスター、ホプソン、鉄に亜鉛メッキ(とたん)【英】

クルップ

1811年 フリードリヒ・クルップ、るつぼ製造の鋳鋼工場の設立【独】

ラッダイト運動

1811 年ラッダイト運動起こる【英】

ヒュニゲン「鉄貢編」

1814年 ベルンハルト・ガルステン『鉄冶金学綱要』第1版、第3版が『鉄貢編』大島高任の高炉建設に繋がる

1814年 英国ジェームス・ストダード、ウーツ鋼から焼入れした鉄で鋭いペンナイフを作る【英】

鉄の利用(続き)

レオミュール

1822年 レオミュール「鍛鉄を鋼に変える方法」「鋳鉄を可鍛性にする方法」【仏】

ロイク国立大砲鋳造所

1826年 Ulrich Hugueninの『ロイク国立大砲鋳造所における鋳造法』大島高任が『西洋鉄熕鋳造編』

高炉熱風炉

1828年 ジェームス・ボーモン・ニールソンが高炉の熱風炉築造発明【英】

1837年 米国産業革命【米】

ブンゼン

1838年 カッセル工業学校教官のブンゼンがヴェッカーハーゲン製鉄所の高炉で実験。炉内反応を明らかにし、予熱帯、還元帯、溶融帯を区別【独】

ゴールドラッシュ

1848年 カリフォルニア州で金鉱発見、ゴールドラッシュ【米】

ベッセマー転炉

1856年 ベッセマー転炉(酸性炉)開発。溶けた銑鉄に空気を転炉炉底から吹き込むと脱炭して製鋼【英】

蓄熱炉式加熱炉

1856年 ル・シャトリエ【仏】、シーメンス兄弟【独】、蓄熱炉式加熱炉発明

鉄血演説

1862年 宰相ビスマルクの鉄血演説【普】

クルップ砲

1867年 クルップの大砲、パリ万国博覧会に出展【独】

年表5<1800-1880>

AD1800

第二次・元素発見ラッシュ

鉄生産は大砲と刃物へ

鋼合金とアルミニウム

AD1840

高炉操業の理論と改善

周期表の発見と鉄血演説

製鋼法の死闘

AD1880

金属の利用

1800年 ボルタ、蓄電池発明【伊】

1803年 W. H. ウォーラストン、白金鉱石よりロジウム、パラジウム発見【英】

1803年 スミソン・テナント、白金鉱石よりイリジウム、オスミウム発見【英】

デービー

1807 -1808 デービー電解法によるナトリウム、カリウム、カルシウム、ストロンチウム、バリウム、マグネシウムの単離【英】

1808年 オーストリアのウィッドマンシュテッテンは、アグラムとエルボーゲンの隕鉄をカットし研磨エッチングすると模様が浮き出す記述をフォン・シュライバーの本に掲載

ベルツェリウス

1813年 ベルツェリウス、アルファベット文字による元素記号【典】

ファラディ

1819年 ファラディ「ウーツもしくはインド鉄の分析」【英】

1820年 ファラディ「改善視点での鋼の合金実験」【英】

ダマスカス模様

1821年 仏国造兵廠技師ブレアン、鋼のダマスト模様に関する研究発表。亜共析、共析、過共析のメカニズムを提唱【仏】

1821年 仏国ペリチェ複合酸化物を還元して、直接鉄クロム合金鋼を作り、耐食性を有することを見出す【仏】

鋼の合金

1822年 英国マイケル・ファラディ「鋼の合金について」でクロム鋼を発表改良【英】

▼

7-1 〈1800－1820〉元素と刃物――電気利用で第二次元素発見ラッシュ、鉄は刃物と大砲へ

◉年代解説

1800年－1820年は、金属の利用では、電気分解による金属元素発見ラッシュと、エースの登場が注目すべき点です。鉄の利用においては、大砲の製造が、鋳造と新興製鉄会社の勃興を中心に進みます。

■金属元素発見ラッシュ

金属元素発見ラッシュは、具体的に以下のようなものでした。

1803年に**ウォラストン***がロジウムとパラジウムを、同年に英国の**スミソン・テナント***が白金鉱石よりイリジウムやオ

*ウォラストン（人名）
［英国］ウイリアム・ウォラストン。1766－1826。白金鉱石の分析をしていて、新元素のパラジウムとロジウムを発見する。太陽光スペクトルに暗線があり、太陽の構成元素が放射光を吸収していることを見い出す。

*スミソン・テナント（人名）
［英国］1761－1815。白金鉱石の残渣から、イリジウムとオスミウムを発見する。ダイヤモンドが炭素であることを証明する。英国の大学教授だったが、仏国のブローニュの森で落馬して死亡する。

スミウムを、1807年から英国の**デービー**＊は電解法によってナトリウム、カリウム、カルシウム、ストロンチウム、バリウム、マグネシウムの6種類を単離します。

■金属学の進化

1808年、オーストリアの**ウィッドマンステッテン**＊は、隕鉄をカットして研磨エッチングすると、模様が浮き出すことを記述しています。元素の記述に関しては、大きな改善があります。1813年、スウェーデンの**ベルツェリウス**＊が、元素についてアルファベット文字を当てはめました。

この時期、**ファラデー**は、金属に関する研究を集中的に行っています。1819年から1922年にかけて、6つの論文を作っています。

■鉄の進化

鉄の利用では、1803年にベルギーの**リエージュ大砲鋳**

＊**デービー（人名）**
［英国］1778－1829。サー・ハンフリー・デービー。初代準男爵に叙せられる。王立研究所、王立学会。電気分解で金属元素を6つ発見する。ファラデーを見い出した。鉱山で安全に使えるデービー灯の発明者。

＊**ウィッドマンシュテッテン（人名）**
［オーストリア］1753－1849。アロイス・ウィッドマンシュテッテン。鉄隕石の断面を火であぶると、不思議な模様が浮き出すことを発見し、この構造に彼の名が冠された。

＊**ベルツェリウス（人名）**
［スウェーデン］1779－1848。イェンス・ベルツェリウス。元素記号について、現在でも使われているアルファベットで記述する方法を提唱した。セリウム、セレン、トリウムの発見者で、近代化学理論体系を作り上げた。

造所＊が設置されています。1811年、独国の**フリードリヒ・クルップ**が、るつぼ製造の鋳鋼工場を設立します。同年に英国では、機械に仕事を奪われたと、蒸気機関などを打ち壊す**ラッダイト運動**＊が発生しました。

1814年、英国のジェームス・ストダードは、ウーツ鋼の再発見をします。このウーツ鋼の製造改良が、ファラデーの初期の金属研究の原動力になりました。

この時期の著作で重要なものは、1814年に**カルステン**が著した『鉄冶金学綱要』です。これが後のオランダ人**ヒュゲニン**＊『鉄貢編』になり、大島高任の高炉建設に活用されることになります。

⊙デービー

■英国科学界のスーパースター

世界で一番多くの金属元素を発見した人は誰でしょう？　そ

＊リエージュ大砲鋳造所
リエージュはベルギー語の地名。オランダ語ではロイク。1815年にオランダ領となったので、日本ではロイク大砲鋳造所で知られる。リエージュは、欧州大陸における産業革命が始まった場所で、重工業が盛んだった。

＊ラッダイト運動
産業革命で機械使用が増えてくると、手工業者や労働者が失業を恐れて、機械打ち壊しを行った。資本家に対する労働運動という見方もある。ラッダイトの意味は不明であるが、初めて機械設備を壊した若者の名前という説もある。

＊ヒュゲニン（人名）
［オランダ］1755－1834。ユーリッヒ・ヒュゲニン。ロイク王立大砲鋳造所所長時代に、大砲鋳造法を著す。時代に翻弄され、オランダ砲兵、砲工兵学校校長、フランスに負けるとプロイセンの砲兵、その後、オランダ砲兵、フランス砲兵、ベルギー砲兵、最後はオランダ所長となる。根っからの大砲屋。

れは、英国の**ハンフリー・デービー**です。デービーは、英国王立研究所*のスター講演者で、戦争中に仏国のナポレオンから「科学の発展に寄与した」と勲章をもらった英国人科学者です。元素6種類を発見したスーパースターです。

1798年に苦学して医療研究所での職を得て、その後、王立研究所の創設に伴い、1801年に化学分野の研究者として着任します。化学史、金属史の中では、同時代のスウェーデンの科学者ベルツェリウスの競争相手で、小僧っ子のファラデーを拾い上げて育てた兄貴分です。

■電気分解

時代は、ボルタの電堆が発明されたことにより、電気分解が流行り始めていました。英国王立研究所は、大衆に向けての科学知識の普及を目的としていました。1801年4月、デービーは「**ガルバニズム**＊」の比較的新しいテーマについて、最初の講義を行いました。

＊**英国王立研究所**
1799年設立、科学教育と研究機関。科学者のラムフォード伯ベンジャミン・トンプソンらが資金を集め設立。経営会員からの会費と講義への参加料で運営した。デービーやファラデーを輩出する。ちなみにラムフォード伯は、仏国に渡り、ラボアジェ未亡人と結婚する。ナポレオンにデービーへの科学メダル授与を推薦した。

＊**ガルバニズム**
ボルタによって命名された化学作用によって発生する電流のこと。

デービーの講義には、科学的な情報とともに、壮大で時には危険な化学実験が含まれていました。若くてハンサムなデービーの講演は、女性陣にも人気を博しました。1802年、デービーは、英国王立研究所の教授に指名されます。

■元素発見ラッシュ

デービーは、英国における電気分解の第一人者になっていきます。ボルタの電堆を使用して*溶融塩を電気分解し、1807年にカリウムとナトリウム、1808年にバリウム、カルシウム、ストロンチウム、マグネシウムを分離します。1809年には、ホウ素の単離にも成功しています。

彼は、ホウ素を除き、未知の元素を2年間で6種類も発見します。こんなにたくさんの元素を発見した科学者は、デービーただ一人です。

＊ボルタ電堆を使用して
1801年、ボルタ教授は、ナポレオン執政官の要請によりパリのアカデミーにて、ボルタ電堆の公開講座を行った。若きデービーは、この講座に招待状も無く潜り込み、電気の可能性に開眼する。そして彼は英国に戻り、ボルタ電堆を作り始め、最終的に千対の巨大な強力電堆を作り上げた。塩を高熱で溶かして電気分解するアイデアは、デービーが考えついたもの。カリウムの分離に成功すると、後は溶融塩の種類を変えるだけで、一気に新金属の分離を果たしていった。

■実験室の事故

絶好調のデービーでしたが、1813年、実験室の事故で指と目に重傷を負います。**三塩化窒素***を製作中に爆発したのです。

と、ここまで書き進めてきて、ある記憶が蘇りました。それは、筆者が高校2年生、文化祭の出し物を作っていたときのことです。化学実験部だった筆者は、三ヨウ化窒素*を合成していました。ろ紙に塗って床にまいておけば、ろ紙がパンパンと爆発で舞い上がるという出し物です。ろ紙の準備が終わり、実験器具を洗おうとビーカーを手に持った瞬間、ビーカーが破裂しました。三ヨウ化窒素を溶かした溶剤がいつの間にか乾いていて、ほんのわずかな振動でも爆発する状態だったのでした。幸い手袋とゴーグル、白衣を着用していたことに加え、残量がわずかだったこと、洗面槽が深かったことで、事なきを得ました。

デービーはこの怪我により、実験を自分で行うことを諦め、

＊三塩化窒素
三塩化窒素は有機化合物に触れると爆発する。デービーは当時、爆弾の起爆剤の研究をしていた。後に助手に採用されたファラデーも実験に立ち会っており、友人に出した手紙の中で、「また実験中に爆発が起きたが、僕の怪我はデービー先生よりもひどくなかった」と記している。

＊三ヨウ化窒素
ヨウ素をアンモニアに溶かすと、三ヨウ化窒素が簡単に生成する。ヨウ素は溶けにくいため、ヨウ化カリウムも入れた記憶がある。反応物をろ紙で集め、湿った状態でろ紙に塗って、床にばら撒くと出来上がり。高校理科実験の定番で、あの「パン！」に驚いた人もいるだろう。理科設備がなければ廃液処理もできないので、絶対に真似しない方がよい。

たまたま弟子入りを希望してきたマイケル・ファラデー*を助手として迎え入れます。この事故がなければ、ファラデーが世に出ることはなかったかもしれません。

それにしても、似た物質を合成していて爆発事故を経験した身としては、今さらながら冷や汗が出る思いがします。「デービーさんよ、お互い気をつけなあかんなあ。怪我したらシャレにならんで」と声をかけたい気分になります。

■大陸旅行

1812年、デービーは、貴族に叙せられ、王立研究所を退き*、結婚して、執筆に専念します。1813年、デービー夫妻は、助手兼下僕としてマイケル・ファラデーを伴い、仏国に渡ります。彼の電気化学の成果に、ナポレオンがメダルを授与するためでした。両国は戦争の最中です。パリに到着すると、ナポレオンの招待者のデービーは、仏国の一流科学者のもてなしを受けます。

＊マイケル・ファラデー（人物）
［英国］1791－1867。電磁気や電気化学の草分け。デービーに見い出され、1813年に王立研究所の化学助手となった。その年から2年間、デービー夫婦と一緒に欧州を旅行し、帰国後の数年間は鉄合金の研究に従事した。

＊王立研究所を退き
正確には、1812年に貴族叙勲と結婚、1812年末にファラデーと知合い、1813年1月に爆発事故で怪我、3月初めにファラデーを採用、4月に退職するという超過密スケジュールだった。

ライプツィヒの戦い＊に破れたばかりのナポレオンには会えませんでしたが、マルメゾン城でジョセフィーヌ皇后＊を訪問します。パリからイタリアへ移動し、フィレンツェでデービーは、太陽の光線を使ってダイヤモンドに点火することに成功し、ダイヤモンドが純粋な炭素でできていることを証明しました。

■その後のデービー

1815年にイギリスに戻った後、デービーは炭鉱で安全に使用できるデービーランプ＊を開発します。

デービーの失敗談も、一つ紹介しておきましょう。英国海軍の船は、貝の付着防止を目的として、1761年から銅メッキをしていました。しかし、海水で銅が腐食することから、デービーに相談がありました。デービーは、亜鉛や鉄を用いて**犠牲防食**を行うことにしました。犠牲防食とは、銅よりも先に腐食される金属をつないでおくことです。ところが、銅の腐食はな

＊**ライプツィヒの戦い**
1813年、ナポレオンの仏国軍と、プロイセン、オーストリア、スウェーデン連合軍が戦い、仏国は敗北した。失意のナポレオンのパリ帰還に、デービー一行は出くわす。この敗北により、対仏大同盟が発足し、仏国の勢いは衰える。

＊**ジョセフィーヌ皇后（人名）**
［仏国］1763－1814。ジョゼフィーヌ・ド・ボアルネ。ナポレオン・ボナパルト（1769－1821）の数奇な運命の最初の妻。ナポレオンが即位すると、「フランス人の皇后陛下」の称号が与えられる。デービー一行が訪れたときは、マルメゾン城で余生を送っていた。

＊**デービーランプ**
炎の周囲を細かな網で覆った、可燃性ガスの環境でも使用可能な安全灯。炭鉱でのガス爆発を防ぐ有益な発明であった。彼はこの発明で多くの人命を救い、平民出身の英国科学者で最高の栄誉である準男爵を受賞する。

くなりましたが、銅イオンが放出されなくなり、貝殻が付着するようになりました。結果として、この犠牲防食は技術的には成功しましたが、すべて取り払われることになりました。

⦿ベルツェリウス

■元素記号の考案

私たちが使っている**元素記号**は、誰が考えたものでしょうか。鉄は「Ｆｅ」、マンガンは「Ｍｎ」などと、アルファベットの大文字もしくは大文字と小文字の組み合わせで書きます。しかしこれは、それほど昔から使っていた方法ではありません。ほんの２００年前まで、元素は丸とか四角などの記号で表していました。ラボアジェもドルトンも、疑いなく記号を使っていたのです。

英国
ハンフリー・デービー
1778-1829

▪デービー▪

現在の私たちが使っているアルファベット文字による元素記号は、1811年にスウェーデンのベルツェリウスが考えたものです。化学者だった**ベルツェリウス**は、塩の電気分解を研究しているうちに、化合物はプラスとマイナスの物質でできていると思い至ります。今で言う、イオン結合物質*です。そこで、電気化学と原子論を組み合わせて、化学結合を説明しようとしたのです。

このとき、1個の金属元素と2個の塩素元素を記述する際に、従来からの記号ではごちゃごちゃして説明しづらいと考えます。そこでベルツェリウスは、文字記号と数字の組み合わせで化合物の組成を表記します。そして、当時知られていた49の元素の原子量を決定します。

■元素の発見

スウェーデンの化学分析手法を会得していたベルツェリウスは、吹管分析を*使い、次々と新たな元素を発見していきます。

吹管分析とは、木炭に固体試料を詰めて、吹管から吹き出す酸

＊**イオン結合物質**
塩化ナトリウムのように、プラスのナトリウムイオンとマイナスの塩素イオンが結晶を作るのがイオン結合。金属には、自由電子の海で結晶を作る「金属結合」と、酸素や窒素のように電子を出し合って結びつく「共有結合」がある。

＊**吹管分析**
鉱物を磨りつぶし、木炭のくぼみに詰める。ランプの炎を吹管で吹いて試料に当てると、木炭から発生する一酸化炭素で還元されて、金属の滴ができる。外観や通電性から金属の種類を特定する。今ではほとんど使われない。

化炎などを吹き付け、試料の変色や溶融状態で成分を判別する古典的な化学分析手法です。

1803年にセリウム、1817年にセレン、1828年にトリウムを発見しました。元素の単離にも貢献し、1823年にケイ素、1824年にジルコニウム、タンタルを単独元素として取り出します。

■ベルツェリウスの著作

著作については、化学年報の編著がありまります。1821年から1848年に発表されたヨーロッパのすべての化学分析分野の書籍、論文に目を通し、コメント付きで編集発行していました。今で言えば、インターネットのまとめサイトを一人で運営していたんですね。

スウェーデン
イェンス・ベルツェリウス
1779-1848

■ベルツェリウス■

⊙ファラデー

■生い立ち

マイケル・ファラデーは、1791年にロンドンの貧しい鍛冶屋に生まれました。学校に通えず、9歳で製本屋の徒弟になり、後に書店の店員になります。仕事の合間には、科学書を読み耽りました。

別の伝記によると、13歳で書店に雇われ、製本の仕事をしたといわれます。昔は、書店で購入した本に革表紙を付ける作業までが、書店の仕事でした。いずれにしてもファラデーは、有名本を読む機会に恵まれていた*ことは事実です。

■科学への情熱

ファラデーの勤勉さに興味を持った王立研究所の会員の好意により、彼は1811年当時、この研究所で行われていたデービーの科学講演*を聴くことを許されました。ファラデーは講

＊恵まれていた
ファラデーの述懐では、化学は「こども向け化学」で勉強し、電磁気学は「ブリタニカ百科事典」で勉強した。

＊デービーの科学講演［英国］
1801年当時、気体研究所で笑気ガスの実験で好評だったデービーは、王立研究所の講演助手として招かれ、新分野の電気分解で講演をする。デービーは女性にも人気で、実験を交えた講演は大成功して、正講演者となる。

演に感動し、科学の研究のために一身を献げたいと思い始めます。デービーの講演で、化学の話がますます面白くなり、４回の講演を筆記して、これを製本します。製本はお手のものでした。

■転機

年季奉公も明け、ファラデーは進路に悩んでいました。そこで、彼はデービーを突撃訪問します。きれいに製本したデービーの講義録*を献本したところ、そのお礼としてデービーに王立研究所へ招かれたのです。ファラデーはこの訪問の際、デービーに「科学の道へ入りたい」との希望を伝えました。

そして、門戸は開かれました。デービーの実験中の怪我や、助手の暴力事件などの思わぬ出来事が立て続けに起こり、１８１３年の春、王立研究所の助手として採用されたのです。科学の道に対する熱意が認められた結果でもあるでしょう。い

*デービーの講義録［英国］
１８１１年、デービーより13歳下の少年ファラデーは、デービーの4回連続の化学講演を聴講した。レジュメもコピーも録音もない時代である。ファラデー少年は筆記した講義録ノートを製本表装し、デービーに捧げた。ここに載せたのは、ファラデーの気持ちになって、筆者が書いたもの（金属学会誌に載せたもの）。

FOUR LECTURES
being part of a Course on
The Elements of
CHEMICAL PHILOSOPHY
Delivered by
SIR H. DAVY
LLD SecRS FRSE MRIA MRI &c
AT THE
Royal Institution
And taken off from Notes
BY
M. FARADAY
1812
written by K. TANAKA

■デービーに贈った講義録■

ずれにしても、自分の講演の講義録の製本をもらってうれしくない人はいません。

■金属学との出会い

ファラデーは、デービーから化学の直接指導を受けます。そして、1813年から1815年にかけて、デービーの仏国とイタリアへの旅行に随行します。帰国後、ファラデーは、着々と化学上の研究で成果を上げました。ここから1822年までの短い期間、ファラデーはウーツ鋼などの調査や、鋼と合金の研究に専念します。そしてこの後、電磁気学の研究で大成果をあげることになるのです。

ただ、若き日のファラデーの物語は、これまでの伝記でもほとんど触れられていません。近い将来、皆さんに紹介する準備をしていますます。本当にワクワク感溢れる「小説より奇なる」冒険物語です。

英国
マイケル・ファラデー
1791-1867

▪ファラデー▪

⊙クルップ

■クルップ社とは

クルップ社*は、独国にある世界有数の鉄鋼、製品メーカーです。プロイセン王国、統一ドイツ時代を通じて、独国の重工業の基幹としての役割を果たしてきました。日本は明治維新以降、鉄鋼先進国であった英国よりも、新進気鋭の独国から多くの技術を学びました。

激動の時代に登場したクルップ社の後装式大砲は、1871年の普仏戦争で青銅製大砲の仏軍に勝利します。これに始まり、第一次世界大戦、第二次世界大戦を戦うための鉄鋼製品を、独国に供給し続けました。

年表に鉄製の武器関連の記述が多いのは、時代の要請からです。しかし、鉄鋼や鋳鉄の製造技術の研究開発に大いに貢献してきているのは、紛れもない事実です。

＊クルップ社［独国］
1811年に独国に小さな鋳鋼工場として創立。以降、兵器生産を中心に、欧州列強の軍拡競争の時代の波に乗る。当時の万国博覧会は新兵器の見本市であった。るつぼ法で作った巨大な鋳鋼製のクルップ砲は、パリ万博の話題をさらった。

＊パリ万国博覧会
万国博覧会は、1851年のロンドン万博から始まる。パリ万博は、サン・シモン主義を基盤にナポレオン3世の支援で、クリミア戦争の最中の1855年に開催。その後も、クルップ砲が出品された1867年、エジソン電球が会場を飾った1878年、エッフェル塔が建った1889年に開催された。

＊窒化鋼
窒素をたくさん含む窒化物だらけの鋼材を想像するが、それは間違い。表面熱処理の一つに窒化処理がある。アンモニア分解で活性窒素を作り、表面から拡散侵入させることで、表面の硬さと耐摩耗性を両立させた鋼材を窒化鋼と呼ぶ。

1811年	フリードリヒ・クルップ、るつぼ製造の鋳鋼工場の設立（独）
1833年	クルップ社、回転加工機（独）
1836年	クルップ社、鉄道機器の生産開始（独）
1847年	クルップ社、プロイセン軍部より砲身用鋳塊受注（独）
1861年	クルップ、大砲専門工場建設普
1862年	クルップ社、ヨーロッパ大陸初のベッセマー転炉製鉄所（独）
1864年	クルップ社、鉄鉱石、製鉄所、炭鉱買収（独）
1867年	クルップの大砲、パリ万国博覧会*に出展（普）
1878年	大河平才蔵と坂本俊一、兵器材料習得のため独クルップ社へ（日）
1884年	国産原料でクルップ式砲門、鋼楯鋳造成功（日）
1885年	野呂景義西洋留学、ロンドン大機械学・電気工学に留学。（日）フライベルグ大レーデブーア教授のもとで鉄冶金学を学習後、クルップなどの先進造兵製鉄所を視察（日）
1893年	クルップ鋼。ニッケルクロム浸炭焼入れ鋼板
1912年	クルップ社、ステンレス鋼、耐酸性鋼の開発（独）
1917年	クルップ社、射程130キロメートルの長砲弾の大砲（パリ砲）開発（独）
1919年	クルップ社、エッセン・ボルベック製鉄所。ステンレス鋼の生産基地（独）
1923年	クルップ会社、窒化鋼*を発明独
1929年	クルップ社、当時世界最大の15000トン鍛造プレス（独）
1934年	クルップ社のヨハンゼン、クルップ式直接製鉄法（レン法）を発明（独）
1936年	八幡、貧鉱および粉鉱処理のために回転炉に着眼、クルップ式製鉄試験実施（日）
1938年	八幡の大原久之、「クルップおよびバッセー式製鉄法に関する試験」（日）
1939年	大江山ニッケル工業のセメント炉でクルップレン法操業開始。兵器用のNi ı Cr鋼（日）
1941年	川鉄、久慈でクルップレン法操業開始（日）
1941年	クルップ社、高温切削（独）
1941年	クルップ社、銃、戦車、軍艦、発射物を生産（独）
1942年	クルップ社、80㎝口径レールガン、史上最大の砲弾「ドラ」（独）

■年表に登場するクルップ社■

■クルップの実像

映画によく悪役で出てくるのが、ドイツの死の商人です。敵味方関係なく、武器を売りつける商人のイメージは、クルップのイメージと重なります。まさにクルップは、ビスマルクと仲が良く、戦争で儲けることに躊躇しない商人でした。

クルップは、貧しい鍛冶屋でした。プロイセンの炭鉱町の発明家であった父親フリードリヒは、英国のシェフィールドが独占していた鋳鋼の製造技術を解明しようと実験を繰り返していました。しかし、初代クルップは、開発に失敗し続け、借金の重圧により若くして亡くなります。その後、彼の14歳の長男のアルフレートが工房を引き継いで、研究を重ねます。そして、ついに鋳鋼の製造に成功し、工具やカトラリーの製造販売を始めます。この長男がクルップ社の創設者*です。

クルップはやがて、蒸気機関の車輪の製造を手がけ、鉄道事業に乗り出します。その後、ナポレオン後のフランスの革命の嵐の中で、大砲や銃の生産を始めました。１８５１年にロンド

＊創設者
クルップ社を創設した長男のアルフレート・クルップは、大砲王と呼ばれた。オランダに留学中だった榎本武揚らは、アルフレート・クルップに1864年に面会に行き、当時建造中だった軍艦「開陽丸」に搭載する大砲を注文した。これ以来、日本ではクルップ社の大砲をモデルにした数多くの大砲が開発されることになった。ちなみに日本ではクルップ砲をモデルにした大砲を「克式」と呼んだ。

ンで開催された初めての万国博覧会では、巨大砲を出品して金賞を獲り、ドイツの軍事化を後方で支える武器商人になっていきます。時代の要請でしょう。1867年のパリ万国博覧会では、巨大な大砲を出品して各国の度肝を抜きました。

クルップの開発した武器は、第一次世界大戦、第二次世界大戦を戦い抜いたドイツにとって、後方支援としての役割を果たしました。

独国
アルフレート・クルップ
1812-1887

▪クルップ社の創設者、アルフレート・クルップ▪

7-2 〈1820－1840〉模様と金属――ダマスカス模様へのあこがれと新金属アルミニウム登場

◉年代解説

1820年－1840年は、金属の利用分野では、新素材の開発が主な話題になります。鉄利用では、高炉から作られた鉄を型に入れて固める鋳鉄製品と、高炉操業の改善が注目点となります。

金属の利用では、ファラデーとストダート*が、1920年にウーツ鋼の分析について発表します。ファラデーは、1822年に『鋼の合金』*でクロム鋼は錆びないとの報告をした後、電磁気学に転じます。

*ファラデーとストダート
1818年、刃物商ストダートが、ウーツ鋼分析を王立研究所に持ち込む。このとき、化学分析者として売り出し中のファラデーが紹介された。ストダートは資金提供を続け、ファラデーの金属研究が進む。1823年、ストダートの客死で、研究も中断した。

*『鋼の合金』
ファラデーとストダート共著論文の表題（1822年発表）。当時研究していた貴金属や、クロムなどを添加したときの性質を詳細に研究した。ストダート死亡の直前、ファラデーは、当時の試作サンプルを木箱に封印し、「鋼と合金」と箱側面に手書きした（筆者、実物確認済）。

1821年に仏国のブレアンは、鋼のダマスカス模様が発生するメカニズムについて研究報告します。1827年に独国のヴェーラー*は、アルミニウムの単独分離を行います。

鉄の利用では、1822年に**レオミュール***が、「鍛鉄を鋼に変える方法」「鋳鉄の可鍛性」の報告をします。1825年、英国は鉄鋼の生産過剰による恐慌が起こります。1826年、デンマークのヒュゲニンが『ロイク国立大砲鋳造所』を発表します。後にこれを、大島高任（たかとう）が『西洋鉄熕鋳造編（せいようてっこうちゅうぞうへん）』と翻訳し、釜石に高炉を作る教科書になりました。

1828年、英国のニールソン*が、高炉熱風炉*の築造技術を開発します。高炉関係では、1838年に独人**ブンゼン**が高炉の内部構造や反応を明らかにし、予熱帯、還元帯、溶融帯を区別しました。1837年、米国は産業革命を迎えます。

＊ヴェーラー（人名）
[独国]1800－1882。フリードリヒ・ヴェーラーは、有機化学の父として有名。有機化合物の尿素（NH_2）2COを合成した。ケイ素やベリリウムを発見、アルミニウムやイットリウムを単独分離。ベルセリウスが彼の成果を絶賛した。

＊レオミュール（人名）
[仏国]1683－1757。ルネ・レオミュール。金属より『昆虫誌』の著者として有名。別項で詳細解説。

＊ニールソン（人名）
[英国]1792－1865。ジェームス・ニールソン。「高炉操業は冬場の方が成績がいい。空気が冷たいから」との製鉄業者の情報により、「温度ではなく、空気中の湿度が少ないことが影響している」と閃き、予熱空気を吹き込む熱風炉を着想。

＊高炉熱風炉
高炉設備には、高炉本体の隣に、内部に格子積みレンガを入れた熱風炉が数基設置されている。レンガを高炉ガスなどで蓄熱した後、空気を通し、1300℃まで予熱して高炉に吹き込む。

⦿ファラデーの金属学

ファラデーは、電磁気学の大家であるとともに、最初は金属学の研究をしていたことが知られています。ただその研究期間はあまりにも短く、また時代を100年くらい先取りしたものだったため、最近までその重要な成果が正確に認識されませんでした。

ファラデーの鋼と合金の研究は、1819年から1824年までの約5年間です。この間にファラデーは4つの論文を出しています。『鉄からマンガンの分離』『ウーツもしくはインド鋼の分析』『合金鋼の改善のための研究』、そして『合金鋼について』です。とくに1822年

ファラデー		特殊合金	
1791年	ロンドン郊外で誕生	1797年	クロム発見
1812年	デービーの講座の聴講録を送付し採用		
1813年	デービーのお供で大陸旅行に出発		
1816年	初仕事「石灰石の分析」		
1820年	ストダートとファラデー貴金属入り合金鋼は錆びないと報告		
1821年	電磁気回転実験に成功	1821年	ベルチェが鉄・高クロム合金の防錆効果報告
1822年	鉄と合金の研究を発表		
1824年	王立協会会員に選抜される。「合金鋼」でクロム添加合金の防錆報告		
1831年	電磁誘導発見。磁力線の概念発表		
1833年	電気分解の法則を発見		
1845年	光と磁場のファラデー効果発見	1854年	電解クロムの防錆
1859年	「化学と物理学の実験研究」出版		
1860年	クリスマス講演「ろうそくの科学」		
1867年	ハンプトン・コートで死去、75歳		
1931年	木箱発見。ハドフィールド「ファラデー冶金研究」を出版		

▪ファラデーの生涯年表▪

に出た最後の論文には、とてつもない成果が記されていました。でも、先を急がず、ここではまずファラデーの生い立ちから話を始めます。

ファラデーは1791年、ロンドン郊外で鍛冶屋の息子として生まれました。すでにご紹介したように、製本書店の年季奉公の間に科学に興味を持ち、その後、彼は王立研究所の助手としてデービーに採用されます。

ファラデーは、金属研究に興味を持った理由について、「私は金属労働者の息子で、金属製品の店や金属製品に関わることが好きだ」と、手紙中で述べています。ファラデーが合金研究に携わった直接の理由は、**ウーツ鋼**＊への興味と将来性への期待からでした。

ウーツ鋼で作った刃物は、硬くて刃こぼれせず、錆びず、軽くエッチングするとさざ波のようなダマスカス模様が浮き上がります。英国シェフィールドは、刃物工業の町です。ファラディーに接触してきたのが、シェフィールドの刃物商ストダー

＊ウーツ鋼
正式には「ウーツ鋼」という言葉はない。「ウーツ」だけで「インド鋼」の意味になるが、ここでは便宜的に「ウーツ鋼」と記述する。ウーツ鋼は長年に渡り、西洋の製鉄業界がいくら研究しても作れない品質の良い「鋼」であった。ウーツ鋼はインドで大量に生産され、主に中東に輸出されていた。しかし19世紀半ば、英国でベッセマー転炉が発明されて工業的な大規模鉄鋼生産が始まると、ウーツ鋼の需要は激減し、インドのウーツ鋼の製造技術は一気に失われてしまった。

ドでした。シェフィールドでウーツ鋼を作り、ダマスカス模様入りの刃物を売り出したいと考えていたからです。ここから数年間、ファラデーの波乱万丈の物語が展開されます。

ファラデーは、ダマスカス鋼を作ろうとして、さまざまな金属を鋼に混ぜます。そうしてできた合金の中には、なんとステンレス鋼相当の成分が混じっていました。全く錆びない鋼だったのです。しかし時代は、鋼の大量生産にはまだ50年早すぎました。途中で金属学から電磁気学に興味の移った*ファラデーの合金が日の目を見るのは、それから100年後、ステンレス鋼の開発競争の真っ只中の時代でした。

◉ダマスカス模様

■ダマスカス鋼

ダマスカス鋼をナイフや刀剣にすると、刃の部分に木目状のダマスカス模様が浮き出ます。古代インドのウーツで作られた

***興味の移った**

では、興味を失わず続けていたら冶金学がもっと発達したかといえば、必ずしもそうにはならない。工業生産は、一つの技術が優れていても成り立たない。ファラデーが冶金に興味を持ち続ければ、電磁誘導の技術の開発は遅れ、電気関連の開発が大幅に遅れたことだろう。歴史に「タラレバ」は禁物だが、もし続けていればと想像するのは楽しい。

ウーツ鋼を、現在のシリアのダマスカスに持っていって、刀剣に加工したものでした。

■実際の作り方

古代インドでの製鉄法は、るつぼの中に鉄鉱石と木材を入れて還元する**るつぼ鋼***でした。鉄鉱石をるつぼ法で還元すると、海綿鉄ができます。これを高温にし続けると、表面に炭素が浸炭し、炭素濃度が部分的にばらついた粗悪な鋼ができます。それを加工すると、たまたま神秘的な模様になったのでした。これが一般的な考え方でした。

材質がばらつくということは、別に悪いことではありません。現在の金属工学でも、**ホモジニアス（均質）な組織***から、**ヘテロジニアス（不均質）な組織***の研究に興味が移行してきています。ダマスカス鋼にしても、不均質が作り出す模様が価値を生んだと思われていました。

ところが、実はこれも大きな間違いだとファラデーは気付きま

***るつぼ鋼**
るつぼを加熱して、その中で鋼を作る技術は大きく分けて2つ。1つは、るつぼの中で還元鉄を作り浸炭して鋼にする古代インド方式。もう1つは、高炉で作られた銑鉄とそれを還元した錬鉄を、るつぼの中で溶かして鋼にする古代中国方式がある。

***ホモジニアス（均質）な組織**
近代の金属、鉄鋼素材は、できるだけ不純物を除去し、異物を取り去り、組織の大きさや成分のばらつきを小さくする技術、つまり均質化を志向してきた。究極的には、ナノ金属のように微細化し均質化を図ってきた。

***ヘテロジニアス（不均質）な組織**
均質な組織では材質改善に限界がある。そこにばらつきがあると、思わぬ優れた特性が現れることもある。従来の強度レベルを大きく超える鋼線は、パーライト組織に大きな歪を与え、わざと炭素を不均衡にして製造している。

す。というのも、固体での濃度のばらつきならば、ウーツ鋼を高温で溶かしてしまうと均一化して濃度のばらつきがなくなるはずです。しかし実際は、ウーツ鋼は溶かして再び固めても「模様が浮き出す」のです。英国で作った炭素濃度が異なる2種類の鉄片を、高温で繰り返し折り曲げて鍛造しても、よく似た模様が出現します。しかし英国の鋼は、溶かすと均質化して、二度と模様が現れません。

ウーツ鋼は、何度溶かして固めても模様が出てきます。これにファラデーは困惑します。「微量のアルミナや二酸化ケイ素が、模様を作り出す原因である」と考えたりしますが、これも正解ではありません。

では、ウーツ鋼の模様はどこから来るのでしょうか。もう作られなくなったウーツ鋼への敬意を表して、本書ではこれ以上は追及しません。ただし……。

■ダマスカス模様■

■ **よくある間違い**

ときどき、デリーの錆びない鉄柱の鉄と、ダマスカス刀の素材であるウーツ鋼を、ごちゃ混ぜにして話されることがあります。でも、両者のに共通するのは、古代インドの鉄ということでしかありません。時代も場所も製法も違います。

デリーの鉄柱は、錬鉄という炭素がほとんど入っていない鉄を、鍛接でくっ付けたものです。ウーツ鋼は、インドの中部のデカン高原のどこかで作られた、炭素が入っている鋼です。とはいえ、古代インドの製鉄技術にロマンを感じて、いろいろ推測するは楽しみです。「ウーツ鋼は七色の金属（七種類の金属）からできている」などという現実離れした伝承は、調べればすぐに虚実がわかる話ですが、信じたくなりますよね。

西暦	著者	報告書	背景
1795年	ストダート	刃物商人がウーツ鋼を使う決意	ダマスカスの魅力
1804年	ストダート	ダマスカス刀の模様実験の記事	手探り試験
1805年	ストダート	磨鋼や黄銅の保護用白金めっき	防錆めっき保護膜
1812年	ファラデー	デービーの科学哲学の講義録清書	デービーの弟子希望
1816年	ファラデー	トスカーニ地方の苛性石灰の分析	ファラデー初仕事
1818年	ファラデー	ストダートと協力開始	ダマスカス鋼提供
1819年	ファラデー	鉄からマンガンの分離	
1819年	ファラデー	ウーツあるいはインド鋼の分析	化学分析から検索
1820年	ファラデー&ストダート	改善面から見た鋼の合金	合金添加鋼
1820年	ファラデー	デラリブへの実験や論文抄録手紙送付	
1821年	ファラデー	サラ・バーナードへ鋼に触れているラブレター送付	
1822年	ファラデー&ストダート	鋼の合金について	貴金属、クロム添加
1822年	ファラデー	木箱に合金鋼資料を入れる	論文作成の試料
1823年	ストダート	スポンサー客死	ダマスカス鋼中断
1824年	ファラデー	「合金鋼」にてクロム防錆報告	ここで冶金学終了

▪**ファラデーとストダートの鋼研究年表**▪

■欲望の連鎖

こういう模様も技術論だけならよいのですが、この模様が浮き出した刀剣が、金と同じ価値で取り引きされるとなると、欲望の対象になります。ダマスカス鋼、つまりインド鋼は、絶えず英国人の興味を引いてきました。1795年には英国人ピアソンが、「ウーツ鋼*は原始的な設備で作った鋳鋼である」と見抜いていました。

ウーツ鋼の成分や組成は、当時の分析技術では謎でした。刃物商のストダートが、ボンベイ在住のスコットから送られてきたウーツ鋼を用いて刃物を作ると、恐ろしく切れ味鋭いペンナイフができました。ストダートはこれを英国で作ろうと、若き日のファラデーに相談します。ファラデーは、伝説の七色の金属を信じて、いろいろな種類の合金を作りました。しかし、合金にしてしまうと均質になり、模様を浮き出させるのは困難でした。

＊ウーツ鋼

歴史を語るのに小説を用いるのは好ましくないが、1825年にスコットランドのウォルター・スコットが書いた小説『タリスマン』にウーツの描写がある。物語は、第3回十字軍で戦ったイギリスの獅子心王リチャード1世と、シリアの稲妻サラディンの出会いを描く。1192年に二人は和睦（わぼく）するが、その和睦会議で、お互いの剣の優劣を誇示するという子供じみた勝負をする。リチャード1世は、約40㎜の鉄棒を一撃で切った。サラディンは、ウーツ鋼のサーベルを取り出し、上にシルクの枕をそっと置くと、枕がすっと真っ二つになった。さらに軽いショールをサーベルの刃の上に置くとハラリと切れた。ウーツ鋼のサーベルのあまりの鋭利さに、一同驚き、模様の美しさに魅入ったとある。

■ファラデーの合金

そんな中、クロムと鋼の合金で模様が浮き出し、合金鋼の開発にのめり込みます。結局ファラデーは、サンプルを作っただけで、1822年に金属研究から離れます。一部、鋼に銀を添加した銀鋼がシェフィールドの企業で製品化されて商売されていましたが、やがてフェードアウトします*。

しかし、ファラデーの研究が提示した問題は、各国に飛び火し、フランスでもイタリアでも、合金や鍛接金属から出る模様の研究が行われます。イタリアでは、鋼と鍛鉄を一緒にすることで、ダマスカス模様が浮き出す鋼が作られています。

■現代のダマスカス鋼

最近のナイフや包丁には、ダマスカス模様がついているものがあります。切れ味はさておき、木目状の模様が浮き出して神秘的な雰囲気です。でも残念なことに、「**偽ダマスカス鋼**」と書いているものも多いようです。これは偽なのでしょうか？

＊フェードアウトします
ファラデーは、英国シェフィールドのグリーン・ピックスレー社に技術アドバイスをしていた。同社は、彼の発明した「銀鋼」を使ったヒゲ剃りの製造販売をしていた。しかし、1823年にペルーの鉄鋼メーカーが、銀鋼の粗悪品の激安販売を始めた。その粗悪品は、銀は含まれておらず、単なる鋳鉄品だった。しかし訴訟をすれば、銀鋼について技術公開しなければならなくなる。そこでグリーン・ピックスレー社は、ファラデーに対して、鋼の研究について論文などを発表しないよう申し入れた。グリーン・ピックスレー社は、銀鋼の海外との価格競争に負け、ファラデーも鋼研究から遠ざかり、やがて銀鋼を使った製品は作られなくなった。

現代の模様の出し方は、2種類の異なる組成の金属を重ね合わせて折り返し、鍛造を繰り返したものです。そうすることで硬さが異なり、模様が浮き出します。実はファラデーも、白金と鋼を重ね合わせて鍛接すると、きれいなダマスカス模様が浮き出すことは知っていました。これを人造ダマスカス鋼と考えていました。現代の模様の出し方を「偽」などという必要はないと思います。模様を品質の悪い鋼に求めるか、工業的に得られる品質のよい鋼材に求めるかの違いです。

結局、冒頭の話は、不思議な模様の鋼を所有したいという欲求に、前提条件をいろいろ付けて製品価値を高めるという行為です。19世紀の初めから続く、「偽か本物か」の議論が乗っかっただけのような気がしてなりません。きれいなら、作り方なんてどうでもいいのではないでしょうか。

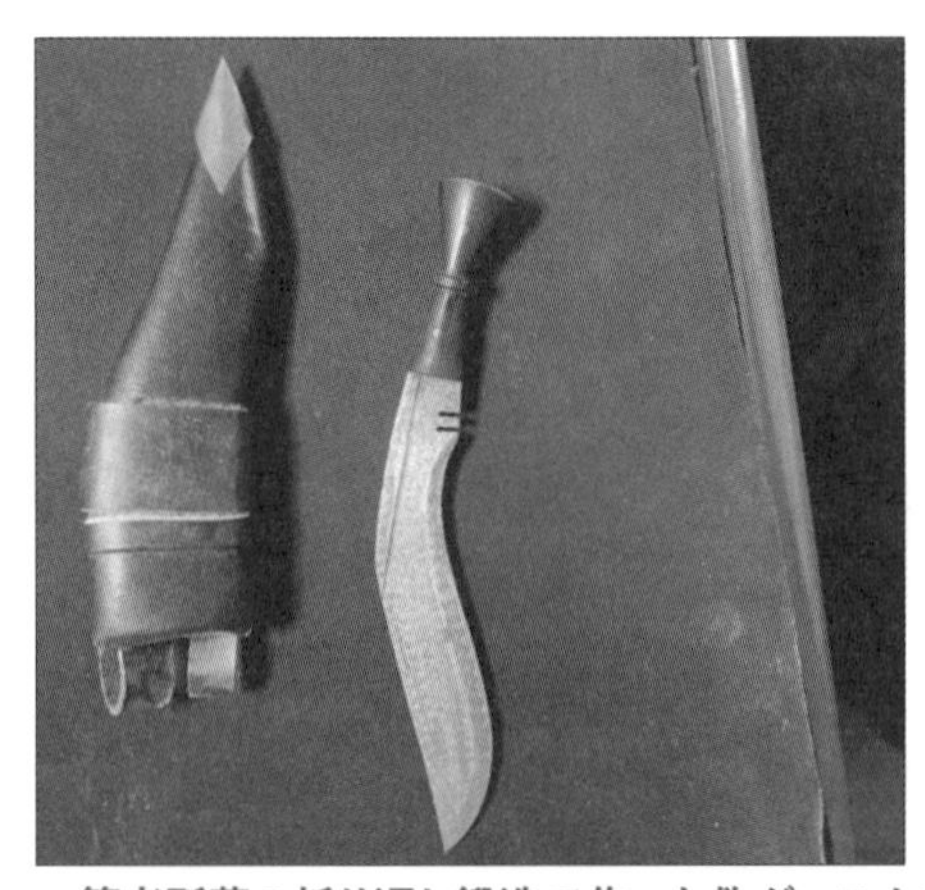
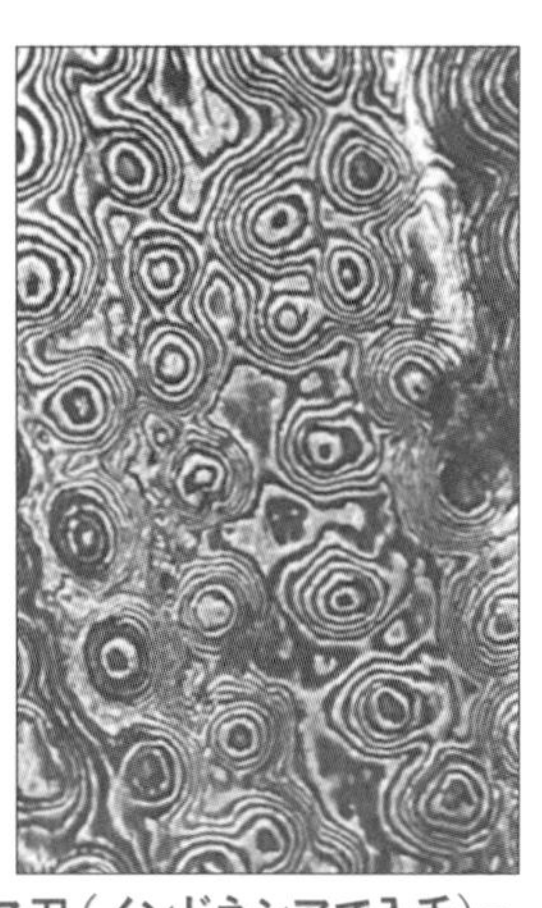

■筆者所蔵の折り返し鍛造で作った偽ダマスカス刀(インドネシアで入手)■

⦿鋼と合金

■鋼と合金

合金鋼の元素の影響を本格的に調べた材料設計が始まったのは、19世紀後半です。ファラデーは、それより半世紀前に合金設計をしていました。後に詳細に分析された金、銀、白金、ロジウムなどの貴金属を添加した合金鋼の貴金属成分の含有量を見ると、ウーツ鋼、ダマスカス模様鋼の製造への執念が感じられます。

ファラデーの鋼と合金のサンプルは、木箱*に入れられ、封印されたまま100年が過ぎました。これをハドフィールド*が発見し、中に入っていた79個の試料を分析して公開したことから、世に知られるようになりました。ところが、箱の中に入っていたのは、1822年の『鋼と合金』の論文に出てくる試料までです。

＊木箱

ファラデーの木箱は、ファラデーミュージアムの部屋に現存する。100年前に見つかった200年前の木箱は、その中に確かに錆びていないサンプルが目視確認できた。手袋を持っておらず、触れなかったことだけが悔やまれる。

＊ハドフィールド（人名）

[英国]1858－1940。ロバート・ハドフィールド。父親の鋳造業を引き継ぎ、工場に実験室を作って、鉄合金研究を行う。1882年にマンガン鋼、1899年に珪素鋼を発明する。王立研究所に保管されていたファラデーの木箱の合金を分析し、1931年に『ファラデーと冶金研究』を発刊する。

■その後の研究

ファラデーはその後、2年間は試験を続けていたはずですが、その試料は含まれていません。どんな合金をファラデーは作っていたのでしょうか。「ファラデー日記」を調べると、合金実験の記述がありました。

「1824年2月10日、溶解のために555gの鋼と16gのニッケルを炉*に詰めて、2月11日まで炉に入れる。合金は溶けたが試験を中断したため不完全だ。もう一度溶かし直す必要がある」。

つまるところ、操炉に失敗しています。

金属試験の最後の記録は、1824年6月28日です。「クルーシブル（るつぼ）に1000gの鉄と60gのニッケルを詰めて大気溶解する。溶解はできたが、合金の上部がガスで膨れて失敗した」とあり、悪戦苦闘が目に浮かんできます。

*炉
ファラデーは自前の高温にできる炉を作り「私の高炉」と呼んでいた。

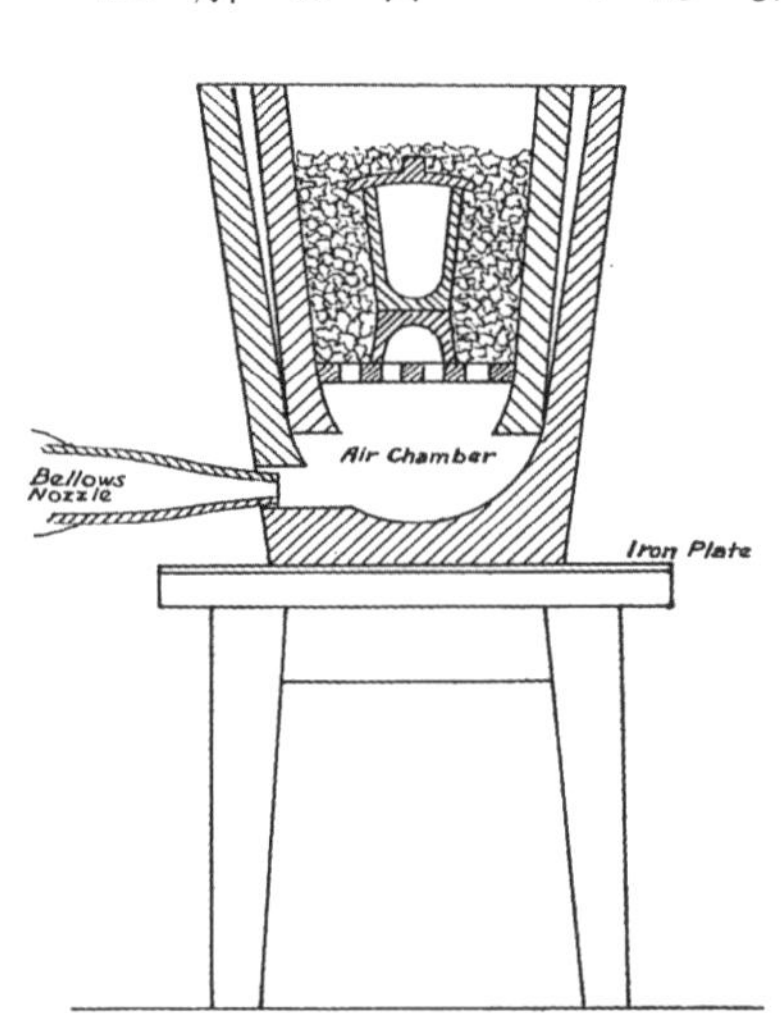

FIG. 1.—Faraday's Blast Furnace. ⅛th full size.

■ファラデーの炉（冶金研究より転載）■

■筆者の勝手な後日談

数年前、金属学会からの要請で、筆者は「科学技術の先達」というテーマで、学会誌に解説文を連載しました。その科学者の一人が、このファラデーです。しかし、解説文を書いた後、とても心配になってきました。

筆者はこのファラデーの業績を、1931年に出されたハドフィールドの『**ファラデーの冶金研究**』という書籍の記述に基づいて書きました。ハドフィールドは、マンガン合金鋼で有名な、高名な金属科学者であり、ファラデー研究所の所長でもありました。彼は1930年頃、研究所の倉庫からファラデーが約100年前に合金を封印した木箱を見つけ、分析研究した調査結果を書籍にしたのでした。筆者は何年か前に、その本を独国の古書店で偶然見つけて、ハドフィールドが「木箱のサンプルは錆びていなかった」と書いていることを根拠に、ファラデーの早すぎたステ

FARADAY AND HIS METALLURGICAL RESEARCHES

WITH SPECIAL REFERENCE TO THEIR BEARING ON THE DEVELOPMENT OF ALLOY STEELS

BY

SIR ROBERT A. HADFIELD, BT.
HON.D.SC.(OXON. AND LEEDS), D.MET.(SHEFFIELD), F.R.S., F.I.C., M.INST.C.E.

President of the Iron and Steel Institute, 1905-1907; Hon. Life Member, Inst.Mech.E.; President of the Faraday Society, 1914-1920; Master Cutler of Sheffield, 1899-1900; Foreign Associate, National Academy of Sciences, Washington, 1928; Membre Correspondant de l'Académie des Sciences; Officier de la Légion d'Honneur; Honorary Foreign Member of the Royal Swedish Academy, etc.

LONDON
CHAPMAN & HALL LTD.
11 HENRIETTA STREET, W.C.2
1931

▪ファラデーの冶金研究（1931年発刊）▪

ンレス鋼を解説したのでした。

ところがその後、自分の目で確認もせず、90年前に出版された本の記述を鵜呑みにして、能天気に「サンプルは錆びていなかった」などと書いてしまった迂闊さを後悔しました。ハドフィールドの時代には錆びていなかったが、今は錆びているかもしれないとの疑念をどうしても払拭できません。エジプトのミイラが、石棺が開けられると、一気に朽ち果てていくようなイメージです*。

そこで、ファラデーの試料が２００年経過した今、錆びているのかいないのか、確認することを決意しました。２０１９年の夏のことです。

■英国王立研究所

英国で鉄鋼遺跡めぐりを堪能した筆者は、ロンドンに昼すぎに戻りました。それから翌日夜の飛行機までの間に、ただ一つのことに時間を費やすことにしました。ファラデーの木箱の中

＊イメージです
これは本当に心配した。１００年間封印されていた木箱の中は、酸素が少なかったはずだ。しかし、１９３０年に開封されて、空気の触れたのである。それ以降、酸化が加速して、ボロボロに錆びていることも考えられた。

＊ファラデーミュージアム
王立研究所の地下に、ファラデーの研究成果が展示されている。実験室もそのまま保存されており、大きなガラスの向こうに当時の実験の様子が見て取れる。ファラデーの木箱はこの研究室の片隅で見つけた。

にあるはずの、合金サンプルを確認することです。

所蔵者と思われる王立研究所は、地図で見つけてありました。到着すると、とてもいかめしい外観の建物です。案内図には、「**ファラデーミュージアム**＊は地下にある」とあります。はやる心を落ち着かせながら階段を下りると、あった！ファラデーの研究室が眼前に広がっています。でも、部屋はガラスで仕切られていて、中に入ることはできません。

■ファラデーの部屋

部屋を観察すると、電磁気の大家だけあって、金属学の実験設備はるつぼや加熱炉くらいしか見当たりません。ハドフィールドが90年前の本で「合金が入っている」と書いた木箱は……至る所に置いてあります。どれが本物の木箱なのかわかりま

▪ファラデーの研究室▪

せん。まるで、ハリー・ポッターの秘密の部屋に迷い込んだような気分でした。

■天啓に従う

ファラデーの研究室の前で悩むこと小一時間。とうとう根負けして、木箱を探すのは諦めました。階段を上ると、受付がありました。受付の前で突然、天啓が降りてきました。「聞くのだ、ここで」。何かが乗り移ったかのように、筆者は片言の英語で受付の若者に話しかけていました。

「ワタシ、ジャポーネ。ジャパンカラ来タ。ファラデーノ木箱見タイ、プリーズヨ」

「何を見たいって？」

「ファラデーノ木箱、コレヨ」

「展示品しか見せられない」

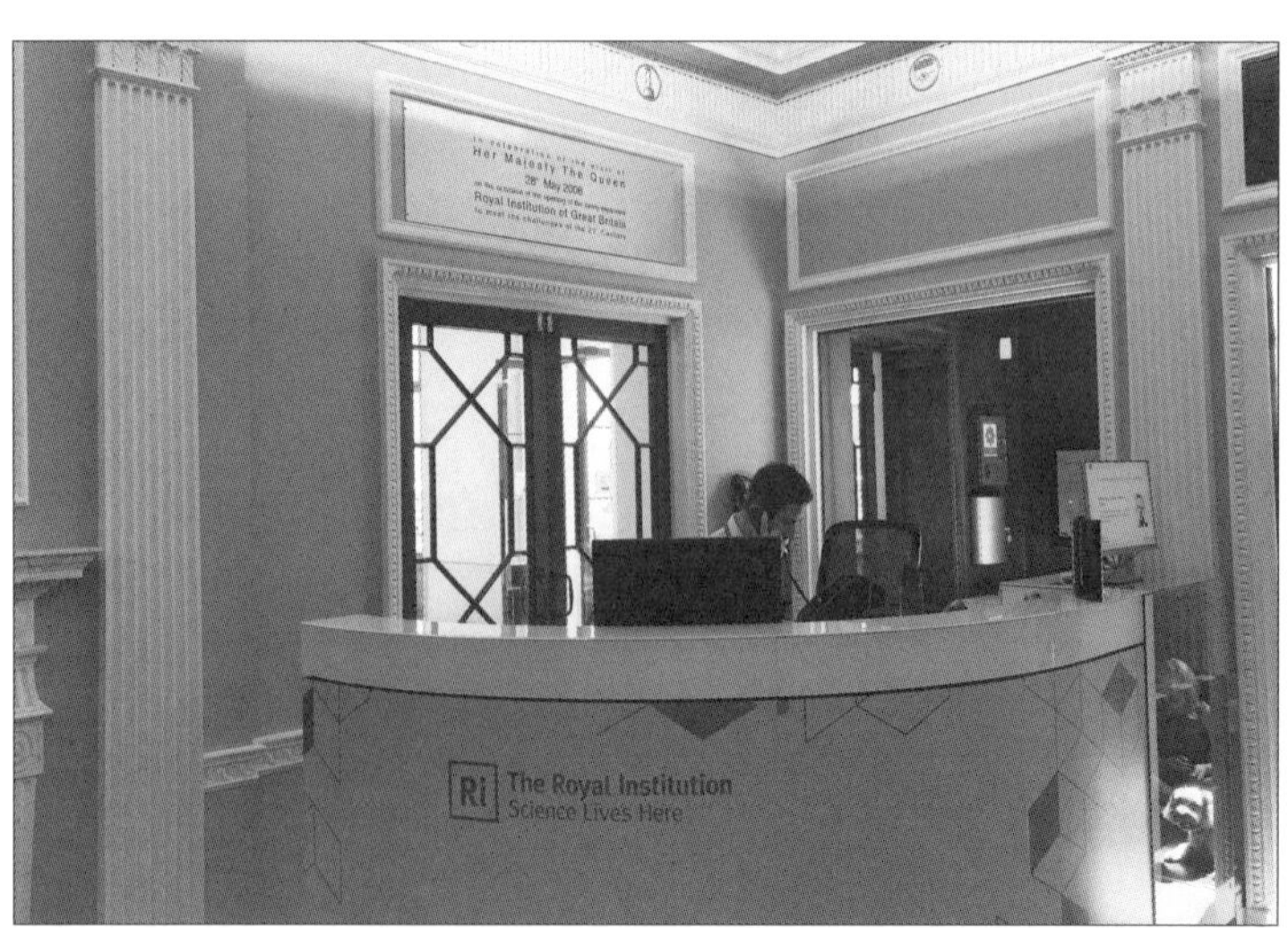

▪王立研究所の受付のお兄さん▪

「ソコヲ、プリーズ、プリーズ、プリーズ」

「わかった。おじさん少し待って。そう言えば誰か木箱の話をしていたな」

「プリーズ」

「わかったから。うん、そうなんです。え？　いいんですか。おじさん、キュレータを捕まえた。今来るからちょっと待っていて」

「感謝感激雨あられ！」

「何ですか、その言葉？」

「これは日本人がうれしくて感謝するときに発する呪文です！」

■いよいよご対面

キュレータがやってきました。

「OK、ついてきな。日本人だって？」

「はい、金属エンジニアです」

■並べて錆びていないか確認したサンプル■

「あの隅っこにある木箱だよ」

「あれかあ、見たいなあ。中身見たいなあ」

「うーん、まあいいよ。見せてあげるよ。ちょっと待ってな、鍵を取ってくるから」

「え、いいんですか。感謝感激雨あられ」

「何それ？」以下同文……。

キュレータは、がらっぱちな女性でした。

「なんでこんなサンプルなんか見たがるの」

「だってファラデーですよ。金属ですよ」

「ほらこれだよ」

「全然錆びてないですね」

「そう。ファラデーはステンレス鋼を作ったんだよ」

「1822年ですね」

「よく知ってるね」

「ハドフィールドの本で読んだんです」

「あら、ハドフィールドも知っているの。ここの

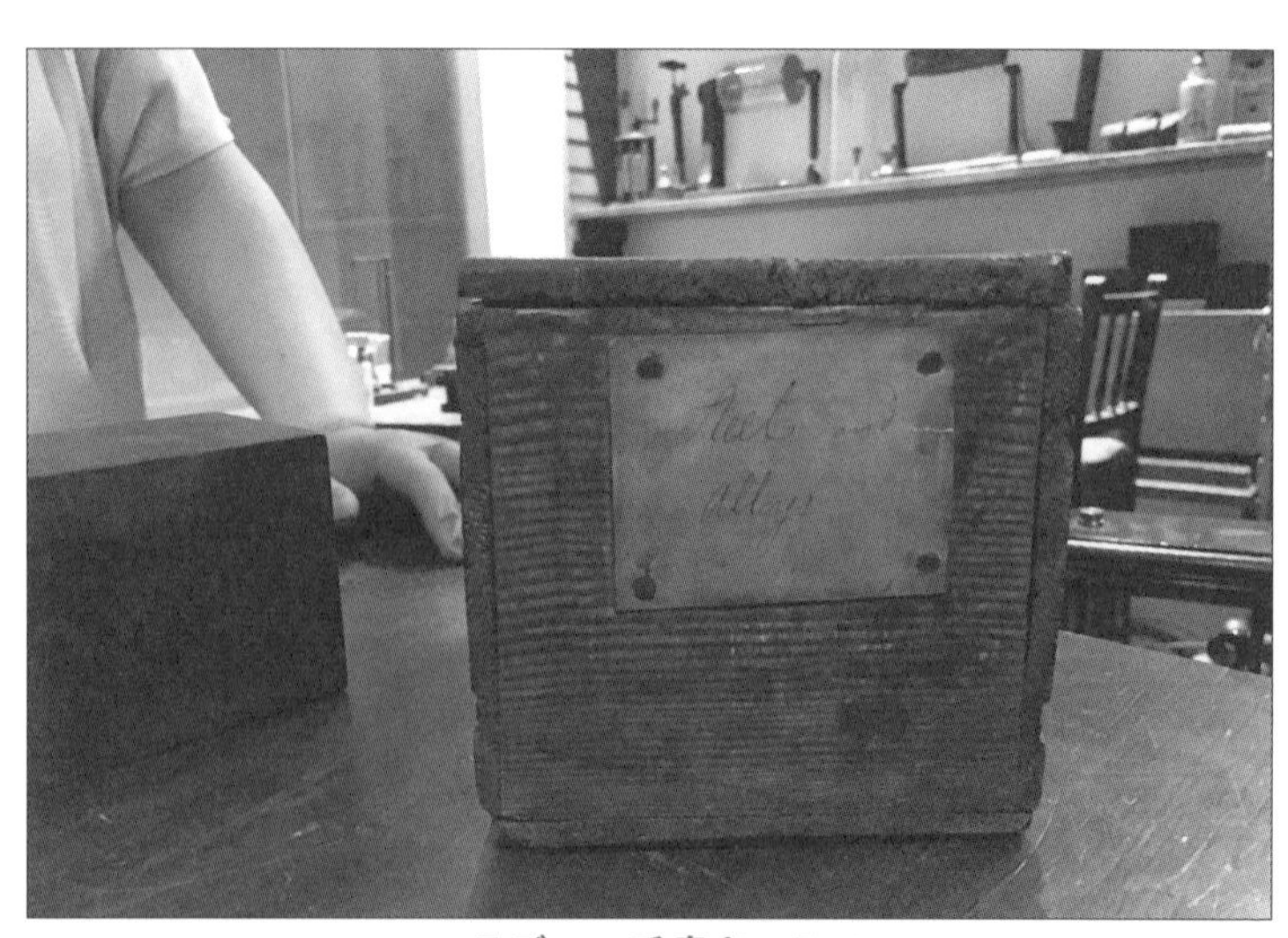

▪ファラデーの手書きのラベル▪

所長だったこともあるのよ」

　サンプルには触らせてはもらえませんでしたが、間違いなく錆びていません。

「すごいなあ。感激です」

「まあ、こんなサンプルを見に来たのは、君がファーストマンだよ」

　ハドフィールドが写真を撮って以来、筆者が1世紀ぶり、2番目の目撃者になってしまいました。

「この木箱に貼ってある紙はファラデーの直筆だよ。劣化するといけないので触ったりフラッシュ光らせては……て言うとる最中にフラッシュ光らせるな！*」

　キュレータとは同好の士、本当に楽しいひと時を過ごしました。

■振り返ると

　当たって砕けろとはよく言いますが、本当に当たってみると、案外できるものだと感心した次第です。それに加え、いざとな

＊光らせるな！
ここまでの写真は、ｉｐａｄで撮っていた。しかし、手書きラベルだけはしっかりとした写真が欲しかったので、愛用のカメラで撮影したところ、フラッシュが光った。コントのようなやり取りだが実話だ。キュレータのお姉さんが大袈裟に両手を広げて「ノー」と言ったのは愛嬌である。

ると苦手な英語が次々と口から出てくるのにも驚きました。いつかこの合金の入った木箱を借り出して、日本でファラデー金属展をやりたいものです。

そうそう、サンプルは見たかぎり全然錆びていなかったこともご報告させていただきます。

⊙アルミニウム

金属の中で、ありふれた元素を**コモンメタル**と呼びます。金、銀、銅、鉄、錫、鉛、亜、鉛、水銀などです。これらの金属は昔からを使われているので、漢字で書いても違和感がありません。

このコモンメタルの中で、唯一カタカナ

▪ファラデーの「鋼と合金」の木箱▪

が似合う金属があります。それがアルミニウムです。ありふれた金属のわりには発見が遅く、カタカナになっています。もちろん漢字もあります。アルミニウムは、発見、単離、精錬、製造の各々の工程で、さまざまな人々が活躍します。

■明礬（みょうばん）

明礬（みょうばん）*は、アルミニウムを主成分とする鉱石です。アルミニウムの抽出は、この明礬から始まりました。

明礬は古代から知られていました。ローマのプリニウスは、77年に著した世界初の百科全書『博物誌』で、天然の明礬を「アラム」と呼び、BC1000年にはエジプトで「アルメン」と呼ぶ明礬石を絵の具や染料に使っていたことを紹介しています。

ドイツ人のアグリコラは、1556年に著した『デ・レ・メタリカ』で、アラムの抽出方法を図解しています。また、中国の宗応星は、1637年に著した『天工開物』で、染色料とし

＊明礬
明礬は、英語では「アルム」。1価と3価の金属陽イオンの硫酸塩。ローマ時代から使われている。単に「みょうばん」というと、硫酸カリウムアルミニウム水和物。染色や防水、沈殿剤、食用ではアク抜きなどにも使われる。

て明礬を利用すると解説しました。

このように、アルミニウムを含む明礬は、身近な鉱石として認識されて使われてきました。ただ、利用できる鉱石としての認識でした。

■アルミニウム探求時代

1754年になり、ドイツのアンドレアス・マルクグラーフ*は、明礬に未知の物質があることを報告します。1782年、フランスのラボアジェは、「明礬石は酸素との結合力が強く、還元が難しい金属酸化物の可能性がある。これをアルミーニュと命名する」と書き記します。

ただし、アルミニウムを金属として取り出すのは、電気が利用できる時代まで待たなければなりませんでした。

■金属アルミニウムの単離

1821年、フランスのベルチェが、南フランスのボーでア

***アンドレアス・マルクグラーフ（人名）**

［独国］1709－1782。分析化学を開く。亜鉛鉱石と炭素を加熱して、亜鉛の単離を行った。明礬でも同じような実験をしたと思われるが、アルミニウムの酸素親和性が強く、炭素で加熱しても分解できなかったようだ。

ルミナ原料になる鉱石を発見します。この発見で、アルミニウムは複雑な組成の明礬からではなく、アルミニウムの酸化物である**アルミナ**から取り出すことになります。

記録では、1825年にデンマークのエルステッド*が、アルミニウム分離に成功しています。アルミナから合成した塩化物に、カリウム水銀化合物を加えて熱するという方法がとられました。これにより、金属アルミニウムの性質に興味が集まり始めます。次に登場するのが、スウェーデンのベルツェリウスの記述です。記述には、1827年にドイツのヴェーラーがアルミニウムの単独分離に成功したと書かれています。

ただし、この当時のアルミニウムは、実験室で得られる程度の量しかありませんでした。

■アルミニウムのお披露目

取り出された新金属アルミニウムは、銀の外観を持つ軽い金属でした。1855年にはパリ万国博覧会に「**粘土から得た銀***」

＊エルステッド（人名）
［デンマーク］1777－1851。ハンス・エルステッド。電磁気学の基礎を築く。化学分野では、アルミニウムの単離に成功する。アルミナから塩化物を作り、カリウムアマルガム（水銀）で還元した。名前のエルステッドは磁場の単位になった。

＊粘土から得た銀
1855年、初期の金属アルミニウムをパリ万博に出品したときの触れ込みが、「粘土から得た銀」。アルミナのような粘土から、銀のような輝きを持つ軽い金属が得られたのは、観客を驚かせるのに充分だった。今では、粘土から得た本物の銀が簡単に家庭で作れる。

と題してアルミニウム棒が展示され、好評を博します。

　1865年には、SF作家ジュール・ベルヌ*が『月世界旅行』の中で、宇宙船をアルミニウムの塊をくり抜いて作る描写を残しています。その説明文に「この貴重な金属は、銀の白さ、金の変質しにくさ、鉄の引っ張り強さ、銅の可融性、ガラスの軽さを兼ね備えている。また、鋳造が容易で、広範囲に分布しており、さまざまな岩石の主成分になっている」とあります。新しもの好きの面目躍如といったところでしょう。新金属を使った月旅行は、大衆にアルミニウムの魅力を存分に伝えました。

　大衆だけではありません。**ナポレオン3世***も、この金属に夢中でした、アルミニウムで作った鎧や兜を付けた、白銀の騎馬隊を作ろうとしていました。1867年のパリ万国博覧会では、「アルミニウムの扇」に並んで「アルミニウムヘルメット」も展示されました。

＊ジュール・ベルヌ（人名）
[仏国] 1828−1905。ノーチラス号が出てくる『海底二万里』や『十五少年漂流記』、『八十日間世界一周』などのロマン溢れるSF小説がある。仏国の海沿いの街ナントの小高い丘のてっぺんに博物館がある。2017年にパリから高速鉄道で訪れたが、小さな博物館であった。手書きの原稿や、宇宙船や潜水艦の小さな模型があった。

＊ナポレオン3世（人名）
[仏国] 1808−1873。シャルル・ルイ=ナポレオン・ボナパルト。1世の甥。クーデターで独裁権力を握り、大統領から皇帝へ。内政ではパリ改造、近代金融、鉄道網敷設などに尽力。普仏戦争でプロイセンの捕虜となり帝政は崩壊する。

■大量生産への準備

アルミニウムの精錬には、電力が必要です。1870年にベルギーのグラム*は、大容量発電機を発明しました。これで電気が使えるようになり、アルミニウムの工業生産に一歩近づきます。アルミニウムの工業化には、化学的な方法や電気化学的な方法が試みられました。

化学的な方法では、1856年にフランスのドビルが、化学還元法でアルミニウム精錬を行います。1886年には、米国のホールと仏国のエルーが、別々に電解精錬法を発明し、アルミニウム大量生産技術が確立します。二人の名前を冠して、この技術を**ホール・エルー法**と呼びます。ホール・エルー法では、精錬の原料は酸化アルミニウム、すなわちアルミナです。これには純粋なアルミナの入手が重要です。

1821年、仏人ベルチェ*が、南フランスのボーで、アルミナを含む鉱石を発見します。アルミナ原料になるこの鉱石は、「ボーで見つかった鉱石」の意味で、**ボーキサイト***と名付け

***グラム**（人名）
［ベルギー］1826–1901。ゼノブ・グラム。グラム発電機を開発した電気技術者。ウイーンの産業博覧会で、誤って発電機2台をつないでしまい、片方を蒸気機関で回すともう一方も回転を始め、モーターになることを発見した。

***ベルチェ**（人名）
［仏国］1782–1861。ピエール・ベルチェ。鉱物学者。南フランスのプロバンス地方ボー村で、赤褐色の酸化アルミニウムが主体の岩石を発見。ボーキサイトと名付ける。

***ボーキサイト**
酸化アルミニウムを5割以上含む鉱石は、アルミニウムの原料となるアルミナを作るのに最適。明礬もアルミニウムを含むが、硫酸塩のため、一旦酸化アルミナにする工程が必要であり手間がかかる。

られました。1888年、オーストリアのバイヤー*は、湿式アルカリ法でボーキサイトからアルミナを製造する方法を発明します。発明者の人名より、**バイヤー法***と名付けられました。

ボーキサイト、バイヤー法、ホール・エルー法と、原料と精錬技術が出揃い、アルミニウムは大量生産時代に突入します。

アルミニウムの使い方

日本では、1894年に大阪砲兵工廠でアルミ製品の製造が開始されます。士官用弁当箱、軍用の帯革、剣吊の尾錠の軍用部品から始まり、次第に民生品へと拡大していきます。

1929年には、日本で開発された**陽極酸化法***で、アルミニウムの耐食性を飛躍的に向上させ、**アルマイト***として売り出されます。1930年には、日本で初めてアルミ箔*の製造を開始します。

＊バイヤー（人名）
［オーストリア］1847–1904。カール・バイヤー。アルミナ生成のためのバイヤー法の発明者。企業技術者の後、ブンゼン教授の助手になる。彼の別荘兼工場、実験室のバイエルビラには、世界中の高名な科学者が訪れた。

＊バイヤー法
ボーキサイトから酸化アルミニウムを精製し、純度の高いアルミナを作る方法。水酸化ナトリウム熱溶液で洗浄すると、アルミナは水酸化アルミナに変化し、溶液中に溶け込む。濾過して冷やすと、羽毛状のアルミナが沈殿する。

＊陽極酸化法
陽極酸化法は、陰極に炭素電極、陽極にアルミニウムを設置する。電流を流すとアルミニウムが溶け出すが、同時に水の電気分解も発生する。陰極側で水素ガス、陽極では酸素が発生し、すぐに溶け出したアルミニウムと反応して、表面にアルミナがどんどん生じる。十分厚く密着したアルミナ層が表面に付着し、錆も腐食も起こさない不動態皮膜となる。

⦿レオミュール

■**レオミュールって誰？**

仏国の科学者ルネ・レオミュールを、金属の西洋史で紹介するのは珍しいかもしれません。**レオミュール**は、昔の高名な科学者たちと同じく、マルチタレントでした。ダーウィン並みの博物学の知識、昆虫学、それに仏国の『産業百科全書』の編纂などへの貢献が知られています。その輝かしい功績の最後の方に冶

1855年パリ万博

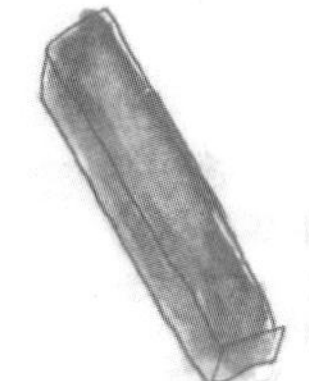

粘土から得た銀

1865年小説

月世界旅行
の宇宙船
（ジュール・ヴェルヌ）

1867年パリ万博

アルミニウム扇

ヘルメット

ナポレオン三世の好み

■**アルミニウムの用途**■

＊**アルマイト**
1929年、日本の理化学研究所の植木栄が発明した、アルミニウムのシュウ酸陽極酸化皮膜。これにより、酸に弱かったアルミニウムの用途が広がる。当時主流だったご飯の上に梅干しを載せた日の丸弁当が、お昼に食べれるようになった。そういえば、いつもお腹を空かしていた筆者の中学生時代の昼食も、でっかいアルマイト弁当に梅干し一個、それに卵焼き2切れだったのを思い出した（なんせ食べ盛りの兄弟が3人もいたもので）。理化学研究所の皆さんに心から感謝！　発明してくれてありがとう。

＊**アルミ箔**
厚さが0・2㎜以下のアルミニウム、もしくはその合金。BC2600年のエジプトや日本でも金箔は使用されてきた。アルミ箔は包み込むなどの用途だけでなく、家庭用品や産業機械などに広く使われている。

金学が出てきます。

とはいえ、金属学での貢献が小さかったわけではありません。とくに、レオミュールが発明した**白心可鍛鋳鉄**（はくしんかたんちゅうてつ）は、大センセーションを巻き起こします。１８２２年にレオミュールが報告した「鋳鉄を可鍛性にする方法」は、高炭素の銑鉄を型に鋳込むしか造形ができなかった鋳鉄を、鍛造加工できるようにしたものです。鋼を量産する転炉法や平炉法が出現する、30年以上も前のことです。加工できる鋳鉄の知らせに、まもなく米国でも**黒心可鍛鋳鉄**が発明されます。

■白心可鍛鋳鉄

白心可鍛鋳鉄は、鋳造品を長時間、高温焼鈍（しょうどん）（焼きなまし）することで得られます。鋳造品の表面から炭素が抜け出し、抜け出した部分は脆さが無くな

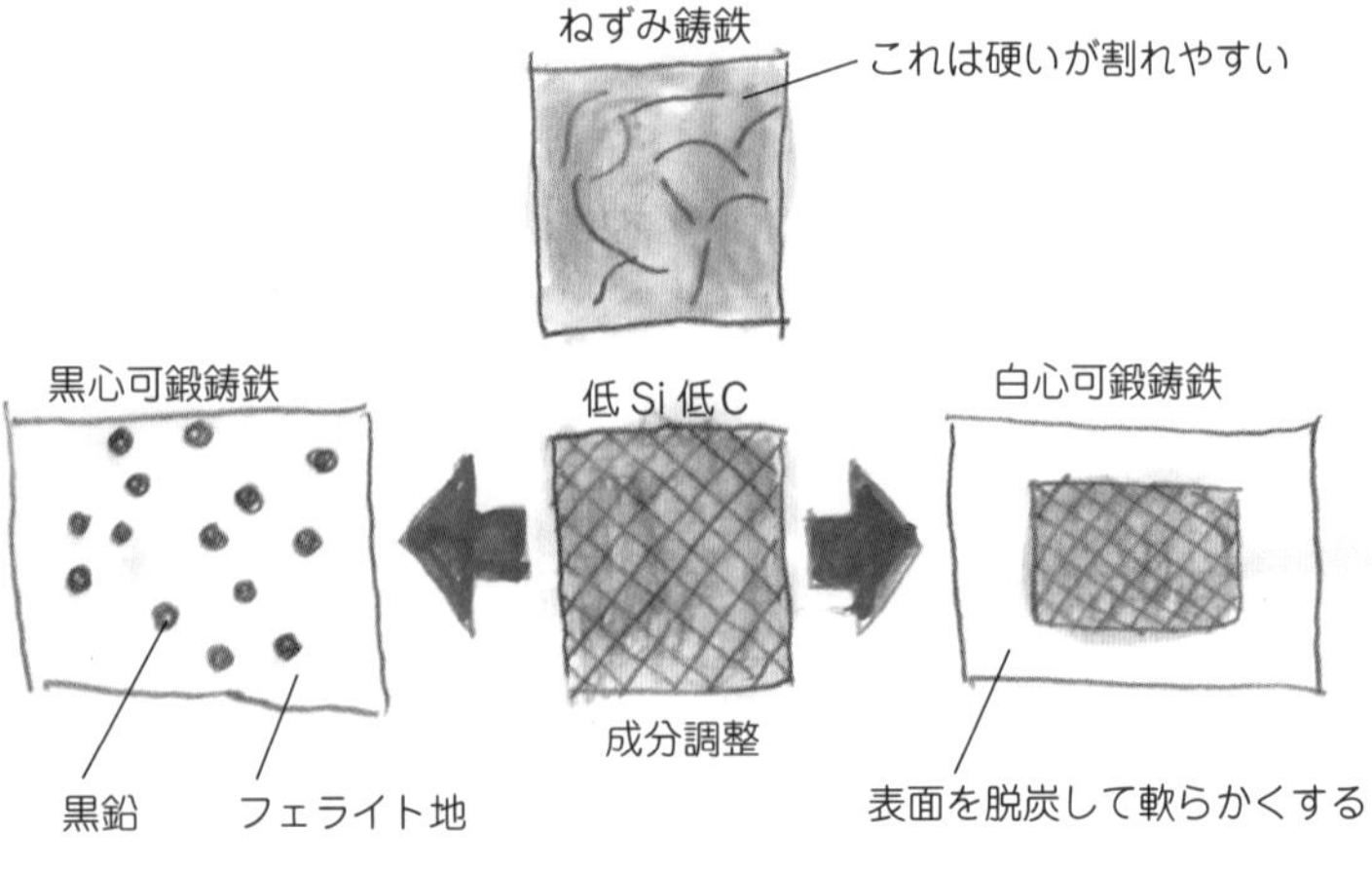

ねずみ鋳鉄
これは硬いが割れやすい
黒心可鍛鋳鉄
低Si低C
白心可鍛鋳鉄
成分調整
黒鉛
フェライト地
表面を脱炭して軟らかくする

▪可鍛鋳鉄▪

り、靭性や切削性、耐衝撃性が改善します。こうして叩いて成形できる鋳鉄、すなわち可鍛鋳鉄が得られました。

なぜ白心と呼ばれるのかというと、脱炭は表面から進むので、中心部はもとの鋳鉄成分のまま脆く、割ったとき脆性破面になり、肉眼では白っぽく見えるためです。どうです、すごいでしょう。真ん中は固く、周囲は鍛造加工で変形できる素材は使い手があります。自動車用の部品や機械部品にたくさん使われました。

■鋳鉄処理方法の進化

レオミュールの発明以降、鋳鉄を脱炭するには、長時間高温の炉に入れて焼鈍するという脱炭法が、長年続きました。しかし、これでは生産性が悪く、量産ができません。第二次世界大戦中に、炉内のガス雰囲気を制御し、焼鈍時間を短縮する方法が開発されました。

戦時中には、さまざまな金属技術が進化しますが、制御気流法もその一つです。一旦改善の方向性が定まると、連続化も進み、可鍛鋳鉄の**連続焼鈍製造技術***が大発展します。

⦿ロイク王立大砲鋳造所

■ロイク

ロイクはオランダ語で、現在のベルギーのリエージュです。14世紀から、石炭と製鉄で栄え、武器製造業で成長して、ヨーロッパ大陸で最初に産業革命を起こした街です。1803年、仏人ペリエがフランス艦隊の36ポンド砲を3000門受注し、反射炉6基、蒸気機関6台を用いて、木炭高炉銑で製造したとの記録があります。

■鋳造の教科書

ロイクの名前は、遠く離れた江戸末期の日本で知られることになります。ロイクにあった大砲鋳造所の所長をしていたヒュ

＊可鍛鋳鉄の連続焼鈍製造技術
鋳鉄鋳物は黒鉛を含み脆い。鋳鉄に延性を持たせるため、加熱炉で黒鉛を分解したり、球状化したり、組織を制御するため冷却を制御する。

ゲニンが、1826年に著した蘭書を、大島高任が『**ロイク王立鉄製大砲鋳造所における鋳造法**』として翻訳したからです。この本ほど、日本の製鉄の発展の歴史に影響を与えた本はありません。大島高任は、この本の記述だけを頼りに、釜石で製鉄を始めます。いわば、日本鉄鋼の元祖教本*です。

では、筆者**ヒュゲニン**は、なぜこの本を書こうと思ったのでしょうか。ヒュゲニンは、オランダの砲兵将校でした。仏国に負けて独国に渡りましたが、ナポレオンの敗退でオランダが独立すると、壊滅状態であったロイク王立大砲鋳造所の所長として、オランダに戻ることができました。

そこで見たものは、手順書や教科書もない状態で作業している人々の姿でした。当時の大砲は、鋳鋼法で製造していました。ヒュゲニンは、反射炉による大砲製造の解説書を作り、作業者への教育を始めます。

＊日本鉄鋼の元祖教本
1836年、国交があったオランダから、『ロイク鉄製大砲鋳造所における鋳造法』が伝わる。日本人が理解できるオランダ語で書かれていたことと、現場作業者向けの入門書で、高炉や精錬法も簡潔に図解されていたことから、製鉄技術の自習を余儀なくされていた当時の状況に適した入門書であった。

■製鉄入門に貢献

ヒュゲニンは、緒言の中で「鋳造に従事する者は、製鉄の知識を持たねばならない」と述べています。ただ、製鉄知識つまり高炉関係の内容は、初心者向きの解説で、本文の導入にすぎませんでした。20章のうち、最初の5章で、鉱石と処理方法、高炉構造、火入れ操業、高炉製錬、鋳鉄を簡単に解説しているだけです。

ところが、幕末の日本では、オランダ語で書かれたこの書籍が幸いしました。一番知りたかった「高炉って何?」が、最初の超入門の章に書かれていました。大島高任はこの部分を翻訳して、日本の鉄鋼のスタート教本にしたのです。

オランダ人
ヒュゲニン
リェージュ（ベルギー）
ロイク王立鋳造所所長
（オランダ語）
技術教科書を作るぞ
手順書ない
標準書ない
鉄の作り方
知らない作業者
が多すぎ
20章中5章が鉄製造入門
鉱石と処理
高炉構造
火入れ操業
高炉製錬
鋳鉄
高炉って何?

幕末日本で役立つ

■幕末日本に役立ったヒュゲニンの教科書■

⦿ブンゼン

■ブンゼンの名

ブンゼン*と聞くと、小学校時代の理科実験教室を思い出す人もいるのではないでしょうか。加熱に使うあのガスバーナーが**ブンゼンバーナー***です。

ブンゼンバーナーは、今でこそ実験室で静かに児童や生徒を待っているだけですが、かつては金属の発見に大貢献しました。バーナーの炎を利用した**分光分析***により、ブンゼンはグスタフ・キルヒホッフと共同で、1860年にセシウム、1861年にルビジウムを発見しました。

■ブンゼンの生涯

ロベルト・ブンゼンは、独国のゲッティンゲンで1811年に生まれました。地元の大学を卒業後、ヨーロッパの各地をまわり、1836年にカッセル工業専門学校教師になります。最

＊ブンゼン（人名）
［独国］1811-1899。ロベルト・ブンゼン。ハイデルベルク大学で化学教授として教鞭をとる。結婚せず、研究室で働くことを好み、有益な発見をし続けながらも特許を出さず、後進を熱心に指導し、数多くの研究者を育てた。

＊ブンゼンバーナー
当時のバーナーは、吹き出し口の周囲の空気でガスを燃焼させており、不完全燃焼が多く、すすが出ていた。ブンゼンは燃料ガスの吹き出し口の周囲から空気を吹き出すように変更し、すすが出ない透明な燃焼を可能にした。

＊分光分析
ブンゼンバーナーで燃やすと、炎が透明のため、金属の燃焼色が正確に特定できる。分光器はプリズムなどで光のスペクトルを分解し、金属元素特有の輝線を観察する。ブンゼンとキルヒホッフの協力により、分光分析技術が確立した。

後にはハイデルベルク大学教授になり、ヒ素化合物の解毒作用の研究中に死にかけたり、実験の爆発事故にあったりします。また、安価なブンゼン電池*を作り、その電池でマグネシウムを金属として取り出すことにも成功しました。教授時代の門下生は数多く*、ドミトリ・メンデレーエフも留学生として滞在しました。

■高炉ガス分析

数々の成果があるブンゼンですが、ここではカッセル工業専門学校教師をしていたときの高炉ガスの分析と、それによる高炉の内部構造の解明に絞って紹介します。

すでにコークス高炉操業は確立されており、高炉に熱風を吹き込む操業も、その燃料として高炉から出る炉頂ガス分析も、広く利用されていました。技術開発・改善の興味は、高炉の生産性と操業・品質の安定に移っていました。

こうした中、「高炉の中で何が起こっているのか」について

***ブンゼン電池**
1780年にガルバーニが、勘違いで生体電池を提唱して以降、1800年にボルタが亜鉛と銅でボルタ電池を作り、1836年にはダニエルが素焼きの仕切りで改良したダニエル電池を作り、1841年にブンゼンが亜鉛と炭素でブンゼン電池を作った。

***教授時代の門下生は数多く**
キルヒホッフ以外にも、ノーベル賞を受賞したインディゴ合成のアドルフ・マイヤーや、ヘリウム液化のヘイケ・オネスがいた。周期表のメンデレーエフ、鉄の歴史を書いたベックも同研究室で仕事をした。

さまざまな疑問が湧いてきました。高炉の中の燃焼はどのように進むのか。熱風を吹き込むと、吹き込み部の燃焼は強化されますが、炉の中腹のシャフト部の温度は下がり、炉頂ガス温度が低くなるのはなぜか。課題を煎じ詰めるとこのようになります。

ブンゼンは高炉からガス採取を行い、反応メカニズムを解明しようとします。昔から発想自体はありました。しかし、「高温の高炉からどうやってガス採取をするんだ」というのが当時の反応です。

現場大好き、実験大好きのブンゼンに高炉調査の話が来たとき、ブンゼンはこの難題に飛び付きます。高炉のいろいろな高さのガスを採取できると、反応メカニズムがわかるはずです。

ガスの捕集には、鉄砲の銃身を鍛接してつな

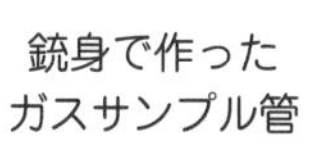

▪ブンゼン▪

ぎました。種々の長さの管を作り、これを炉頂からシャフト中に差し込みます。銃身で作った管の上端には、曲げた鉛管がハンダ付けされています。ガスは湿気を吸収するために、塩化カルシウムの充填された長いガラス管に導かれ、短い管に導かれます。

管の末端は細くなっており、真空ポンプが連結され、ガスが確実に得られるまでポンプで吸い出します。充分にガスが充満すると、管の両端を火で熱して密封します。これでガス採取完了です。

すみません、この作業が脳裏に鮮やかに描かれてしまい、昔の癖で現場試験方案を書いている気分になって*、いつの間にかキーボードを夢中で叩いていました。

高炉内部

ここからは簡潔に話を進めます。ブンゼンは1838年、ヴェッカーハーゲン製鉄所の高炉でガス採取実験を行います。

＊気分になって
筆者の場合は、製鋼の鋳造工程で、溶鋼の酸化を防ぐために、潜水艦のようなハッチのついた設備で外気を遮断した。設備内をアルゴンガスで置換して、内部のガスを連続サンプリングして酸素濃度や一酸化炭素濃度を計測する仕組みをハンドメイドで作り上げ、計測結果と品質結果を突き合わせる実験だった。文字にすると簡単だが、現場でのガスサンプリングには手間がかかる。ブンゼンさんの苦労はよくわかる。

ガス分析の結果から、炉内反応が明らかになります。高炉の内部に、**予熱帯***、**還元帯***、**溶融帯***があることを報告します。これ以降、経験則で操業していた高炉の内部の状況を、誰もが思い描くことができるようになりました。ブラックボックスの内部が解明され、設備や操業の改善、原料の変化に対応できるようになったのです。

＊**予熱帯**
ブンゼンが操業中の高炉の内部ガスを採取して解明したところ、高炉の上部の鉱石やコークスは、上昇してきたガスで予熱されていることがわかった。

＊**還元帯**
高炉の中段は、一酸化炭素が鉄鉱石を還元しているゾーン。一酸化炭素は下部から吹き込まれた空気がコークスと反応して生成される。上からコークスや鉄鉱石が降りてきて、下から登ってきた一酸化炭素ガスで鉄鉱石が還元されて鉄が生まれ、固体コークスから炭素が鉄に入っていく。

＊**溶融帯**
高炉の下段では、上から炭素を含んで融点が下がり溶け出した鉄、溶けた銑鉄、つまり溶銑がコークスや鉄鉱石の間を通ってしたたり落ちる。このようにして、溶銑が底に溜まっていく。時々、高炉の下部に穴を開けて、銑鉄を取り出す。

7-3 〈1840－1860〉黄金と彗星――黄金がゴールドラッシュを呼び、彗星のごとく転炉法が誕生する

⦿年代解説

1840年－1860年は、金属の利用分野や鉄の利用分野での出来事は、数は少ないけれど重要なものが多くあります。

金属の利用では、1848年、米国のカリフォルニアで金鉱が発見され、突如現れたゴールドラッシュがあります。新発見の金属の利用も活発化し、製造が始まったばかりのアルミニウムを、仏国のナポレオン3世が1855年のパリ万国博覧会で出品展示しました。

鉄の利用では、この時期に重要な3つの技術が確立します。まずは1856年、英国のベッセマー*が発明した**ベッセマー**

＊ベッセマー（人名）
［英国］1813－1898。ヘンリー・ベッセマー。ベッセマー転炉の発明者。

＊ベッセマー転炉
転炉とは、高炉で作られた炭素の多い銑鉄を炉に入れ、銑鉄中に空気を吹き込むことで炭素を除去し、鋼を作る設備のこと。鋼を作るプロセスは製鋼法と呼ぶが、るつぼ法やパドル法に比べ、ベッセマー転炉は加熱燃料が不要など革新的な設備である。

転炉*で、製鋼能力の拡大が完成します。同年にはジーメンス兄弟*らが、蓄熱式加熱炉を発明します。

この蓄熱式加熱炉は、その後の精錬プロセスである平炉などにも使われることになります。1857年には高炉に熱風を吹き込み、大幅に生産性を向上させる、**カウパー式熱風炉**が発明されます。この技術は、全世界の溶鉱炉に用いられることになります。

*ジーメンス兄弟（人名）
［独国］次男ウィルヘルム・ジーメンス（1823－1883）、3男フリードリヒ・ジーメンス（1826－1904）。蓄熱炉を用いた反射炉を開発。1864年にエミール・マルチンとピエール父子が、銑鉄とスクラップを入れて不純物を除去する方法を考案。ジーメンス兄弟とマルチン父子が協力して、ジーメンス・マルチン平炉を開発した。

⦿ゴールドラッシュ

■カリフォルニア・ゴールドラッシュ

金鉱石を求めて、大勢の人が特定の場所に押し寄せる現象を**ゴールドラッシュ***と呼びます。過去に何度かありましたが、ゴールドラッシュの代名詞は、1849年のカリフォルニア・ゴールドラッシュです。

事の発端は、製材所の放水路で一人の現場監督が、金属片を

*ゴールドラッシュ
金鉱が発見されると、世界中から一攫千金を狙う採掘者が押し寄せる。19世紀後半から、オーストラリア、ニュージーランド、カナダ、米国、チリ、ブラジル、南アフリカで何度も起こっている。労働環境は極めて過酷である。

見つけたところから始まります。その金属が金だと判明し、当初関係者は秘密にしておこうとしましたが、やがて新聞社の知るところになります。

新聞社主は、採掘資材を売る準備をした上で、「金が出た。川から金だ」と叫んで回って、新聞や準備した採掘資材を売りまくります。金発見の知らせに、米国全土はもちろん、世界中から30万人の採掘者が押し寄せたといいます。

■金鉱床の生成

金を得るためには、特定の場所に金が集中している必要があります。カリフォルニアのメカニズムで説明します。4億年前、カリフォルニアは海の底でした。ここに海底火山や溶岩や鉱物が堆積しました。2億年前に地殻変動で、その堆積した海底がプレートの下に引き込まれます。その境界

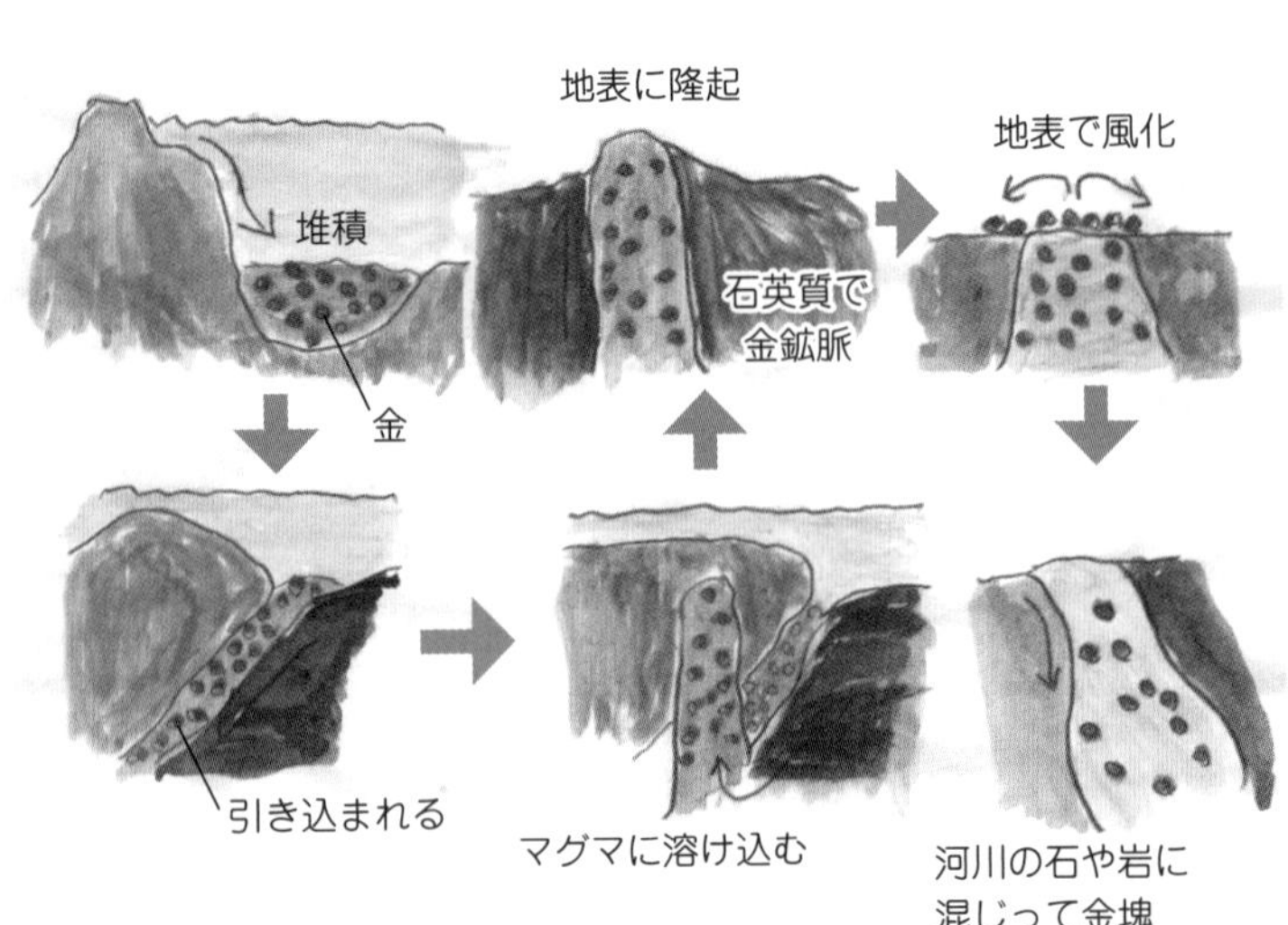

■金鉱床生成の仕組み■

部で堆積物は溶融し、マグマ*に溶け込みます。溶融マグマは上方に移動しながら冷えていき、石英鉱物の中で金鉱脈が形成されて地表に押し出され、雨水で侵食されて川砂や砂漠に金が散らばることになります。

■金採取方法

カリフォルニアの砂礫層における金含有率は高く、川で砂金採取をすれば、金が採れました。**選鉱鍋***に川砂を入れて、それを洗う方法です。ただ、この方式では手間がかかりすぎます。やがて、川の水を側水路に誘導し、川底を露出させて金を探したり、高圧水で砂礫層を砕き採取したりする方法が採られるようになりました。

***マグマ**
地球内部は高圧のため、固体の岩石でできている。場所によっては高温になり、岩石が溶融してマグマとなる。地球が生まれた46億年前は、地表が高温で溶けるマグマオーシャンだった。マグマが地表に吹き出すと、火山噴火となる。

***選鉱鍋**
精錬せずとも、金属である黄金などは、川砂や川の底で見つかる場合がある。この場合、鍋やカゴで砂をすくい上げ、砂の中から金の粒を見つける作業が必要になる。この作業が選鉱であり、使われる道具が選鉱鍋である。

7-4 〈1860－1880〉理解と製鋼――周期表が理解を深め、製鋼法の死闘の中で鉄血演説が生まれる

⊙年代解説

1860年－1880年は、金属の利用分野では周期表、鉄の利用分野では独国を中心に製鉄技術と製鉄製品が目立ち始めます。

金属の利用は、1865年に英国のソルビー*が顕微鏡で、**金属組織**を検査観察します。1871年、ロシアの**メンデレーエフ**は、周期表を提案し、未発見の元素を予言します。1878年に米国の**ギブズ***は、金属成長の熱力学考察を発表します。

*ソルビー（人名）

［英国］1826－1908。ヘンリー・ソルビー。遺産で自宅を研究室に改造し、生涯独身の研究者を貫く。岩石を薄くスライスして、光を透過しながら顕微鏡観察する方法を確立。隕鉄や鋼の試料を顕微鏡で観察する金相学を樹立した。

*ギブズ（人名）

［米国］1839－1903。ウィラード・ギブズ。熱力学ポテンシャル、化学ポテンシャルの概念を確立し、化学熱力学の基礎を作る。当時の米国の大学では、古典が主要科目であり、科学知識は顧みられず、長らく注目されなかった。

■鋼の時代の始まり

鉄の利用では、ヨーロッパ大陸でベッセマー転炉の採用が始まります。まず1860年に、仏国でベッセマー転炉が採用されます。1862年には、独国のクルップ社でオールベッセマー転炉の製鉄所が作られます。

1864年には、シーメンスらが**平炉法**を発明します。1867年、独国クルップの大砲**クルップ砲***は、パリ万国博覧会に出品されます。万国博覧会は、各国の国力を見せる場でもありました。

1873年のウイーン**万国博覧会**では、米国が英国を圧倒しました。1879年、シドニー・トーマスは、塩基性耐火物を利用したトーマス転炉を発明し、リンが多い鉱石でも転炉精錬が可能になりました。

***クルップ砲**
軍事兵器製造のクルップ社は多くの大砲を作っているが、クルップ砲は、とくに1847年に製作した世界初の鋳鋼製の大砲を指す。鋳鉄製の大砲は衝撃に弱かったが、鋳鋼製の大砲は衝撃に耐える。弾薬や砲弾を後ろから挿入する後装式が特徴。

⦿メンデレーエフ

メンデレーエフ*と聞くと、理科実験室に写真が飾ってあった、ヒゲモジャのおじさんを思い出すのは、筆者だけではないと思います。理科でも、「**周期表***」の発見者として紹介されている有名人です。

■メンデレーエフの生い立ち

ドミトリ・メンデレーエフは、１８３４年にロシアに生まれました。苦学しながら博物学の教師になり、後に大学に進みます。独国のブンゼンの研究室に留学し、気体密度の測定の研究を行っていました。

メンデレーエフは１８６７年に、サンクトペテルブルク大学の一般化学講座の教授になります。そして１８６９年、自分で企画した全2巻の教科書『化学の原理』の第1巻を完成させます。これがまた、彼の風貌と同じく、型破り*でした。本文よ

＊メンデレーエフ（人名）
［ロシア］１８３４−１９０７。ドミトリ・メンデレーエフ。元素の並び順に規則性があることに気づき、元素周期表を提唱した。周囲は懐疑的だったが、予言通りの性質の元素発見が相次ぐ。1票差でノーベル化学賞を逃し、翌年死去。

＊周期表
元素の発見が相次いだ１７００年代後半から、元素は何種類あるのかわからないまま元素発見競争が続いていた。元素を原子量の順番に並べたり、よく似た性質をまとめたりする中、性質の周期性に着目した周期表が登場する。

り脚注の方が多く、エピソードがてんこ盛りの脱線本でした。しかし記述の構成はしっかりしていました。ちょっと本書と似ていますね。

順番の必要性

そして、その日の朝がやってきます。1869年2月14日金曜日の朝までに、第2巻の2つの章は完成しました。メンデレーエフが直面したのは、次にどの元素グループを取り扱うかという問題です。本全体の構成は、書き進める元素の順番が大切です。

書籍の執筆には、元素を順序良く並べることができる、何か基本となる法則が必要です。時間に余裕はありません。週末のうちに目処を立てなければ、週明けからの仕事が目白押しです。

元素のこの順番の問題さえ解決しておけば、出張から戻ったらすぐ教科書を書き始めることができます。メンデレーエフは、モノが散乱した書斎の中央のテーブルで、執筆の順番を決める

＊**型破り**
型破りは、本の内容や風貌だけではなかった。メンデレーエフは、甘えん坊で癇癪もちで、研究に没頭すると部屋に引きこもって出てこない。現代なら、まあ当たり前になってきている面もあるが、当時は家庭を顧みない夫は、相当に大変だった。奥さんが賢明な女性で、できるだけ顔を合わさないように同居を避けて生活し、家庭生活の破綻を免れていた。

ことに悩み始めます。

■発見もしくは理解

原子量の順番ではおかしい。でも、何となくパターンがあるようにも思える。メンデレーエフが妙案を思いついたのは、この時点だと言われています。

白紙の**カードゲーム**＊を取り出して、机に並べ始めます。そして、これに元素名を書き出し、縦と横に並べ始めます。いつの間にか居眠りをしていて、目が覚めました。メンデレーエフは述懐しています。「私は夢の中で、すべての元素が定められた場所にうまく当てはめられた表を見た。目を覚ますと、すぐにそれを紙に書きとめた」。

メンデレーエフは夢の中で、元素を原子量の順に表にすれば、それぞれの似た性質の元素が一定の周期で繰り返されることを理解しました。そこで彼は、自分の発見を「**元素周期表**」と名付けたのです。

＊**カードゲーム**
メンデレーエフの大好きなカードゲームは、「ロシアンペイシェンス」だった。このゲームは一言で説明すると、パソコン初期に大流行したゲーム「ソリティア」。あの風貌で、ソリティアに夢中だったのは微笑ましい。大発見である元素周期表が、後のパソコンゲームから思いついたものであるとは、ちょっと想像したくない。もっと厳かな発見であって欲しいと思うのは筆者だけか。

■その後のメンデレーエフ

その後のことは、さまざまな読み物に書かれています。未発見の元素エカケイ素、エカアルミニウムを予測したけれど、なかなか見つからなかったこと。そして、これだけの大発見をしたにも関わらず、ノーベル賞を逃したことなど。面白いエピソードはいろいろあります。

1869年にメンデレーエフが元素の周期表を考案してから、150年の間に50以上の新しい元素が発見されました。それが周期表に書き込まれ続けているという事実は、彼の周期表の素晴らしさと、科学への貢献を物語っています。元素の大半が金属であることから考えても、メンデレーエフは金属に居場所を与えてくれた恩人です。

■周期表■

◉鉄血演説

■演説の背景

鉄血演説とは、1862年にプロイセン首相の**オットー・ビスマルク**が、ドイツ統一について論じた演説のことです。当時、ドイツは小国に分かれていました。大国の脅威に対抗するためには、ドイツ統一を目指して、軍備拡張が必要だと主張しました。

■ビスマルクの生い立ち

ビスマルク*は、姿顔から軍人のような印象を持ちますが、根っからの政治家です。官僚から代議士へ、そしてフランクフルト連邦議会のプロイセン代表に、さらにロシアやフランス大使歴任後、プロイセン皇帝から乞われて、1862年にプロイセン首相になります。

軍備拡張を主張する皇帝の代理として、彼は議会と最初から

*ビスマルク（人名）
［独国］1815-1898。オットー・フォン・ビスマルク。プロイセン出身。1862年、プロイセン首相に任命され、鉄血演説により、軍隊の改革を行った。1867年に普仏戦争に勝利するなど、ドイツ帝国樹立に尽力するが、1890年に失脚する。

*鉄血演説
プロイセンの軍制改革により国王と議会が対立する中、プロイセン首相に任命されたビスマルクが行った演説。鉄は大砲で、血は兵士。軍制改革予算を通さない議会に対し、「緊急事態には政府権限で予算を施行する」と述べ、紛糾する。

衝突します。そのとき「ドイツ問題は鉄と血によって解決される」という有名な**鉄血演説***を行って、議会を押さえ込みます。

ビスマルクは、1855年にオーストリアとの戦争に勝ち、オーストリアの勢力をドイツから駆逐し、1870年からの普仏戦争にも勝利してナポレオン3世を捕虜にします。そして、パリのベルサイユ宮殿でプロイセン皇帝の戴冠式を行い、念願のドイツ帝国を成立させて、初代宰相になります。

外交手腕に長けたビスマルクは、宗教や社会主義などの課題が山積する中、ドイツ帝国を発展させていきました。しかし1890年、ドイツ皇帝との対立が深まり、辞職します。

■**鉄血演説とは**

1862年、議会は政府提出の軍備拡張予算を拒

▪鉄血演説▪

否します。この窮状を打開するため、国王はビスマルクを首相兼外相に任命しました。数日後、ビスマルクは下院予算委員会で議員を前にして、軍備の必要性を訴える演説を行い、次のような言葉で締めます。

「ドイツが注目しているのは、プロイセンの、自由主義ではなく力です。（中略）プロイセンは、その力を結集し、好機のために保持しなければなりません。好機はすでに幾度も逃してきました。ウィーン条約後のプロイセンの国境は、健全な国家生活にはふさわしくありません。現下の大問題の解決は、演説や多数決によってではなく、鉄と血によってなされるのです」。

予算を議会が通さなくても統治するとの宣言です。この演説に出てくる「鉄」とは、鉄道と大砲のことです。「血」とは体内に血が流れている兵士を示します。「ドイツを統一するのは武力のみ」と新米宰相は宣言します。

では、ビスマルクはこういう言葉の着想を、どこで得たのでしょうか。それは、プロイセンにあるクルップ社と大きく関わっ

1836年	クルップ社、鉄道機器の生産開始（独）
1847年	クルップ社、プロイセン軍部より砲身用鋳塊受注（独）
1861年	クルップ、大砲専門工場建設普
1862年	クルップ社、ヨーロッパ大陸初のベッセマー転炉製鉄所（独）
1862年	**プロイセンのビスマルク「鉄血演説」**
1864年	クルップ社、鉄鉱石、製鉄所、炭鉱買収（独）
1867年	クルップの大砲、パリ万国博覧会に出展（普）

▪ビスマルクとクルップ社の関係▪

ているのではないでしょうか。クルップ社の設備増強が、鉄血演説の前に勢いづきます。鉄道機器、軍部よりの砲身受注、大砲工場建設、そして、大陸初のベッセマー転炉の新鋭製鉄所の操業開始。ビスマルクは、1867年のパリ万国博覧会に、クルップ社製の**巨大砲**を展示します。

鉄血演説は、字面だけ読めば普通の講演です。しかしその背景には、プロイセンの地元で急速に力を付けてきた、兵器産業の影響があったのではないでしょうか。

⦿製鋼法戦国時代

■ベッセマー転炉

ベッセマーは、職業発明家でした。ベッセマー転炉誕生のきっかけとなったのは、英国や仏国などの連合軍と、ロシアが激しく戦った**クリミア戦争***です。初の世界大戦といわれるこの戦争を背景として、ナポレオン3世が出した懸賞を獲得するため

***クリミア戦争**
1853−1856。仏国、オスマン帝国、英国とサルディーニャ（仏国と伊国）の連合軍と、ロシア軍がクリミア半島で戦った。初の世界大戦といわれる大激戦。産業革命を経験する仏国と英国と、未経験のロシアで国力差が出た。

に、ベッセマーは大砲の製作を試みます。しかしその過程で、良質な鋼が大量に必要なことを知り、彼の関心は効率的に鋼を作る仕事に向かいます。

当時、コークス高炉から大量の銑鉄を得ることはできました。しかし、それを処理する方法が、銑鉄を鋳込む鋳銑にするか、パドル法で錬鉄にするか、銑鉄と錬鉄を混ぜるるつぼ法を採用するかしかなく、大砲に必要な大量の鋼鉄を作り出すことができませんでした。

そこでベッセマーは、溶けた銑鉄を容器に入れ、底から空気を吹き込むアイデアを実現しようとします。空気中の酸素が銑鉄中の炭素と結びつき、炭素分が一酸化炭素として抜けていきます。この反応は、発熱反応で加熱するために、石炭を燃やす必要もありません。30分程度の処理時間で精錬が完了します。1856年に発表されたベッ

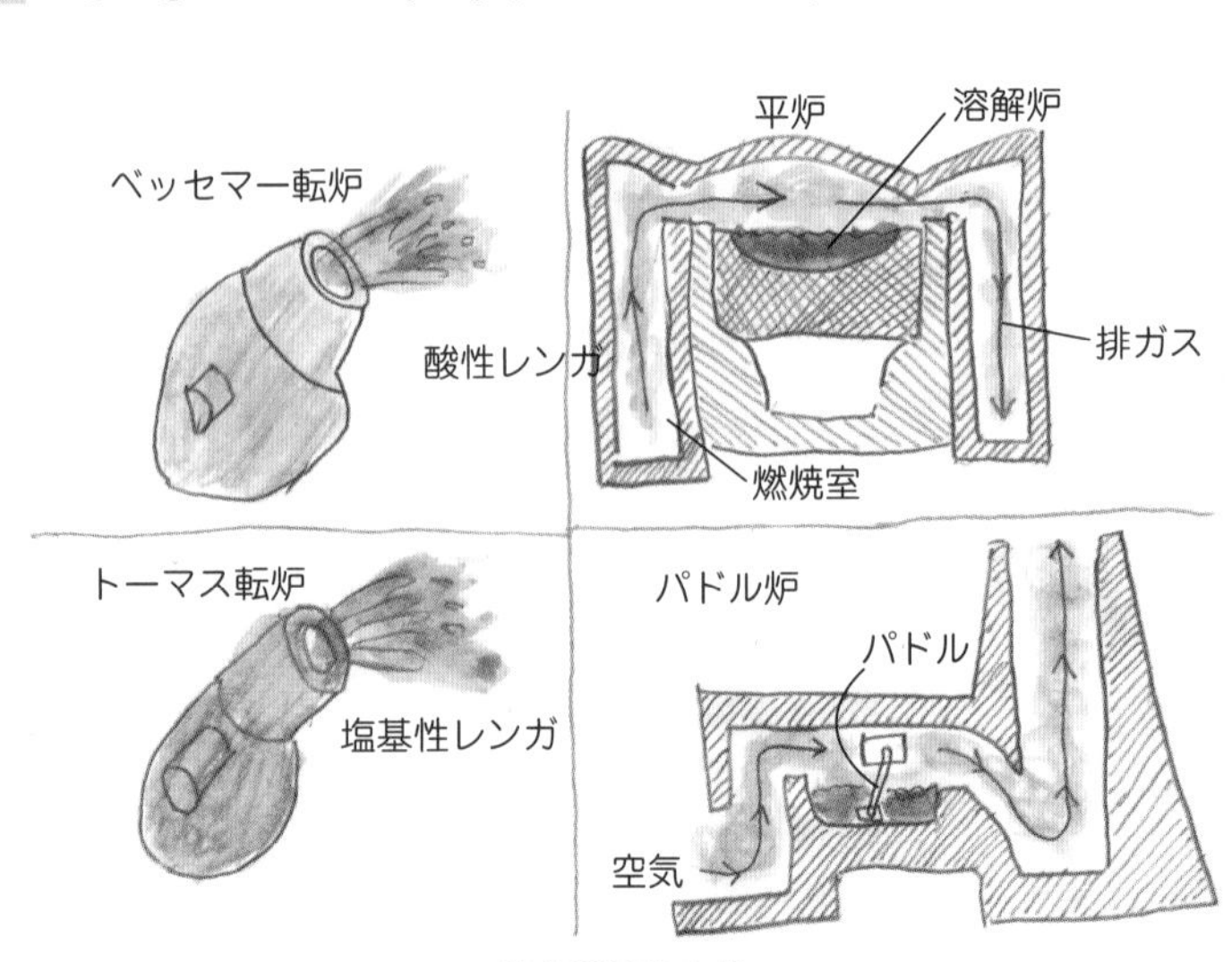

■鉄鋼戦国時代■

セマー転炉は、鋼を作るためには非常に好都合な条件が揃っていました。

■地に落ちる転炉法

ただし懸念もあります。溶鉄を入れるためには、耐火物を張り詰めた炉を作らなくてはなりません。溶銑から溶鋼に変わる際に発生するスラグが、耐火物を侵食します。当時の耐火物の技術は、酸性の珪酸耐火物しか存在しません。石灰石などを入れて転炉のスラグを塩基性にすると、耐火物がもちません。これは、鋼からりんを取り除くことができないことを意味しました。

できたばかりのベッセマー転炉は、英国ではりんが多いとの悪評が立ち、腐った銑鉄*を作る「流星のように現れ消えていった」技術と評価されてしまいます。英国の国内産の鉄鉱石は、りんの含有量が多く、塩基性スラグが使えないと、せっかく作った鋼の品質はひどいものになりました。

＊腐った銑鉄
彗星のごとく現れたベッセマー転炉は、酸性煉瓦のため、脱りんスラグが作れなかった。英国で手に入る鉄鉱石はリンが多く、高りんの銑鉄は品質が悪いため「腐った」と酷評された。

ベッセマー転炉は、スウェーデンや仏国、独国などが積極的に採用しようとします。採用する国や場所は、リン濃度が低い鉄鉱石が手に入る場所でした。これが英国でますますベッセマー転炉を劣勢に立たせます。

1877年、裁判所の書記の**シドニー・トーマス***が塩基性レンガを発案して転炉に貼るまでは、新興勢力の平炉に主役の座を明け渡します。その後、**トーマス転炉***が作られたことにより、転炉法が大陸中心に広まっていきます。

⦿平炉法の普及

1910年頃のベッセマー転炉法は、**平炉法**に完敗します。平炉法は、1860年頃にジーメンスが発明し、マルタンが商用化に成功したものです。加熱炉から熱風を吹き込み、じっくり時間をかけて溶鉄を鋼にしていきます。同時に脱りんも可能です。

＊シドニー・トーマス（人名）
［英国］1850－1885。警察裁判所書記官の仕事の合間に、大学の化学講義に出席。そのとき「転炉でりん問題を解決すれば一儲けできる」と聞き、製鉄所に勤めるいとこに、塩基性レンガを使った転炉で試験をしてもらい特許化する。

＊トーマス転炉
1877年に特許化した転炉精錬法。転炉耐火物を珪砂煉瓦からドロマイトカーボン煉瓦に変更したことで、スラグによる炉壁溶損がなくなった。その結果、スラグを積極的に使えるようになり、りんの多い鉱石からでも低りん鋼製造が可能となった。

WORLD HISTORY OF METALS

第8章
金属の躍進——巨大建造物と新金属の大躍進

金属の利用(続き)

X線

1895年 レントゲン、X線発見
1895年 マーテル、「反発強さ」の始まり

アンバー

1897年 ギョーム、アンバーを発明、合金組成Fe-35Ni【仏】
1897年 フェップル、現代の「静的押込み硬さ」【硬】
1897年 ベクレル、ウランから放射線を発見【仏】
1898年 仏国のカルノーとケータルは鉄クロム合金の耐食性が、炭素含有量が高いと劣化する事を見出した【仏】
1898年 ヒットルフ、テルミット反応で作ったクロムは、硝酸に反応しないと報告【独】

ラジウム、ポロニウム

1898年 キュリー夫婦、ラジウム、ポロニウム発見【仏】
1898年 テイラー・ホワイト、高速度鋼の体系的研究【米】
1899年 エルー、弧光式電気炉を発明。後のステンレス鋼の製造を可能とする【仏】

高速度鋼

1899年 ティラーおよびホワイト、高速度鋼の生産【米】

鉄の利用

1880年 【材】マグネシアを反射炉へ使用
1881年 コールブルックデール会社が合名会社から株式会社へ組織変更【英】
1881年 【材】マグネシアレンガの発明
1883年 鋼ワイヤーロープの吊り橋のブルックリン橋開通【米】

ベック『鉄の歴史』

1884年 ベック『鉄の歴史』を著す【独】
1885年 【材】クロミアレンガの発明

鉄の利用(続き)

マンネスマン穿孔機

1885年 マンネスマン兄弟、傾斜圧延による鋼管穿孔機を発明【独】

エッフェル塔

1889年 世界初の高層建築物エッフェル塔を建設
1889年 キャンベル、傾注式平炉を建設【米】
1890年 マッキンレー法(関税)で、国内ぶりき産業育成【米】
1890年 世界の溶鋼生産量は11,632千トン

ハーヴェイ鋼板

1891年 ハーヴェイ、ニッケル浸炭焼入れ鋼板発明でハーヴェイ式鋼板製造【米】
1892年 複数基の圧延機を用いた鋼の連続圧延
1892年 カーネギー製鋼会社設立【米】
1892年 アチエンス、カーボランダム発明

クルップ鋼板

1893年 クルップ鋼ニッケルクロム浸炭焼入れ鋼板
1893年 ヒッパード、鋳鉄機を発明【英】
1893年 漢陽鉄廠。出銑開始【中】
1893年 ディーゼル、ディーゼル機関の発明特許
1894年 ディック、押し出し加工法の確立【米】
1895年 カール・フォン・リンデが工業規模の空気液化に成功【独】
1895年 鋼生産高、英を追い越して世界第2位【独】
1896年 ニーランド、高炉にバケット式装入法を発明【米】
1897年 カーネギー社ドュケンズ、707㎥高炉【米】

電気炉製鋼法

1898年 スタノッサ、電気炉で銑および鋼の生産に成功1900年【伊】
1899年 ヒュラン、誘導式電気炉発明【瑞】

年表6<1880-1900>

AD1880

アルミニウムの実用生産

鉄の歴史とエッフェル塔

ニッケルの生産

AD1890

軍艦甲板鋼材の表面熱処理

放射線の科学

新機能素材の開発

AD1900

金属の利用

ハドフィールド

1882年　ハドフィールド、マンガン添加耐摩耗性鋼の発明【英】
1885　ハドフィールド(英)ケイ素鋼の発明

ホール・エルー法

1886年　ホール【米】、エルー【仏】独自にアルミニウムの溶融塩電解精錬法発明
1886年　ヴァンクラー、ゲルマニウム発見
1887年　トレシダー【米】ニッケル鋼の発明
1887年　【独】ローゼブーム、相率を合金研究に応用
1887年　【米】エリス・トムスン、鉄板の電気溶接法発明
1887年　マッカーサーとフォレンツ、青化法の特許取得【英】
1888年　バイヤー、ボーキサイトからアルミナ抽出:バイヤー法【独】
1889年　英国のライレイ、ニッケルが鋼の耐食性を向上させる事を見出した。
1890年　マルテンス、「引掻き硬さ試験機」を制作、「マルテンス硬さ」を定める

モンド法

1890年　モンド、一酸化炭素でのニッケル還元のモンド法発明【英】
1891年　ル・シャトリエ、光学的高温計
1892年　ハドフィールド、高クロム鋼の硫酸腐食が大きいと報告【英】
1892年　オスモンド、高クロム鋼は硝酸エッチングしにくい【仏】
1894年　ボルツマン、固体内拡散方程式提唱
1894年　ディック、押出し加工法の確立と銅や銅合金などの非鉄金属の熱間押出し技術の開始【米】

テルミット法

1895年　【独】ゴルトシュミットはテルミット法で低炭素クロム合金の製造に成功、独国で特許出願
1895年　ローレンツ、古典電子論【蘭】

▼

8-1 〈1880－1890〉実用と製品——エッフェル塔とアルミニウム精錬

⦿年代解説

1880年－1890年は、金属の利用分野では、新素材や新精錬設備が出現します。鉄の利用では、加工技術や建造物が登場します。

金属の利用では、1882年、英国の**ハドフィールド**がマンガン鋼を発明します。1886年、米国**トレシダー**がニッケル鋼*を開発します。1889年、米国の**ライレイ**はニッケルが鋼の耐食性を向上させることを見い出します。精錬技術では、1886年にアルミニウム製造の**ホール・エルー**法を発明します。

＊**ニッケル鋼**
一般的な鋼材は、低温になると靭性劣化する。ニッケルを添加すると、靭性が悪化する温度（転移温度）が下がり、低温でも粘り強くなる。ニッケル鋼は、液化天然ガスの貯蔵タンクや、LPG船など極低温の液体に利用される。

鉄の製造では、1884年、独国でベックが『鉄の歴史』を著します。1885年、独国でマンネスマンが、**マンネスマン穿孔機**＊を発明します。1889年、パリ万国博覧会で仏人エッフェル＊が、世界初の高層建築物**エッフェル塔**＊を建設します。

⦿エッフェル塔の秘密

■パリの光景

世界的な疫病が発生する前、筆者はたびたび英国や仏国に行きました。仏国パリでは、安宿に長期滞在して、金属めぐりをしました。パリの街は、メトロの洒脱な鉄製の屋根や、鋼鉄の枠とガラスを組み合わせたパサージュの天井、街に溢れる銅像が目を引きます。青銅製の大砲が並ぶ戦争博物館など、金属という視点からも、見飽きることなく日々が過ぎます。駅舎を使った美術館の大時計や、そこから見た鬼の像は、今でも目に焼き付いています。

＊マンネスマン穿孔機
［独国］1890年、マックスとラインハルト・マンネスマン兄弟は、継ぎ目なし鋼管の製造技術を発明。丸鋼材を穿孔ロールの間で回転させると、中央部に穴が開く。そこに、ピアスと呼ぶ丸棒を挿入し、継ぎ目なし鋼管に成形する。

＊エッフェル（人名）
［仏国］1832－1923。ギュスターヴ・エッフェル。1889年に竣工したエッフェル塔の設計者、かつ建設受託会社代表。1886年に完成した米国ニューヨークの自由の女神像の設計者でもある。

＊エッフェル塔
1889年のパリ万国博覧会に合わせて建設された。当時すでに転炉や平炉で強靭な鋼が供給されていたが、慎重な設計者エッフェルは、昔から実績のある柔らかい錬鉄で設計した。細く小さな部品を組み合わせた構造のため、塔は優美な姿になり、その外観から「レースの貴婦人」と呼ばれた。

■エッフェル塔の人名板

エッフェル塔は、パリ旅行では誰もが訪れる名所です。登ったことがあるという方もいるかもしれません。このエッフェル塔に、人の名前が書いてあるのを見た人はいらっしゃいますか。筆者は何度も登ったり下から見上げたりしましたが、２０１７年に訪れたときに、初めてその名前が目に入りました。

昼間はマルセイユへ足を伸ばし、パリに戻ったのは遅い時間でした。ふとエッフェル塔に登ろうと思い立ちましたが、21時過ぎだったので塔には登れません。周囲を回りながら塔をスケッチしていたときのことです。双眼鏡で塔の中段を観察していると、ずらっと並んだ文字が目に飛び込んできました。

塔の中段には、1面に18名、4面で72人の名前が刻まれていました。後で調べてわかったのですが、これらの名前は、エッフェル塔が建造された当時のフランスの

■エッフェル塔の文字■

科学界や工業界での著名人でした。設計者のエッフェルは、王宮や教会に王や聖人の像が飾られて後世に残るのと同じように、この塔を科学的**産業界の大伽藍**（だいがらん）と見なしたのです。

名前がわかったのは、トレスカの降伏条件のトレスカ、天文学のラプラス、近代化学の父ラボアジェ、電気単位のアンペール、気体力学のゲーリュサック、コリオリの力のコリオリ、クーロン力のクーロン、振り子のフーコー、ポアソン分布のポアソン、時計のブレゲ、フーリエ級数のフーリエです。

塔の下から双眼鏡で覗きながら、一生懸命に名前を書き写すという、至福の時を過ごしました。夏の21時頃のパリは、まだまだ明るい時間帯でした。

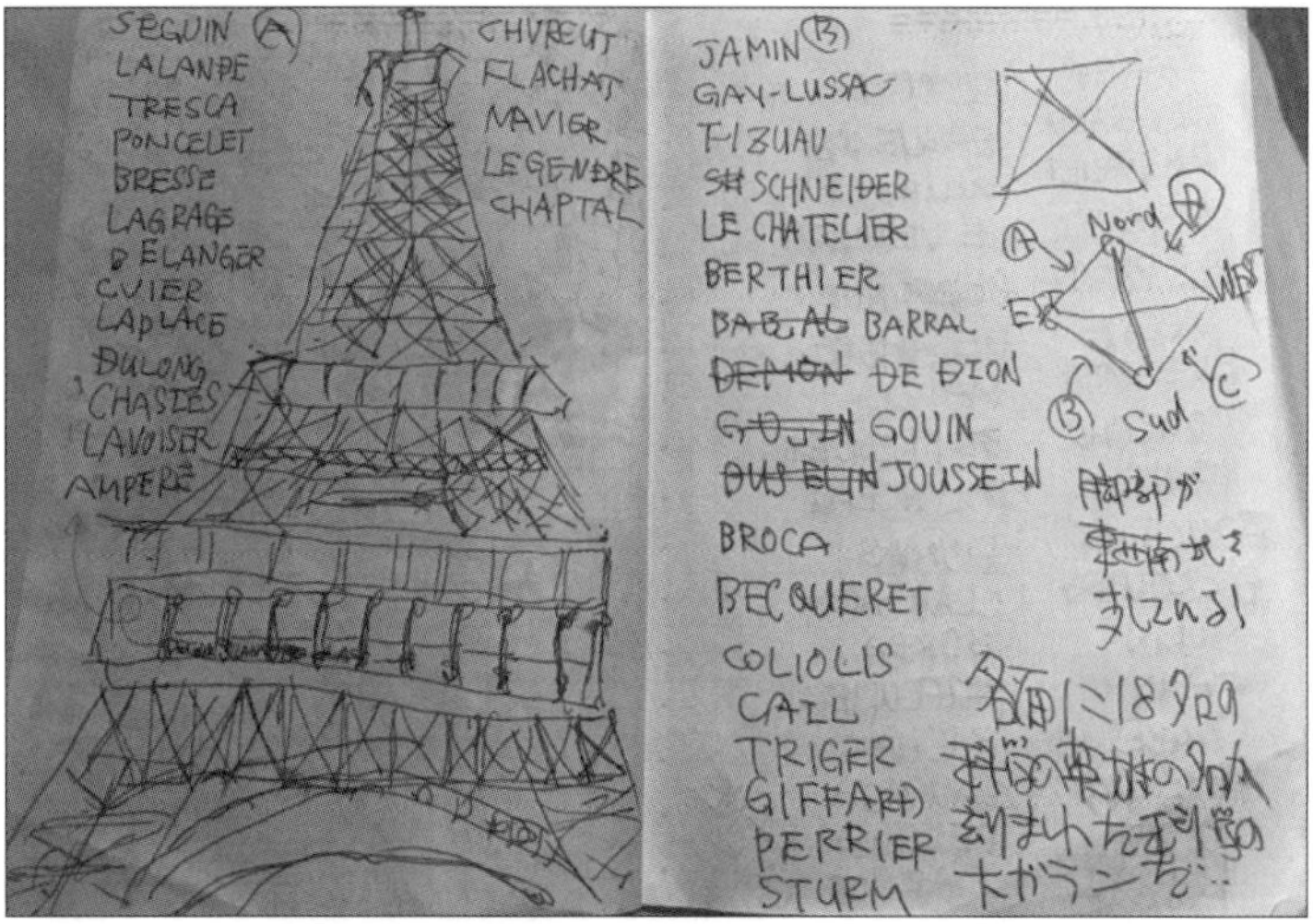

■双眼鏡で覗きながら書き写した塔の人名■

■サン・シモン派

当時のフランスは、すでに工業化が先行していた英国に対し、大きく出遅れているという危機感がありました。英国の科学技術や産業革命を見てきた人々は、「科学技術の発展が、人類をより良い世界に導く」という、宗教に似た信念を抱き始めます。

その中心にいたのがサン・シモン*で、科学技術を信仰する人々のことをサン・シモン派*と呼びました。サン・シモン派は、エッフェル塔を自分たちの宗教の伽藍に見立て、長文の祭文(さいもん)を発表していました。

主よ、我が神殿を汝に示さん。
神殿の丸き柱は
中空の鋳鉄を
束に重ねたり
新しき神殿のパイプ・オルガン
鳴り響く

＊サン・シモン（人名）
［仏国］1760–1825。アンリ・ド・サン・シモン。社会主義思想家。

＊サン・シモン派
英国や米国の産業革命のような産業の発展が、人類の進歩につながるとの思想。あらゆるメンバーが、仏国を繁栄させるために友愛社会を目指すとした。

鉄骨は
鉄と鋳鉄と鋼鉄と＊
銅と青銅で作られて
建築家は円き柱を鉄骨を
管楽器に弦楽器を重ねるごとく
見事重ねて完成す
（鹿島茂『絶景、パリ万国博覧会』より）

■エッフェル塔異聞

万国博覧会で超近代的な建造物に向けられた想いは、神殿に向けられるそれに近いものがあったのでしょう。１８８９年のパリ万博の頃は、産業者による産業者のための社会体制を築くべく、「全産業者が団結しなければならない」と説く**空想的社会主義思想**が広がっていました。

エッフェル塔の建設に対し、パリの芸術家たちは猛反対をしました。文豪モーパッサンもその一人です。しかし、後に彼は、

＊鉄と鋳鉄と鋼鉄と
全部ハズレ。エッフェル塔は、パドル法で作られた、炭素がほとんど入っていない錬鉄でできている。デリーの鉄塔のような純鉄でもなければ、アイアンブリッジのような鋳鉄でもない。当時、鋼鉄はすでに大量生産時代になっていたが、まだ値段が高かった。「じゃあ鋳鉄で、アイアンブリッジのように作ればいいじゃないか」と思うが、鋳鉄は引っ張りに弱く、ボッキリ折れる。で、錬鉄に決まった。当時は、石造りの案もあったようだが、バベルの塔じゃあるまいし、世界一の３００ｍ以上の石の塔はムリ。フランス開催の万博のモニュメントなので、海外から材料を輸入するわけにもいかず、全てフランス国内で調達した。

塔のレストランに入り浸りになります。「塔が見えない場所はここだけだから」というのが、その理由でした。

そういえば、筆者はパリの新婚旅行の最終日、眺めの良いレストランで食事をしたのですが、エッフェル塔を見た記憶がありません。奥さんに最近確かめたところ、塔のレストラン「ジュール・ベルヌ*」で食事をしたとのこと。納得です。

蛇足ですが、サン・シモン派の皆さん、エッフェル塔は錬鉄ですよ。

◉ホール・エルー法

■偶然の出来事

技術というのは、ある時期に世界各地で開花する場合があります。金属分野では、青銅器や鉄器が遠く離れた場所で同時期に使われ出すなど、同時発生としか思えないような事例があります。

もちろん昔の人は、現代の私たちが考えるよりも、はるかに

***レストラン「ジュール・ベルヌ」**
エッフェル塔の第2展望台にあるレストランは、仏国の空想科学小説作家ジュール・ベルヌ（1828－1906）が店名の由来となっている。1983年開業。筆者は開業3年目に訪れたことになる。

遠くまで移動していたことは間違いありません。人の移動だけでなく情報の移動や、技術環境の熟成なども絡まって、異なる場所で同じ発明が行われることも珍しくありませんでした。特許などに「先使用権」や「先願権」などがあるのも、その現れでしょう。

■ホール・エルー法

ホール・エルー法は、その2年後に発明される**バイヤー法**と共に、現代のアルミニウム精製において唯一実用化された方法です。

米人のチャールズ・ホール*と、仏人のポール・エルー*が、1886年に発明しました。酸化物のアルミナから、金属アルミニウムを得る溶融塩電解法*です。

これを聞くと、「そうか、米国と仏国の国際技術共同開発か。こんな時代にもあったのだな」と早合点されるかもしれませんが、さにあらず。二人は会ったことも、交流したこともありま

＊チャールズ・ホール（人名）
［米国］1863－1914。子供の頃から、自宅で鉱石実験に打ち込む。大学時代にアルミニウムの精錬法に興味を持ち、自宅実験を繰り返して、溶融塩電解法に適した融剤を発見。1866年、アルミニウム精錬に成功。1889年、アルコア社の前身の会社を発足。

＊ポール・エルー（人名）
［仏国］1863－1914。鉱山学校。金属の電気精錬に興味を持ち、アルミニウムの安価化に取り組む。小型発電機で溶融塩電解法を試し、特許化。1889年、米国進出に失敗。電気製鋼炉、エルー炉を発明。

＊溶融塩電解法
水溶液中で行う電気分解での金属単離は、単離した途端に水と反応するイオン化傾向が大きい金属には使えない。イオン性の原料塩を高温で溶解して電気分解をすると、金属に分解が可能である。

せんでした。全く違う国で、全く同じ年の1888年に、同じアルミ精錬技術を開発したのでした。

「まあ、そんなこともあるよね」と思ったあなた。では、この二人が同じ年の1863年に生まれ、同じ年の1914年に死んだとなるとどうでしょうか。偶然の一致も、ここまでくると、すごいとしか言いようがありません。

■チャールズ・ホール

子供の頃のチャールズ・ホールが、米国の普通の少年とちょっと違うのは、鉱石が大好きで自宅で実験をしていたことです。大学在学中には、授業で先生に習ったアルミニウムの製法に興味を持ち、大学卒業後も実験を続けます。

数多くの失敗を繰り返した末、ついに溶融塩電解法を開発します。ここからがさすが資本主義の国、米国です。資本家から出資を得て、アルミニウムの工業的製造を開始し、現在の米国の巨大アルミニウム会社、**アルコア社**＊の基礎を築きます。

＊**アルコア社**
米国のアルミニウム製品のメーカー。

■ポール・エルー

仏国に生まれたポール・エルーは、学生時代から金属の電気精錬に興味を持ち、当時銀よりも高かったアルミニウムを、もっと安価に作れないかと考えていました。小さな発電機で溶融した氷晶石に酸化アルミニウムを溶解させ、電解でアルミニウムを製造する方法を考え出し、特許を得ます。

■ホール・エルー法命名

チャールズ・ホールは、発明を使って米国のアルミニウムの大企業を作り上げます。一方、ポール・エルーは、企業化はしませんでした。ただ、特許の各々の国への出願タイミングはエルーが少し早く、無視する訳にはいきませんでした。

そこで妥協案として、二人の名前を並べた技術命名となったようです。金属の世界史の中でも、とき

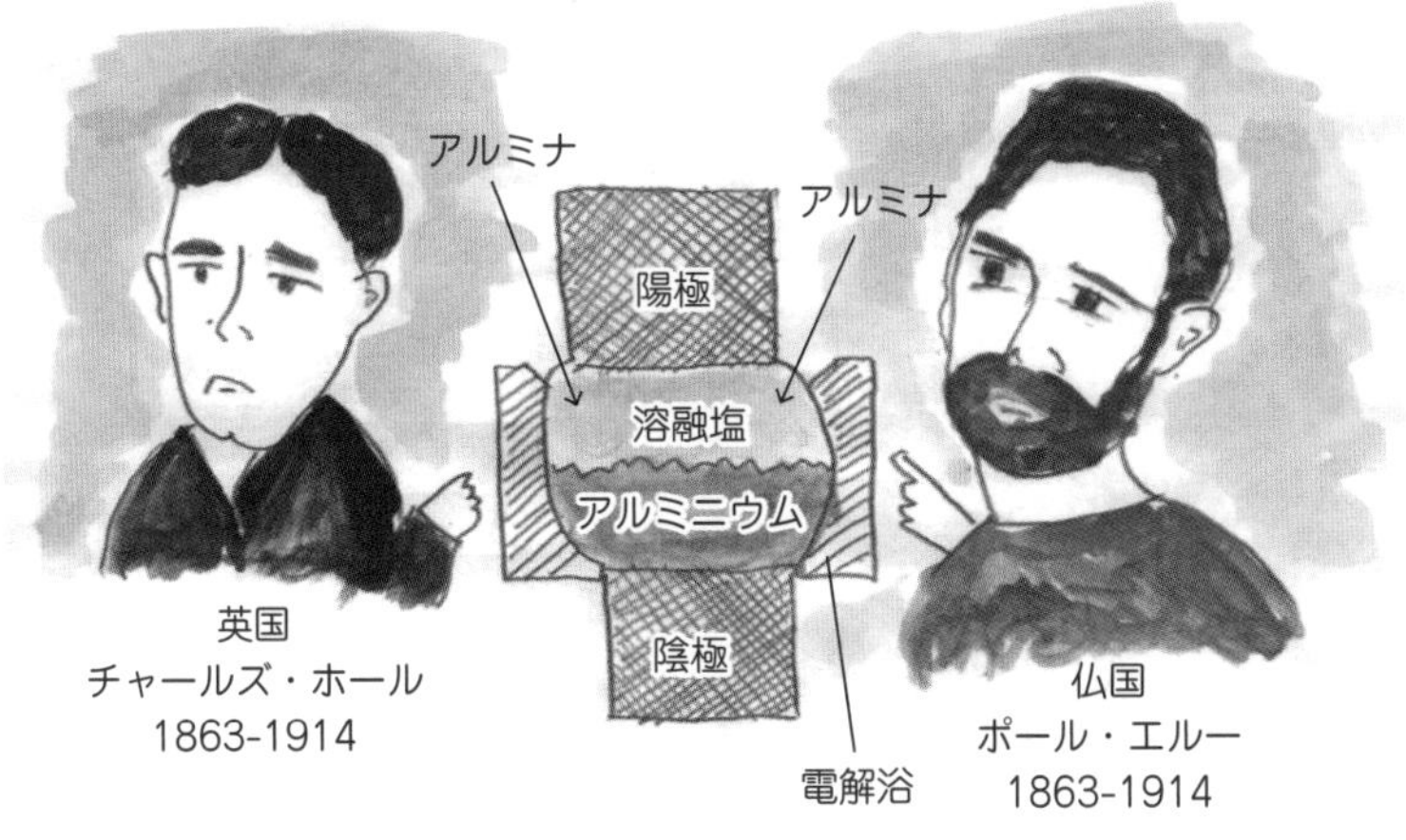

英国
チャールズ・ホール
1863-1914

仏国
ポール・エルー
1863-1914

■ホール・エルー法■

どき不思議な出来事が起こります。背後関係を想像してみると、興味がわいてきます。

◉ベック『鉄の歴史』

■鉄の歴史

ベックの『鉄の歴史』は有名な本ですが、読み通すのはなかなか骨が折れます。原書は独語ですが、中沢護人（なかざわもりと）さんの渾身の翻訳があり、私たちは幸運にも日本語で読むことができます。

筆者の**ルードヴィッヒ・ベック**＊は、1841年に生まれ、1918年に亡くなりました。ですから、鉄の歴史の期間は1900年までになります。

■ベックの生涯

ベックは、ハイデルベルク大学で**ロバート・ブンゼン教授**に出会い、フライベルクの鉱山大学で鉄冶金学を研究します。そ

＊**ルードヴィッヒ・ベック（人名）** 独国でこの名前を探しても、第二次世界大戦中にヒトラー暗殺を企て、失敗して自殺した陸軍参謀総長しか出てこない（全くの別人である）。もしくは、現代の独国の百貨店のショップ広告だ。『鉄の歴史』のベックの経歴は、残念ながら本書の解説でしか読むことができない。

の後も、さまざまな鉱山や精錬所、大学で研究を続け、ロンドンに留学します。

ロンドンでは、王立鉱山学校で鉄冶金学の**ジョン・パーシー教授**のもと、助手として研究に励みます。パーシー教授との出会いが、ベックのその後、1884年から1903年までの歴史研究へのきっかけになります。

■鉄の歴史

ベックの『鉄の歴史』は、原本では5巻、中沢護人

- 第1巻第1分冊　最古の時代から民族移動までの鉄の歴史
- 第1巻第2分冊　最古の時代から民族移動までの鉄の歴史（続）
- 第1巻第3分冊　中世における鉄の歴史
- 第2巻第1分冊　中世における鉄の歴史（続）、近世における鉄の歴史
- 第2巻第2分冊　16世紀における鉄の歴史
- 第2巻第3分冊　16世紀の各国の鉄の歴史
- 第2巻第4分冊　17世紀における鉄の歴史　一般編／各国編
- 第3巻第1分冊　18世紀前半の鉄の歴史
- 第3巻第2分冊　18世紀中頃および後期の鉄の歴史
- 第3巻第3分冊　18世紀の各国の製鉄業
- 第4巻第1分冊　19世紀前半の鉄の歴史　1800～1830年の製鉄業
- 第4巻第2分冊　19世紀前半の鉄の歴史　1831～1850年の製鉄業
- 第4巻第3分冊　19世紀前半の鉄の歴史　1851～1860年の鉄の歴史
- 第5巻第1分冊　19世紀後半の鉄の歴史　1861～1870年の製鉄業
- 第5巻第2分冊　19世紀後半の鉄の歴史　1871～1900年の鉄の歴史（1）
- 第5巻第3分冊　19世紀後半の鉄の歴史　1871～1900年の鉄の歴史（2）
- 第5巻第4分冊　19世紀後半の鉄の歴史　各国における鉄の歴史（1871～1900年）
- 索引（上）独和篇
- 索引（下）和独篇

▪正式名称『技術的文化的歴史的関係における鉄の歴史』の内容▪

さんの訳では本編17冊、索引2冊で19冊の大作です。翻訳本は、1968年から1981年までかけて出版されました。
引用文献や参考文献が膨大に盛り込まれており、一巻読むごとに深く鉄の歴史に引き込まれていく感じが半端ではありません。

■内容ダイジェスト

ベックは、エジプト人、中国人、ギリシア人、ローマ人の最古の製鉄を語り、ヨーロッパの先史時代の遺跡を紹介しながら、中世の製鉄業を追跡します。

製鉄への水力の利用が呼び起こした大きな躍進を語り、中世から近世への転換点になった高炉法と鋳鉄の経緯を示します。そして、18世紀、19世紀の技術的発明、蒸気力の利用によって生み出された変革など、製鉄業の発展を語り、鉄が近代生

■結構重いベック全19巻■

わが家を歪ませる元凶の2セット地獄。他にも、獨逸生産文学全集やら百科事典やら、バカでかい書籍が家を痛めつける。

活の支配的な要因になっていった経過を明らかにします。

■この本の価値

『鉄の歴史』は、鉄の歴史を扱っているものの、その枠にとどまりません。膨大な資料と参考文献、図表による極上の知的冒険を私たちに見せてくれます。通読はまだ2回しかありませんが、どの巻にも新たな出会いがあります。

鉄に関わる仕事をしてきた者として、生涯であと何回読めるかわかりませんが、「聖書」として読み込みたい、そんな気分にさせてくれます。ちなみに、筆者の自宅には、この19冊がなぜか2セット揃っています。

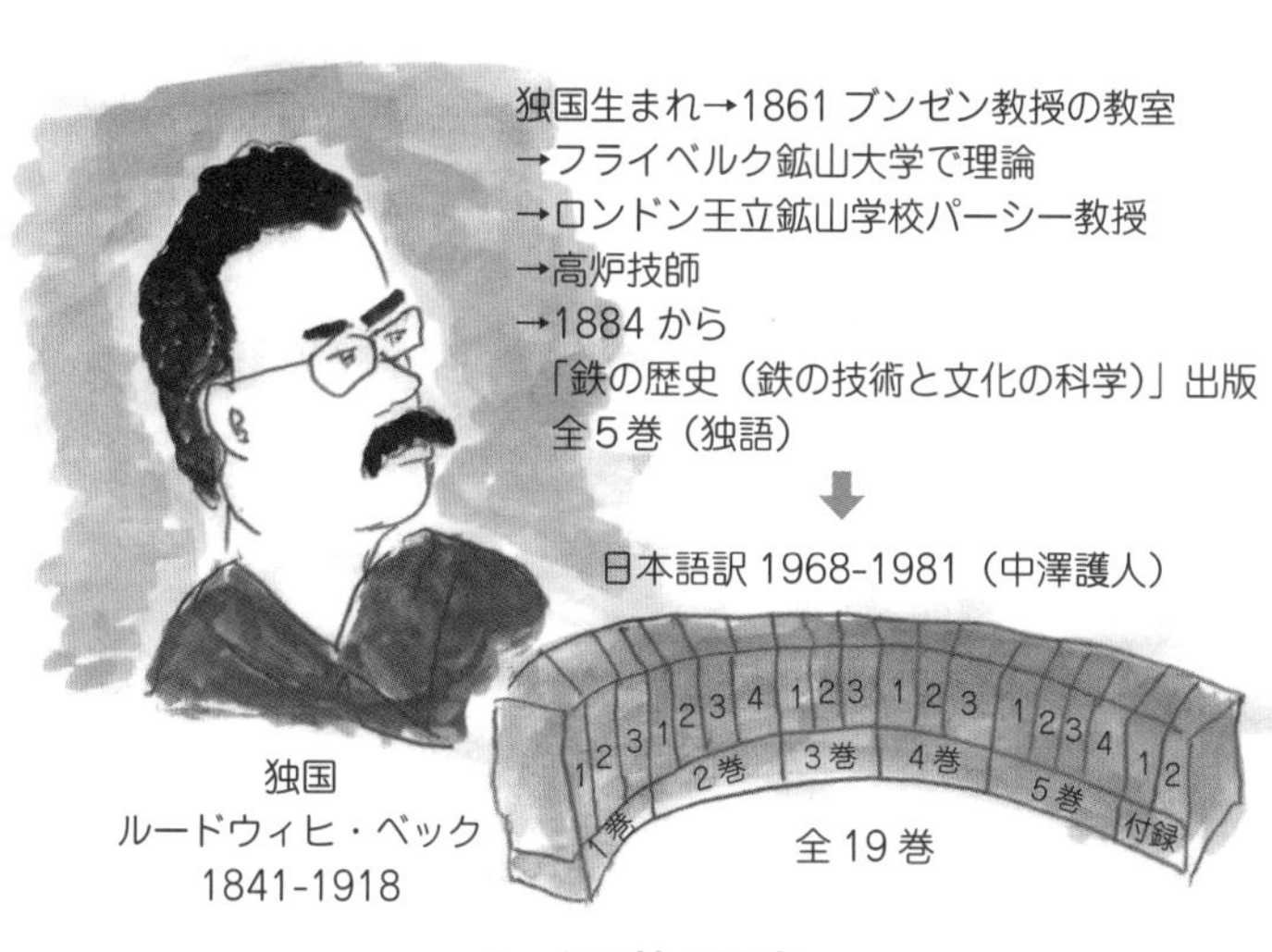

独国生まれ→1861 ブンゼン教授の教室
→フライベルク鉱山大学で理論
→ロンドン王立鉱山学校パーシー教授
→高炉技師
→1884から
「鉄の歴史（鉄の技術と文化の科学）」出版
全5巻（独語）
日本語訳 1968-1981（中澤護人）
独国
ルードウィヒ・ベック
1841-1918
1 2 3 1 2 3 4 1 2 3 1 2 3 1 2 3 4 1 2
1巻
2巻
3巻
4巻
5巻
付録
全19巻

■ベックの鉄の歴史■

8-2 〈1890－1895〉 軍艦と鋼材——戦艦甲板の鋼材競争

◉年代解説

1890年－1895年は、金属の利用分野では、あまり見るべきものがありません。鉄の利用では、軍事用の表面硬化鋼板の開発が進みます。

■西洋での金属話題

金属の利用で注目すべきは、マルテンスとモンドの功績でしょう。**マルテンス**は1890年に硬さ試験機を製作し、マルテンス硬さを定めます。同じく1890年、独国出身の英国人モンド*は、一酸化炭素で酸化ニッケルを還元する**モンド法***を発明しました。

＊モンド（人名）
［英国］1839－1909。ルードウィッヒ・モンド。1862年、英国に渡り1880年に帰化。カルボニルニッケルを発見し、鉱石からニッケルを抽出するモンド法を発明する。

＊モンド法
テトラカルボニルニッケルという、ニッケルイオンに4つの一酸化炭素を結合させた揮発性錯体を作り、加熱分解して高純度のニッケル粉末を作るプロセス。現在のニッケル生産は、乾式精錬や湿式製錬で、モンド法は使わない。

鉄の利用では、戦艦などに用いる鋼材表面の硬化技術が競われます。1891年、米国のハーヴェイは、ニッケル鋼に浸炭焼入れする**ハーヴェイ鋼板**を発明します。1893年、独国のクルップは、ニッケル・クロム鋼板に浸炭処理をする**クルップ鋼板**を開発します。

製鉄の技術革新では、1895年に独国のリンデ＊が空気液化に成功し、酸素精錬に道筋を付けます。

⦿ハーヴェイ鋼板とクルップ鋼板

■日本海海戦

明治38年（1905年）5月27日対馬沖、日本海軍連合艦隊はロシアバルチック艦隊と決戦の時を迎えていました。「天気晴朗ナレド波高シ」の有名な打電と共に、艦隊決戦の火蓋が切られました。

決戦は、敵前での艦隊の大回頭によって、日本側が劇的な勝

＊**リンデ（人名）**
［独国］1842－1934。カール・フォン・リンデ。1895年、空気の液体化に成功し、仏国のジョルジュ・クロード（1870－1960）が工業化に成功した。空気を圧縮したあと、断熱膨張させると温度が下がる現象を利用した。

利を得ます。戦法がどのようなものであったのか、Tの字なのか丁の字なのかはさて置き、ここでは日本海海戦を金属学的に見ていきましょう*。

連合艦隊

日本側の連合艦隊は、第一艦隊と第二艦隊でした。第一艦隊は主力戦艦で構成されていました。並びは、旗艦三笠、敷島、富士、朝日、春日、日進の順です。旗艦三笠が、危険を顧みず大回頭をします。

先頭艦は普通でも狙われやすいのに、なぜ三笠が先頭だったのでしょう。それは、**英国ビッカース社**が2隻だけ建造した超高性能艦の一隻が、戦艦三笠だったからです。三笠は当時最新の新兵器艦で、ロシアを牽制する英国が日英同盟の最中、日本のために作った戦艦でした。

＊見ていきましょう
本節では、舷側装甲鋼板だけを取り上げているが、鋼板が破れるかどうかは徹甲弾（装甲を破る砲弾）の性能による。当時の日本の砲弾は、ロシアよりもずっと重量が重く、貫通孔を開けやすかった。当時、日英同盟が締結されており、英国の砲弾技術を得やすかった。同時期、ファラデー研究でも活躍するハドフィールドは、クロム合金鋼で優れた砲弾を開発していたと公言している。ひょっとしたら、ハドフィールドも日本海海戦に関係があったかもしれない。歴史って面白い。

■艦隊の鋼材

第一艦隊の鋼材の種類を見てみましょう。朝日はニッケル鋼、富士はニッケル・クロム鋼、敷島は浸炭ニッケル鋼、つまりハーヴェイ鋼、そして三笠は浸炭ニッケル・クロム鋼、つまりクルップ鋼でした。

第一艦隊の戦艦は並び順に、見事に鋼材がグレードアップしています。先頭になればなるほど、被弾に対する防御が進んでいるのです。さらに、舷側（ふなべり）の装甲厚みは、富士が457mmなのに対し、敷島と三笠は229mmと半減しています。これは先頭艦の方が軽く、旋回性能が良くなっていることを意味します。

鋼材的に見ると、旗艦三笠と敷島は、船足が速く、防御性に優れた大回頭にうってつけの艦でした。

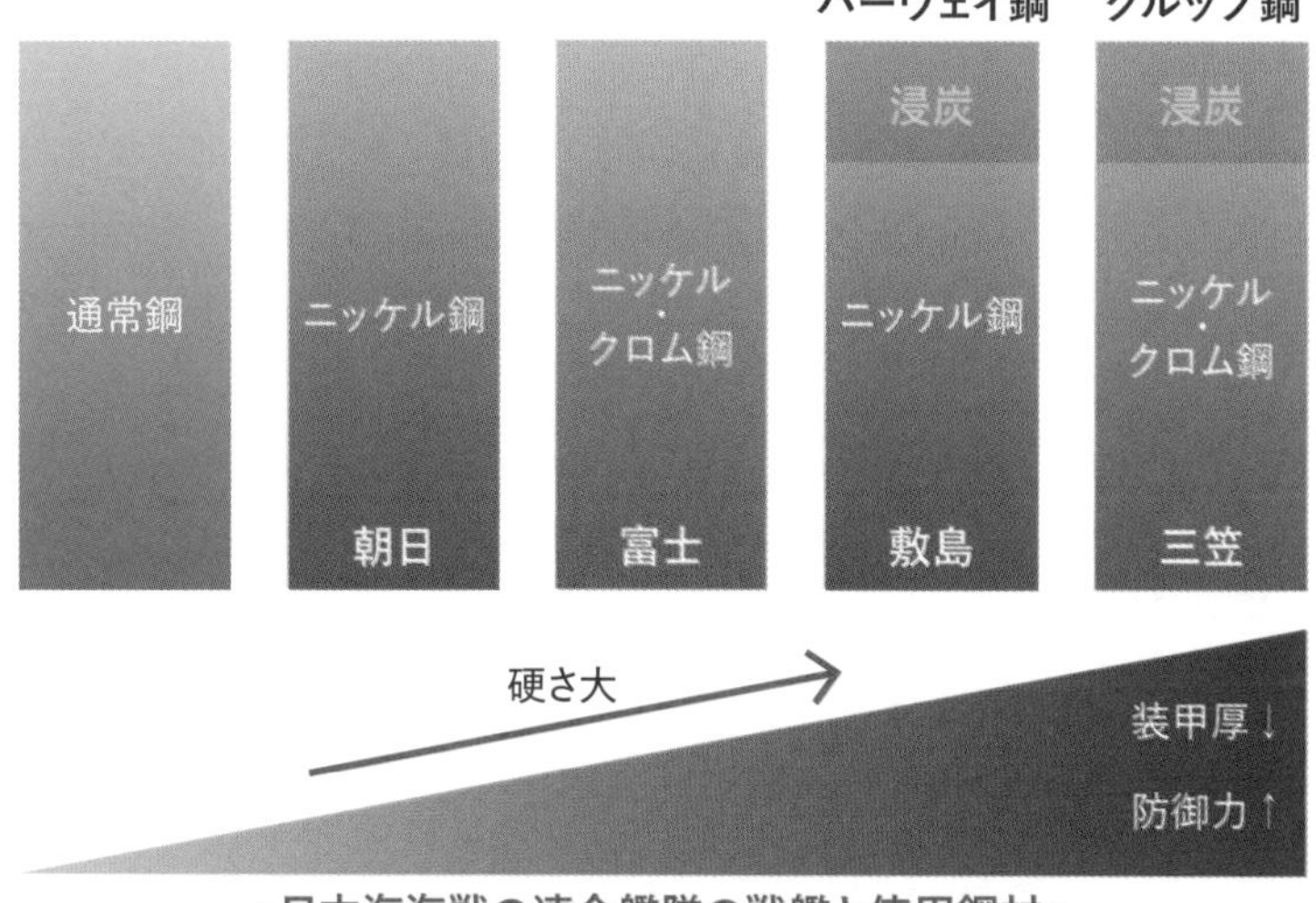

■日本海海戦の連合艦隊の戦艦と使用鋼材■

■ **ハーヴェイ鋼**

発した、海軍戦艦装甲です。**ハーヴェイ鋼**＊は、1890年代に米国の**ハーヴェイ**＊が開

ハーヴェイ鋼は、ニッケル鋼板の片面を浸炭焼入れします。この浸炭焼入れのことを「**肌焼き**」と呼びます。鋼を加熱し、表面にコークスを数週間置くことによって、浸炭されました。

この鋼板は、クルップ鋼板が使われるようになるまで、主力艦の建造に使用されました。ビッカース社、アームストロング社、クルップ社など、軍用鋼板の生産者がシンジケートを作り、技術共有していました。

■ **クルップ鋼**

クルップ鋼板＊は、1893年にドイツのクルップ社で開発された、主力戦艦の建造に使用された海軍装甲鋼板です。

クルッププロセスは、ハーヴェイ鋼の製造方法と同じく、浸炭焼入れをしています。硬度を高めるために、合金に1％のク

＊**ハーヴェイ鋼**
ハーヴェイの特許では、浸炭処理をする軍艦用の鋼材の製造方法が、詳細に記述されている。コークスを使う固体浸炭を、何週間もかけて行う。浸炭炉を川べりに作り、線路を水中まで敷設する。浸炭加熱した鋼材を乗せた台車を切り離すと、滑り落ちて川の水で焼入れが行われる。

＊**ハーヴェイ（人名）**
［米国］1824-1893。ヘイワード・ハーヴェイ。発明家。鉄道レール、軍艦用鋼材製造、ネジなどの浸炭処理特許を持つ。イブニングニュースの訃報では、軍用装甲とローラースクリューの発明者で、父の会社を継いだとある。

＊**クルップ鋼板**
表層数㎜は浸炭組織で非常に硬く、その内側は鋼の硬化組織であるマルテンサイトになり、さらに内側はマルテンサイトを焼き戻した組織になる。

ロムが追加されたニッケル・クロム鋼を使用します。石炭ガスまたはアセチレンなど、炭素含有ガスによるガス浸炭で、より深い浸炭をすることができます。

加熱された鋼で浸炭が完了すると、接合面を急速に加熱して表面硬化鋼に変換し、熱を鋼の深さの30～40％に浸透させます。次に、水または油の強力なジェットで、急冷して焼入れします。

クルップ鋼は開発以降、主要国の海軍に採用されました。その弾道テストでは、ハーヴェイ鋼より10数％薄くても、同じ性能が出ることがわかっていました。

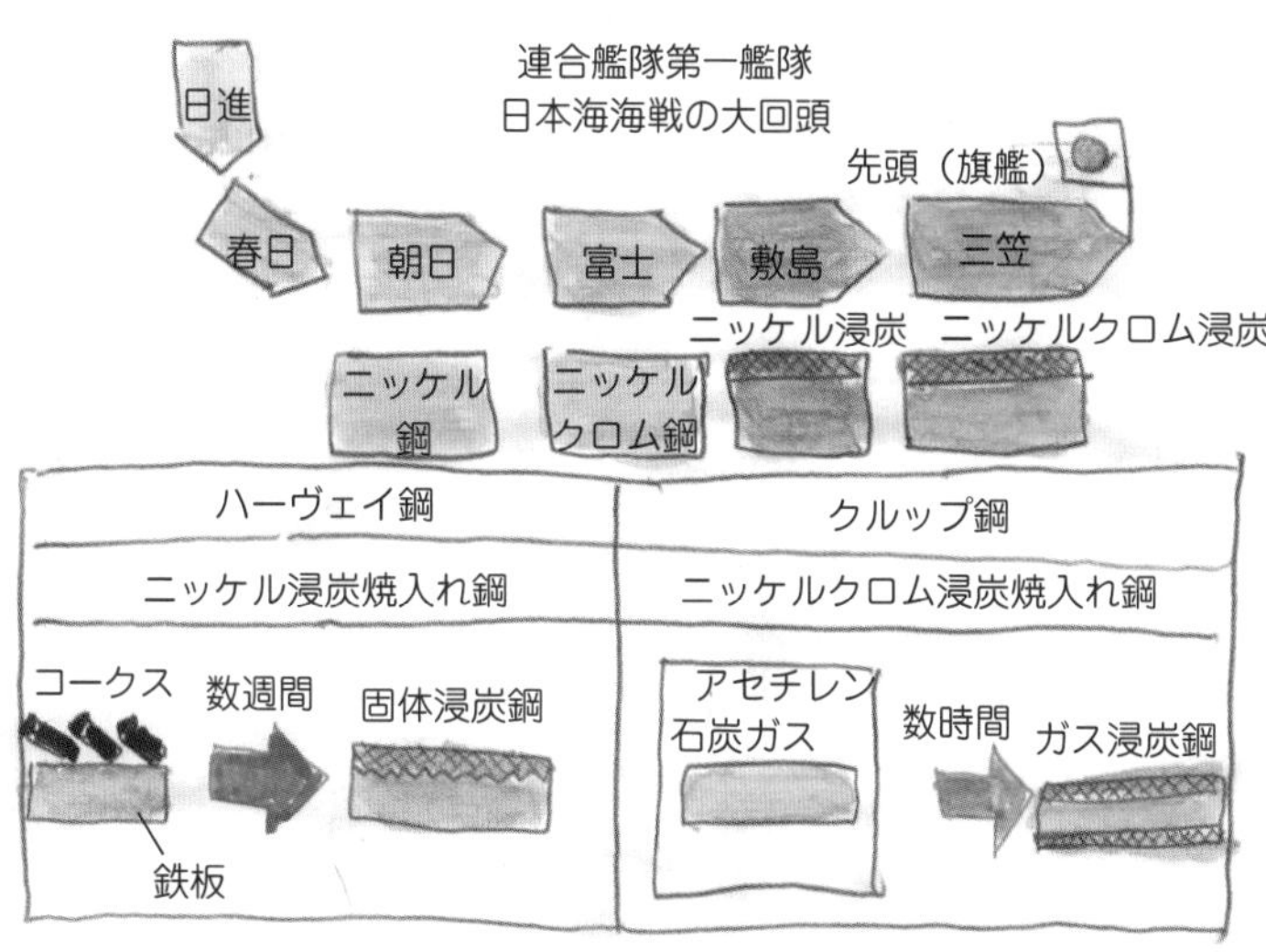

■浸炭鋼板■

8-3 〈1895 ‐ 1900〉放射線と新機能——放射線科学と新機能金属素材の開発

◉年代解説

■全体の流れ

1895年‐1900年は、金属の利用分野では、放射能を持つ金属の発見があります。また、新機能鋼種の開発も進みます。鉄の利用では、電気を使う精錬法が目立ちます。

金属の利用においては、1895年、独人ゴルトシュミット*がテルミット法*で特許を取得します。また同年、レントゲンがX線を発見します。新機能材料は、1896年にギョーム*がアンバーを開発、1899年に米人テイラーらが高速度鋼を開発します。

＊独人ゴルトシュミット（人名）
［独国］1861‐1923。ブンゼン教授の弟子。父親の化学会社を継いで、金属ナトリウムを安全に取り扱うために、ナトリウムアマルガムを発明する。その他、アルミニウムの燃焼反応を利用したテルミット反応法を発見し、特許を取得。

＊テルミット法
金属粉末と酸化粉末を混ぜた粉末剤を着火すると、高温の反応熱を出して燃焼する。安価なアルミニウムのテルミット法が一般的。電車の線路の溶接などに使われる。反応炎は非常に高温で、紫外線を出すため、絶対に裸眼で見ない。

■金属の利用技術

この年代の金属利用では、放射能金属の発見もあります。1898年、**キュリー夫婦**はポロニウムとラジウムの単離を行いました。設備開発は、1899年に**エルー**がアーク式電気炉を発明します。後に、この設備によりステンレス鋼の製造が可能になりました。

鉄の利用では、1898年に**スタノッサ**が、電気炉製鋼法を完成させます。

＊ギョーム（人名）
［スイス］1861-1938。シャルル・ギョーム。1897年、仏国で室温付近の体積変化が極端に小さな合金アンバーを開発。1913年、弾性係数の変化が小さなエリンバーを発明。1920年、インバー合金の発見でノーベル物理学賞。

⦿アンバーとインバー

■インバーは聞いたことがあるがアンバーって何？

年表には、「1897年　ギョーム、アンバーを発明、合金組成Fe-35Ni［仏］」「1929年　増本量、超不変鋼（スーパーインバー）発明。32Ni-4Co-残Fe」とあります。

これは誤植ではなく、発明場所への敬意からです。発明者のギョームはスイス人ですが、仏国で研究しており、最初はアンバーと呼んでいたはずです。それが世界に広まると、インバーになります。

もう少し詳しく説明すると、体積が変わらないことから、英語で「不変性」を意味する「インバリアビリティ」の5文字「INVAR」を合金名にしました。ところが、場所はフランス。INの発音は、フランス語でアンです。りませんが、日本でカタカナ読みするときだけ「アン」か「イン」かの議論になります。

■インバーの性質

インバーは、鉄とニッケルの合金です。現在では、ニッケルが36%平均の「インバー36」として活用されています。

この合金は、常温付近で熱膨張率が、例えば鉄の10分の1と小さい特徴があります。このため、日本では「不変鋼」と呼ばれます。日本で開発された**スーパーインバー***は、インバーの

＊**スーパーインバー**
インバーの熱膨張係数が鉄の10分の1であるのに対し、スーパーインバーは100分の1。さらにステンレス・インバーも開発されている。

熱膨張率のさらに10分の1です。

通常の金属は、温度が上がると膨張します。この性質は、精密計器や半導体の製造のように、わずかな歪みも品質や性能に影響する機器には不適切です。このような性質から、天然ガスの輸送タンクに使われたり、宇宙環境で使われたりします。

■アンバー（インバー）の歴史

アンバーの歴史においては、1897年に**シャルル・ギョーム**が、鉄とニッケルの合金でアンバー特性を発見しました。彼はこの功績により、1920年にノーベル物理学賞を受賞しました。世界に広まった「アンバー（インバー）」は商品名であり、公式名称は「Fe-Ni36%」です。

ここまでは年表から読み取れる事柄ですが、ではギョームはなぜインバーを見つけたのでしょう

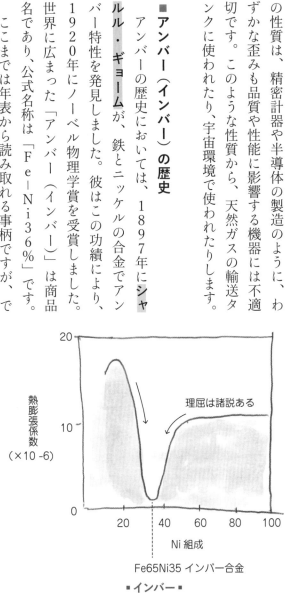

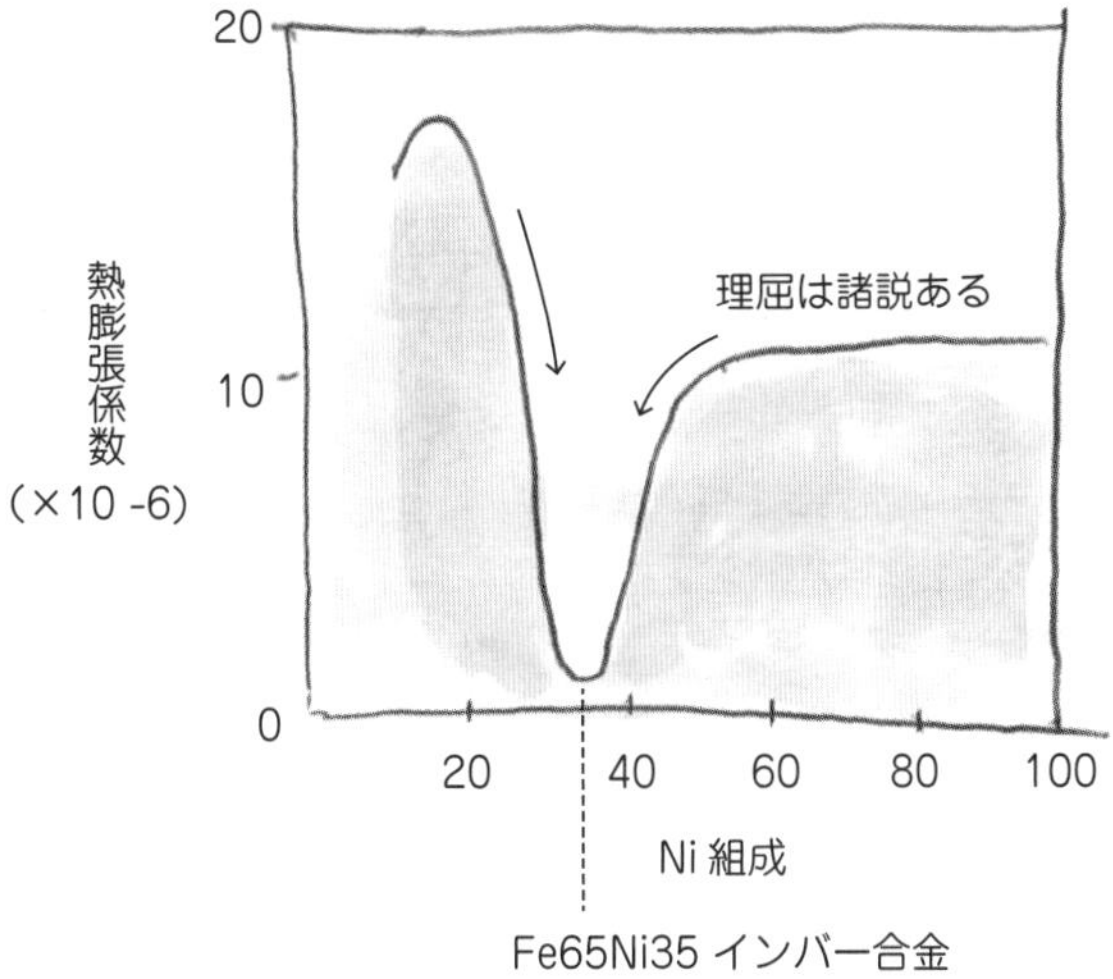

■インバー■

か。ある日突然見つけたわけではなく、その前段の物語もあるはずです。

ギョームの研究のスポンサーは、フランスにある国際度量委員会でした。委員会は1891年、熱膨張率の小さな合金を作り、それを規則に盛り込もうとして、ギョームに合金の開発を依頼します。ギョームは、真鍮（しんちゅう）や青銅は使わず、ニッケルを入れた合金に着目します。

1896年には、ニッケルが30％入った合金が手に入り、彼は熱膨張率の低さに気づきます。そして企業から提供された資金により、数百種類の合金を調べました。その成果を、1897年に『**ニッケル合金の研究**』論文として発表し、膨張率の特異な温度依存性や、電気抵抗の関係を世に出します。

一見シンプルに見える「発見」と「ノーベル賞」という歴史の裏には、過ごしていた場所、ニーズ、機会などが絡まり合っています。こうして世紀の大発明がなされたことは、面白いですね。

⦿高速度鋼

■高速度とは

たいていの鋼材は、何らかの外的環境に耐えることで、価値を生み出しています。ですから、鋼材の材質を表すときは、できるだけ「何に耐えられるのか*」を盛り込んだ名称にします。例えば、「耐硫化水素鋼」「耐候性鋼」「耐摩耗性鋼」「耐疲労性鋼」といった具合です。

昔に生まれた鋼材は、このような命名法ではなく、使用条件が当然わかっているという前提で命名されている場合がありま す。その典型例が「高速度鋼」です。省略せずにフルスペックで書くとすると、「切削加工に使われる鋼材は切削に伴い温度が上がる。工具の回転数、つまり速度を高速度にしても、工具が高温軟化せず、加工し続けられる鋼材」となります。つまり「高速度」とは、切削回転工具の回転速度が高速度という意味になります。

＊何に耐えられるのか
鋼の人生には演歌が似合う。「耐えて見せます、辛くとも、あぁあ」。耐えられなかったら、折れるか、腐っていくか、曲がってしまうか。まるで人生を語っているかのようだ。人は言葉に出さないまでも、金属に自分の人生を重ねている。今、わからなくても、必ずいつかはわかる時が来る。鋼に話を戻すと、我々が使っている天然ガスには、硫化水素が混じっている。ここから鋼材に水素が入ると、鋼は壊れる。屋外で使われる鋼材は、錆びて欲しくない。摩耗して欲しくない、疲れて欲しく無い。やはり鋼は、人生そのものだ。

■ハイス誕生

高速度鋼は「ハイスピードスチール」、縮めて「ハイス」と呼びます。合金工具鋼より速い回転速度で削れ、高温からの焼入れ性と、高温まで高い硬度と高い靭性を持ち、耐久性に優れているという特徴があります。高速に耐えられれば、生産性の向上と、切削コストの削減ができます。

高速度鋼には、タングステン（W系）高速度鋼と、モリブデン（Mo系）高速度鋼があります。

1899年、米国のフレデリック・テイラー*とマンセル・ホワイトらが、米国のベツレヘム鉄鋼会社で高速度鋼を開発します。

■ハイスの製造

高速回転の工具に用いる高速度鋼は、高温下でも柔らかくならないように、鋼にクロムやタングステン、モリブデン、バナジウムなどの合金成分を大量に入れて作ります。この合金を焼入れしたものが、研削・研磨を行う工具の素材になります。

＊フレデリック・テイラー（人名）
［米国］1856－1915。フレデリック・テイラー。ミッドベール・スチール社に作業者として入社し、組織的怠業を打破するテイラーシステムを導入する。在職中に高速度鋼を発明する。「科学管理法の父」は、ハイスの父でもあった。

■超硬合金との違い

同じような性質を持つ鋼材として、超硬合金があります。超硬合金と高速度鋼は、何が違うのでしょうか？　硬さ比較では超硬合金が勝ちで、耐摩耗性に優れています。でも、衝撃などによって欠けたりしない粘り強さ（靭性）は、高速度鋼の勝ちです。高速度鋼は、動きを伴う使い方に優れています。

■ハイスの最近の動向

時代とともに、その製造技術は異なってきます。最近では、全部の金属を溶かし込んでから鋳造・成形・整形するというこれまでの方法から、粉末冶金による焼結高速度鋼へと、成形方法や材料が変化してきています。

さらに、作った工具表面に窒化チタンの物理蒸

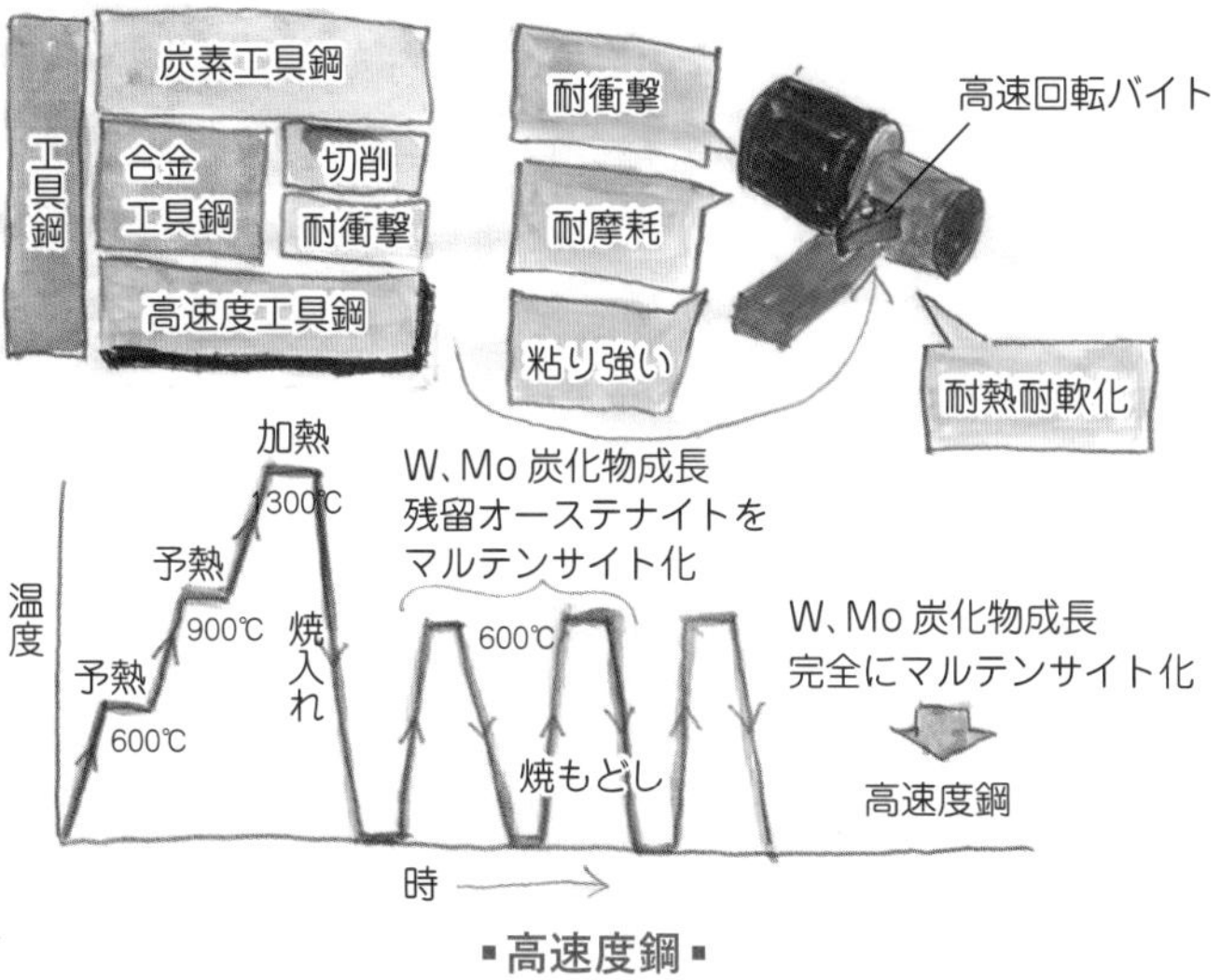

■高速度鋼■

着皮膜を生成して、耐摩耗性を飛躍的に向上させた**高速度鋼工具**も登場しています。

■高速度鋼秘話

英国のディーンの森の製鉄所で、ひっそり暮らした**ロバート・ムシェット**＊（1811－1891）は、金属の歴史の表舞台には出てきません。彼は、ベッセマーから転炉法での品質改善依頼を受けて、不純物だけ除去する精錬法を開発し、現代製鋼技術顔負けの精錬法によって、ベッセマー転炉を成功に導きます。

1868年には、タングステンを使った切削工具を作り出し、高速度鋼の先鞭（せんべん）をつけました。しかし、成果や発明が顧みられることなく、彼は生涯を閉じました。開発にかかった費用を、ベッセマーに支払ってもらうための訴訟が原因だったとも言われています。数多くある大発明の陰にある、悲しい先行発明の一つです。

＊**ロバート・ムシェット（人名）**　ムシェットの精錬方法は、単純だがスマートだった。ベッセマー転炉でできた溶鋼に空気を吹き込み、炭素や硫黄やリンなどの不純物を徹底的に酸化除去した後、鉄・マンガン合金（スピーゲルアイゼン）を入れて鋼を作った。ベッセマーはこの発明を利用したが、ムシェットがいくら要求しても発明の使用報酬を払わなかった。ただ、ムシェットが病気で倒れた後、彼の娘がベッセマーに会いにいって父の窮状を訴えると、ベッセマーは思い直して、ムシェットに高額の年金を支払うことにし、ベッセマーゴールドメダルも与えた。その陰で、高速度鋼の発明は無視され続けた。

女神さまの内なる悩み

ＳＦ映画では、地球に戻ってきた宇宙飛行士がまず発見するのは、ニューヨークの自由の女神像です。文明が滅びた後も残るモニュメントとされています。

自由の女神像は、米国の独立百周年を記念してフランス国民が贈呈したもので、1886年にリバティー島に落成しました。正式名は「世界を照らす自由」です。鉄製の骨格に、青銅製の外壁をリベット止めする構造は、巨大構造物としては独創的です。

設計に参画したエッフェル（エッフェル塔の設計者）は、幸いにも、1世紀前にガルバーニが発見した異種金属接触腐食作用を認識していました。そこで、絶縁性の樹脂を染み込ませたアスベストにより、鉄骨と青銅を接触させない工法を採用しました。当時最新鋭の技術を用いたのです。「きちんと手入れをして面倒を見れば、エジプトの記念碑と同様長く残るだろう」と、エッフェルは書き記しています。

このとき、内部鉄骨の塗装が検討されなかった理由はわかりません。像の内側だから、防食は手抜きになったのかもしれません。後になって、誰かが像の内部鉄骨に真っ黒なコールタールを塗り、さらにその後、アルミペイント、エナメルなどの塗料が何層にも塗られていきました。

エッフェル塔にしても、東京タワーにしても、大気にむき出しで佇立する構造物には必ず塗料が塗られ、何年かおきに塗り替えられます。筆者が英国を訪れたときも、アイアンブリッジは塗装の直後でした。色は設計時から指定されており、いつも変わらない外観となっています。

自由の女神は、設計時に内部鉄骨構造への塗装の指定をしなかったため、鉄骨の上に何層も塗料が塗られて、内部が見えない状態でした。当然、鉄製の骨組みと青銅外板の間には、水が封じ込められていました。場所によっては腐食が進行し、幾重にも重なった塗料だけで支えられている場所もあったといいます。

この状態は、筆者の築30数年の自宅のフェンスと瓜二つです。中の鉄線はとっくに錆びて無くなっていて、周りの樹脂だけで支えられています。錆びた鉄線は、元に戻りません。

自由の女神は、百年目を機に、募金活動で化粧直しをしました。塗料を取り除き、腐食部を新たな部材に差し替えました。差し替え金属は、アルミ青銅やニッケル合金を含む5種類の金属が試され、最終的にはステンレス鋼に決定しました。ステンレス鋼は、自由の女神像の設置から半世紀後に発明されました。永遠の文明の象徴と思われる自由の女神も、金属でできている限り腐食からは逃れられません。腐食が嫌なら、純金にするのも一つの手でしたね、よう知らんけど。

■自由の女神像■

WORLD HISTORY OF METALS

第9章

金属と機能——金属に新たな機能の可能性

金属の利用(続き)

不動態化現象

1908年 モンナルツとボルヘルズ、鉄・クロム合金の耐食性を不動態化現象であることを見出す【独】

ジュラルミン

1909年 独国ヴィルム、ジュラルミンを発明する。このころダイカスト開発。

超伝導

1911年 ライデン大学のヘイケ・オネス、超伝導現象発見水銀(4.15K)【蘭】

1911年 スゥインデン、Mo鋼で鋼に対するMo添加の影響の系統的研究

1911年 独人モナーツは、無炭素高クロム鋼は不動態現象により耐酸性を示す報告

ステンレス鋼開発競争

1912年 【英】ブリアリー、Cr12%ステンレス鋼製造

1912年 【独】ラウェ、結晶によるX線回折に成功

1913年 【英】ブリアリーがマルテンサイト系ステンレス鋼を実用化。米国は1916年から実用化

ハーバー・ボッシュ法

1913年 ボッシュとハーバー、窒素化合物の工業的生産の改良

1914年 モーズリ、X線分光分析法の発明

1914年 米国のダンチゼンがフェライト系ステンレス鋼を実用化

1914年 独国のマウラーとシュトラウス、オーステナイト系ステンレス鋼を実用化

1914年 タンマン『金属組織学』(初の金属物理・化学書)

鉄の利用

ガス溶接

1901年 フーシェとピカール、ガス溶接を発明【仏】

USスチール

1901年 USスチール、11億ドルの資本金で成立。世界最大の鉄鋼トラスト。全アメリカの3分の1の鉄鋼生産【米】

1901年 エールハルト、鋼管の水圧穿孔法発明【独】

液化空気

1902年 クロードがピストン式膨張機で空気液化成功【仏】

1902年 リンデ、酸素大量採取実用化【独】

1904年 コッパース、蓄熱式コークス炉発明【独】

抵抗電気炉

1906年 ジロー、抵抗式電気炉発明【仏】

タタ製鉄

1907年 ジャムセッティ・タタ、タタ製鉄を設立【印】

アーク溶接

1907年 チェルベルク、被覆金属棒電極によるアーク溶接を発明【典】

1908年 ピストン式膨張機を用いるハイラント法の完成で液体酸素の製造

タイタニック

1912年 客船タイタニック号進水

1912年 クルップ社、ステンレス鋼、耐酸性鋼の開発【独】

1914年 第1次世界大戦開始、鋼材価格高騰

年表7<1900-1915>

AD1900

電磁鋼の開発

酸素精錬へ踏み出す液体空気

表面硬さと表面不動態化

AD1910

電気を製鉄精錬に利用

ジュラルミンとステンレス鋼

タイタニックと戦争

AD1915

金属の利用

珪素鋼

1900年 ハドフィールド、珪素鋼(2〜4%)の発明【英】

1900年 ブリネル、「ブリネル硬さ試験」永久凹み直径で求める【瑞】

1902年 クーパー・ヒューイット、アーク放電の水銀灯を発明【米】

放射能理論

1902年 ラザフォードとソディ、原子核崩壊による放射能理論提唱【英】

1903年 ハドフィールド、方向性ケイ素鋼板(高透磁率鋼板)特許【英】

気体酸素分離

1903年 【仏】リンデがジュール・トムソン効果により液体空気から気体酸素の分離

自然放射能

1903年 キュリー婦人、自然放射能の研究でノーベル賞受賞【仏】

1904年 ギレーは低炭素の鉄・クロム合金の研究で金属組織がフェライト、マルテンサイトと分類【仏】

浮遊選鉱法

1905年 ミネラルス・セパレーション社、撹拌式泡沫浮遊選鉱法発明

ニクロム線

1906年 ニクロム線(20%Ni−80%Cr)発明

1907年 ユルバンとヴェルスバッハ、ルテチウム発見

1907年 ヘインズ、コバルト・クロム合金ステライト製造【米】

硬さの定義

1907年 ショア、「ショア硬さ試験」圧子の自然落下と反発高さで求める【米】

1908年 マイヤー、「マイヤー硬さ」【独】

1908年 ルドウィック、「ルドウィック硬さ」ロックウェル硬さに触発

▼

9-1 〈1900－1905〉電磁鋼と酸素——電磁鋼板の発明と酸素分離がもたらす高効率精錬

◉年代解説

1900年－1905年は、金属の利用分野では、新機能鋼材開発、放射能などを中心に活動が活発になります。鉄の利用分野では、鉄鋼会社の設立と液化空気技術が進歩します。

金属の利用は、英国のヘンリー・ハドフィールドが、1900年に非常に重要な機能合金鋼である**珪素鋼**を発明します。X線やラジウムの発見も進みます。1902年、ラザフォードらが**放射能理論**＊を提唱し、翌1903年にはキュリー夫人の**自然放射能**＊の研究による、2度目のノーベル賞受賞がありました。同時期、**液体空気**の製造では、**気体酸素分離**が可能に

＊放射能理論
当時、電子線を物質に当てると、X線が放射される現象が知られていた。この現象からの類推で、放射線は外部から熱や輻射エネルギーを取り込んで発生すると解釈されていた。ラザフォードたちは、外部からのエネルギーが与えられなくても、原子は別の元素に変わり、放射線を出すことを発見した。

＊自然放射能
天然に存在する放射性同位元素。例えば、カリウムは野菜などに普通に含まれるが、カリウム40は放射能を持し、炭素も宇宙線が当たると炭素14などを生じる。博物館などに設置されているウイルソンの霧箱（放射線の飛んだ軌跡が

なったことで、酸素が利用され始めます。

鉄の利用分野では、溶接法の工夫が始まり、フーシェ*らにより**ガス溶接**が発明されます。米国では、世界最大級の鉄鋼トラスト**USスチール**が立ち上がります。

◉珪素鋼

■珪素鋼とは

最近、脱炭素社会の実現のために脚光を浴びている鋼材に、**珪素鋼**（けいそこう）があります。珪素鋼は**電磁鋼板***とも呼ばれ、鉄合金に珪素を添加した高性能な鋼材です。高い耐久性と性能特性から、現代の産業において重要な素材の一つとなっています。

ただ、電磁鋼板は私たちの目につくところにはいません。発電所の発電機、高圧変電所の変圧器、電柱の上の変圧器、工場の中の電動モーターの部品など、人目に隠れたところで使われています。直近では、電気自動車の電気モーターや、風力発電

雲になって見える装置）で見ると、自然界には放射線がびっくりするほどたくさん飛び交っているのが見えて面白い。

＊フーシェ（人名）
仏国のエドモン・フーシェ（1860－1943）とシャルル・ピカールは、1903年に酸素アセチレン溶接を開発。1836年、英国のデービーが発見したアセチレンに酸素を混ぜた燃焼炎は、3300℃に達して容易に鋼材を溶融させる。

＊電磁鋼板
珪素鋼は、素材を鋼板に加工する過程で、用途に応じた優れた電磁鋼板になる。なお、磁性材料には一旦磁化すると磁性が保たれる「硬磁性材料」と、磁場が作用している間だけ磁性が発生する「軟磁性材料」があるが、電磁鋼板は後者である。

の発電機の中にも見られるようになっています。

これは、電磁鋼板の需要が、以前にも増して高まっているからです。脱炭素社会は電磁鋼板なしに実現は難しいと言っても過言ではありません。

■珪素鋼の歴史

珪素鋼は、生まれは海外で、実用化には日本が貢献します。

1900年、英国のハドフィールドが、珪素鋼を発見します。彼は、モーターや電磁石の鉄心用の薄板鋼板にケイ素を2〜4%加えると、鉄損(てっそん)*が格段に小さくなることを見い出しました。鉄損とは、電流を流して磁石にしたとき、鉄心が消費するエネルギーのことです。これが小さいと、電磁石の効率が格段に良くなります。

1903年には、米国や独国で珪素鋼板の工業生産が始まります。1924年には、日本でも熱延珪素鋼板の工業生産が始まります。

＊鉄損
磁性材料の芯を持つインダクターコイルなどで発生する磁場の損失。原因は芯の性質で、与えた電流電圧のうち、何もしないのに消費するもの。渦電流が流れるための損失と、芯に磁気が残留するヒステリシス損失の合計。

＊ノーマン・ゴス（人名）
［米国］1902－1977。1935年に、電磁鋼板の中でも磁気異方性の高い、方向性電磁鋼板を開発。主に高出力の変圧器の磁芯として使われる。磁気異方性とはある方向が特に磁化されやすい性質で磁力を集中させる用途に適している。

1934年、米国の**ノーマン・ゴス***が、冷間圧延と焼鈍を組み合わせると、圧延方向に優れた磁気特性が出ることを発見します。これ以降、電磁鋼板は、「**無方向性電磁鋼板**」「**方向性電磁鋼板**」と、性能で呼ばれるようになりました。前者は熱間圧延で作る珪素鋼、後者はゴス法で作る珪素鋼です。

1935年、米国のアームコ社で、方向性電磁鋼板の製造が始まります。太平洋戦争を挟んで、日本でも方向性電磁鋼板の製造機運が高まります。そして敗戦後の1958年に、アームコ社との技術提携で、方向性電磁鋼板の製造を開始します。以降、電磁鋼板は、日本が改良発展を続け、世界をリードする代表鋼材までに成長します。

珪素鋼は、英国で生まれて米国育ち、日本で花開いた電磁鋼板です。戦争が育てた鋼材ですが、現在は地球を救う鋼材として大活躍しています。

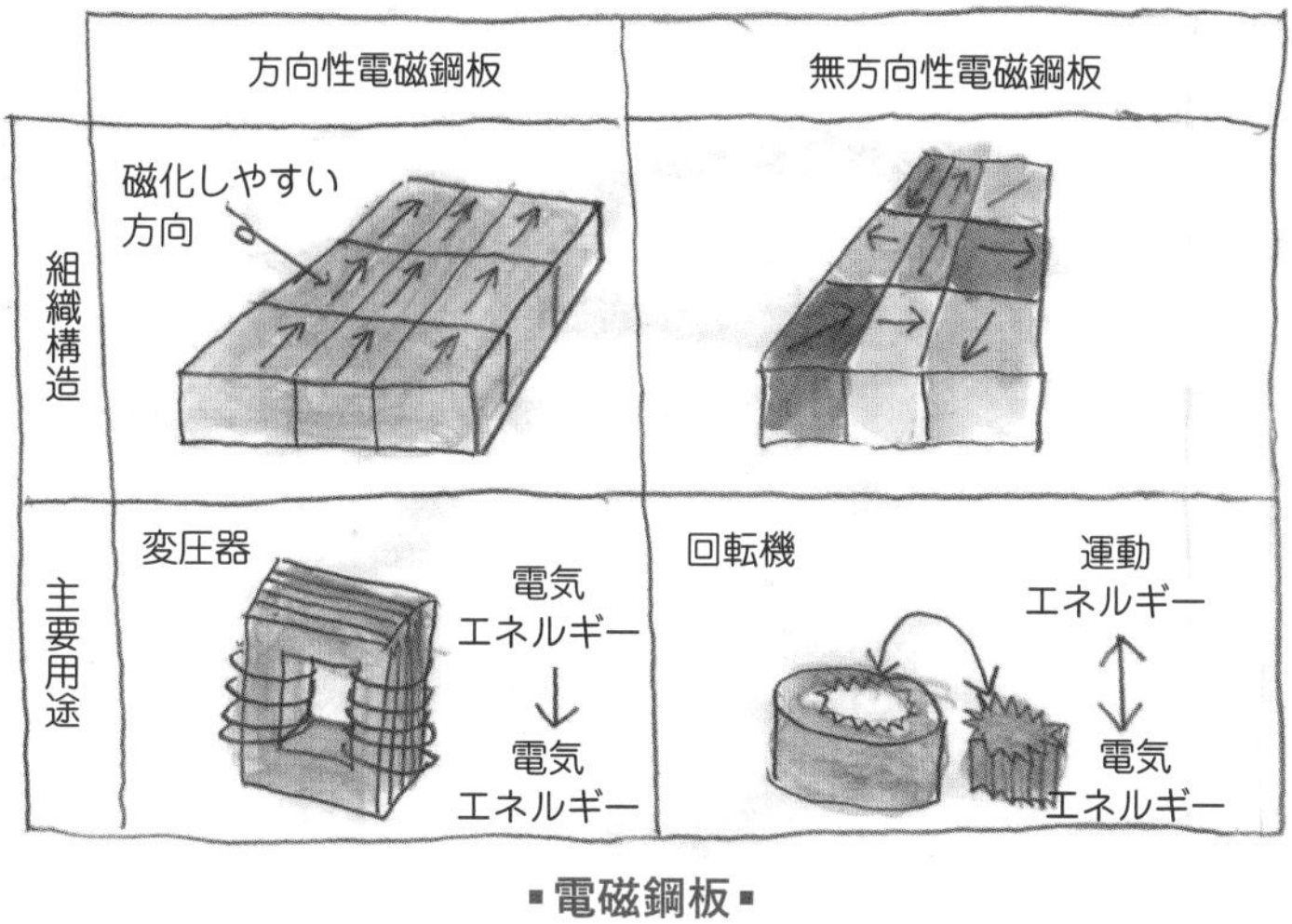

	方向性電磁鋼板	無方向性電磁鋼板
組織構造	磁化しやすい方向	
主要用途	変圧器 電気エネルギー → 電気エネルギー	回転機 運動エネルギー ↔ 電気エネルギー

■電磁鋼板■

錫(すず)ペスト

昨今、疫病が流行していますが、金属も病気によって健全な状態が妨げられます。金属の病気の原因は、空気や水、塩、電流、熱などです。これらによって、金属の表面や内部に異常が生じます。

有名なものに「錫(すず)ペスト」があります。錫は通常、白色で、正方晶構造を持っています。しかし低温下では、灰色に変化し、非金属的な構造に変わります。この変化により、膨張して急速に崩壊することがあります。

錫が酷寒に遭遇すると、この現象が一斉に発生して、まるで錫にペストが感染したようになります。ナポレオンのロシア遠征の帰路では、フランス軍の軍服の錫製ボタンが一斉に崩壊して、多くの犠牲者が出たといわれています。

ただし、これがナポレオンの敗北の原因だとする話は、眉唾の都市伝説です。この話は、ロシア陸軍倉庫でぶりきのボタンが崩壊した事件を重ねたようです。錫の低温変態は、起こるまでに1年半以上かかるからです。

9-2 〈1905－1910〉表面の技術──表面硬さの知見と表面不動態化

◉年代解説

1905年－1910年は、金属の利用分野では、クロムを含有する合金研究と、硬さ研究が活発です。鉄の利用分野では、製鉄所の設立が続き、溶接や炉で電気を用いる開発が始まります。

金属の利用では、まず貧鉱や難分離鉱石から有用鉱物を取り出す**浮遊選鉱法**＊の開発があります。さらに1906年には、マーシュ＊による電気抵抗発熱する**ニクロム線**の発明や、1908年のクロム合金の**不動態化現象**＊など、クロム鋼の特性の研究が進んできます。また1907年より、ショア硬さや

＊**浮遊選鉱法**
浮選剤を入れた水に細かく砕いた鉱物を沈め、空気を吹き込みながらかき混ぜると、鉱物粒子は気泡に付着して浮上してくる。これは、鉱石表面の金属と反応した、浮選剤の水の濡れにくさによる現象。

＊**マーシュ（人名）**
[米国]1877－1944。アルバート・マーシュ。コンサルタント会社で、余暇に実験可能な契約で働き、ニクロムを開発。特許化し、会社に売却。ニクロムは、ニッケルとクロムの合金。電気抵抗が大きいので、発熱素子として利用される。

＊**不動態化現象**
金属の表面に、緻密な酸化被膜が生成している状態。不動態化しやすい金属は、アルミニウムやクロムなど、大気中で金属光沢を持つ金属。酸化皮膜が非常に薄く、可視光線が透過して、下の金属の表面が透けるため、金属光沢となる。

ロックウェル硬さなど**硬さの定義**が提案され始めます。

鉄の利用では、1907年にインドのジャムセッティ・タタ*が、**タタ製鉄***を設立します。鉄の製造への電力の適用が始まり、1906年には**抵抗式電気炉**が発明されます。接合分野でも、被覆金属棒を用いた**アーク溶接***が発明されます。

⦿硬さの定義

■身近な硬さ

金属の表面を硬くするという発想は、メソポタミア時代のヒッタイトの刀剣や、中国戦国時代の浸炭表面硬化刀剣など、古くから存在します。武器はすぐに折れるようでは使い物になりません。表面を硬化すると、しなやかだけれど表面は硬くて、切れ味が良い武器になります。こうした技術は、戦艦の舷側や戦車の装甲のような防御兵器にも使われています。

現代では、機械製品の大半の部品、例えばネジやベアリング

***ジャムセッティ・タタ（人名）**
［インド］1839－1904。インドのタタ・グループ創始者。

***タタ製鉄**
1907年、タタ・スチール設立。数度の国有化の試みは失敗に終わる。2006年、4倍の生産規模の英国・オランダのコーラスを買収。現在のインドの鉄鋼生産量は、日本を超えており、拡大する鉄鋼生産の一翼を担う。

***アーク溶接**
［ロシア］ニコライ・ベナルドス（1842－1905）が、1881年にパリの国際電気博覧会で炭素電極を発表。1887年、［ポーランド］スタニスワフ・オルシェフスキ（1852－1898）と特許を取得。1800年、電気分解の第一人者であった英国のデービーは、電気アークを発見していた。

など、強い力がかかったり摩耗したりする部品の表面には、表面硬化処理が施されており、安定寿命を大幅に伸ばしています。

原理は少し異なりますが、自動車のボディとくにドアには、**デント性**が求められます。デント性とは、尖ったものがぶつかっても凹まない性質をいいます。自動車のドアは、走行中に飛んできてた小石などで凹みができてしまいます。しかし、分厚い鋼板を使うと、車体重量が重くなり、燃費が悪くなります。

そこで薄い鋼板でも凹まないよう、強度つまり硬さを上げる工夫がされました。しかし、かっこいい車は流線型で折れ込みなどの意匠が施されますが、高強度鋼をプレス加工して作るのは至難の技です。そこで、プレス加工時は強度が小さく複雑形状に加工ができ、組み上げた後は焼き付け塗装の時の熱で硬化する鋼材、**ＢＨ鋼板***が開発されました。こうして日本の自動車から、ドアの凹みが消えていきました。

＊ＢＨ鋼板
ＢＨは「ベーク・ハードニング」の略。「ベーク」は焼く、「ハードニング」は硬くなるの意味。塗料焼き付け温度の170℃程度で、鋼の中の炭素が拡散して硬くなる原理。これを書きながら、今から35年ほど前の鉄鋼製造現場で、この鋼材をプロパー生産に持っていく開発の時期、現場詰所に何日も泊まり込んで、製造条件の確立をしていた日々を思い出した。現場からも上司からも「こんなもの作れるもんか」と言われ続けた。今思えば、よくプロパー生産できたと感心すると同時に、猛烈に感動している。

■硬さとは

誰もが使っていて、品質保証項目にもなっているが、学問的にはよくわからないのが「硬さ」です。硬さとはそもそも何かというと、「モノの表面もしくはもう少し内側まで入った部分の機械的性質」としか言えません。百数十年前から、大勢の研究者や技術者が、試験方法や試験機を工夫し、硬さを定義して、膨大な試験を行ってきましたが、統一的な定義はまだ存在しないのが実情です。

硬さの定義は、例えば「ゲンコツに対する頭の抵抗力」のように、頭にゲンコツをぶつけて、その跳ね返りをみる図り方です。ゲンコツが負けて、先生のこぶしが「痛い」となれば、石頭の勝ちです。次はソロバンで、それでもダメならもっと硬いもので……と、頭が凹むまで続けて、石頭の限界をみます。これが硬さの定義*です。

＊硬さの定義
筆者が小学校の頃、いたずらが見つかったときの経験。当時はゲンコツが許されていた。あくまでたとえ話。でも、あのゲンコツで物事の善悪を教わった。

■金属の硬さの種類

金属の硬さ試験も石頭と同じです。さまざまな試験方法のうち、客観的に数値を求めやすく、使いやすいものが、歴史を生き延びて現在に残りました。

1・**静的に計測治具を押し込む方法**：ブリネル*、ロックウェル*、ビッカース、ヌープ硬さなど。石頭にゲンコツをグリグリ押し込む方法と想像してみてください。その凹み具合で判断します。

2・**動的方法**：ショア、ハーバード、リーブ硬さなど。石頭に石をぶつけて跳ね返ってくる程度を想像してみてください。石頭が硬いほどよく跳ね返ります。

3・**標準物体で引っ掻く方法**：マルテンス、ビヤバウム硬さなど。石頭を引っ掻いて、傷のつき方で判断する方法です。

***ブリネル（人名）**
［スウェーデン］1849－1925。ヨハン・ブリネル。製鉄所技術者。ブリネル硬さ試験機は、1900年のパリ万国博覧会で初めて展示された。5回目のパリ博では、大観覧車、エスカレーターに混じり、日本ブースも大健闘した。

***ロックウェル（人名）**
［米国］ヒュー・ロックウェル（1890－1957）とスタンレー・ロックウェル（1886－1940）が、1919年にロックウェル硬さ試験を共同開発。ブリネル硬さ計は、計測時間が長く、硬化組織では役に立たなかったため、焼入れベアリングの計測用に開発。

4・**引っ掻いて削れなくなる標準物質で判断する方法**：モース＊試験、試金石。標準石頭を何段階か作っておき、知りたい石頭をゴリゴリこすり、どの石頭まで傷が付くかの限界を見る方法です。「**試金石**」いう板を準備して、これに黄金と思われる金属を擦りつけて、その金属の黄金含有量を正確に計測する方法もあります。

■金属の硬さ試験の歴史

「硬さ」の歴史を簡単に見てみましょう。1812年、モースが引掻き硬さを考案します。10個の鉱石で「**モース硬さ**」の尺度を決めた、有名な硬度試験法です。小学校の理科教室で見たことがありますね。1900年、**ブリネル**（スウェーデン）が「ブリネル硬さ試験」を、1919年、米人**ロックウェル**が「ロックウェル硬さ試験」を考案します。ここからは、堰を切ったように、「俺の硬さ試験法」の発表が続きます。20世紀初頭は、硬さ試験大流行の時代でした。

＊**モース（人名）**［独国］1773-1839。フリードリッヒ・モース。鉱物学者で1822年の論文で、鉱物の硬度を10段階で分類するモース硬さを発表。この方法は、BC300年頃、アリストテレスの後継者だったギリシアのテオフラストス（BC371-287）が言及し、ローマの大プリニウスも『博物誌』で触れている方法。工業的に利用可能な尺度を作ったのがモースのオリジナル。

こうして、硬さの提案と研究は数多く行われてきたにも関わらず、統一検討がまだ完成していません。不思議ですが、検討しつくされてきた金属の基本的な性質がよくわからないのは、少し面白い事実です。

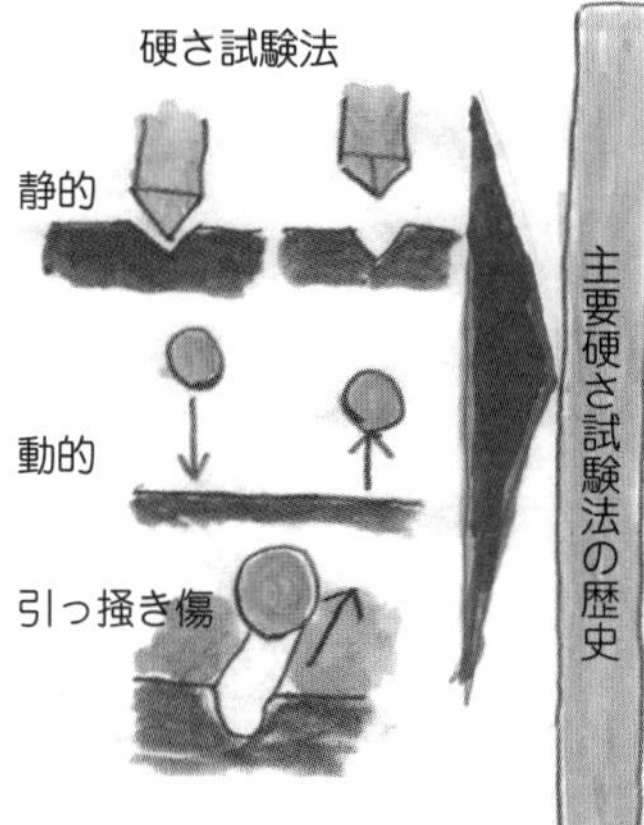

1772	レミュー	静的硬さ
1822	モース	引っ仮硬さ
1890	マルテンス	マルテンス硬さ
1900	ブリネル	ブリネル硬さ
1907	ショア	ショア硬さ
1919	ロックウェル	ロックウェル硬さ
1925	スミスら	ビッカース硬さ
1925	タッカーマン	硬さの概念
1939	ヌープ	ヌープ硬さ

■硬度の定義■

9-3 〈1910－1915〉機能材料――ジュラルミンとステンレス鋼

⦿年代解説

1910年－1915年は、金属の利用分野では、新機能材料の開発競争が起こっています。鉄の利用分野では、平時から戦時への移行が始まっています。

金属の利用では、1911年、オランダのヘイケ・オネス*が水銀で**超伝導現象***を発見します。同年には独国のウィルム*が**ジュラルミン**を発明します。

ジュラルミンは、アルミニウム合金の一種で、主にアルミニウムと銅が主成分です。軽量で強度が高く、耐食性にも優れ、多様な産業分野で重要な素材として利用されています。独国で

***ヘイケ・オネス（人名）**
［オランダ］1853－1926。ドイツ留学でブンゼンに師事。帰国後デルフト工科大学講師時代に、ファン・デル・ワールスと出会い、低温物理学に興味を持つ。1908年、液化ヘリウムの製造に成功。1911年に純金属での超伝導を発見。

***超伝導現象**
オネスは、発見当時をこう振り返る。「水銀の電気抵抗が突然消滅した。電極のショートと思った。その後現実に電気抵抗がゼロになったと気づいた。水銀は新たな状態へと遷移した。超伝導状態とでも呼ぼう」。

***ウィルム（人名）**
［独国］1869－1937。アルフレッド・ウィルム。冶金学者。軍事研究所勤務時代の1903年、アルミニウム合金の時効効果を発見。晩年は農民になった。

開発されたジュラルミンは、開発当初から公開されていましたが、世界は興味を示しませんでした。しかし1916年に、独国ユンカース社が「航空機に使用できるのでは」と興味を持ち、ヒンデンブルグ号などの飛行船の骨格へ適用しました。この成功で、一気に航空機体の素材と認識されるようになります。日本も航空機への適用を目指した開発を進め、改良版の超々ジュラルミンは海軍の零式戦闘機に採用されました。

1912年からは、一気に**ステンレス鋼開発競争**が始まります。この時期にマルテンサイト系、フェライト系、オーステナイト系ステンレス鋼が出揃います。1913年、独国のフリッツ・ハーバーとカール・ボッシュ*が、アンモニア合成の工業プラントに**ハーバー・ボッシュ法***を適用します。

鉄の利用では、1912年に豪華客船**タイタニック**が進水します。独国のクルップ社は、ステンレス鋼や耐酸性鋼の開発を進めます。こうした新鋼材は兵器の改良につながるため、戦争に備えて各国で精力的に開発が進められました。1914年、

＊フリッツ・ハーバーとカール・ボッシュ（人名）
［独国］1899年、ハーバー（1868－1934）とボッシュ（1874－1940）は、アンモニア合成の開発に従事する。彼らは高校化学教師から「オスミウムでアンモニアが合成できる」と聞き、苦労を重ねながら安価な鉄触媒での合成に成功する。

＊ハーバー・ボッシュ法
触媒は酸化鉄とアルミナ、酸化カリウムを混ぜたもの。水素と窒素を高温高圧の超臨界状態で反応させる。どこかで見た文と思ったら、大学1年の独語教科書が「空気から作る肥料」だったのを思い出した。単位は落としたが。

世界は**第一次世界大戦**＊に突入します。

⦿タイタニック

■宮沢賢治のタイタニック

タイタニック号は、1912年に就航した英国の豪華客船です。当時、世界最大かつ最も豪華な客船でしたが、就航後わずか4日で氷山と衝突し、北大西洋に沈没しました。この悲劇的な事故で1500人以上が犠牲になり、史上最悪の海難事故として記憶されています。

宮沢賢治の小説『**銀河鉄道の夜**』には、このタイタニック号と思われる描写が登場します。「びしょ濡れの子供が汽車に乗ってくる」「氷山にぶつかって海に投げ出された」という描写があります。また『**春の修羅**』にも、「Nearer my Godか何かうたふ悲壮な船客まがひである」とあります。宮沢賢治はタイタニックの事件当時、27歳でした。彼の感受性豊かな心と共感力

＊**第一次世界大戦**
1914年から世界中を巻き込んだ第一次世界大戦は、死者1700万人を数える大惨事であった。この戦争では、航空機、戦車、潜水艦、機関銃という新兵器が登場し、兵器を支える素材である金属の技術開発が進んだ。

から、このような悲劇的な事件に対しても深い哀悼の念を持ち合わせていたことでしょう。

■金属から見たタイタニックの沈没理由

英国の豪華客船タイタニック号は、氷山の衝突で舷側（げんそく）（ふなべり）が破損したことにより沈没したため、脆弱な鋼材が使われていたとの議論があります。しかし、普通鋼を使ったタイタニック号がとくに脆弱だったとは考えにくく、氷山衝突の衝撃が大きかったのことと、当たりどころが悪かったというのが真実ではないでしょうか。

当時の船舶は、現在のような溶接ではなく、**リベット**と呼ぶ鋲（びょう）で外板を止めていました。通常の鋲打ちは機械式です。しかし、船の先頭のようなカーブの部分は、機械が使えないので、人力のハンマー打ちで鋲を止めていました。人力では、強度の高い大きな鋲は使えません。そのため、船首の鋲止め強度は、

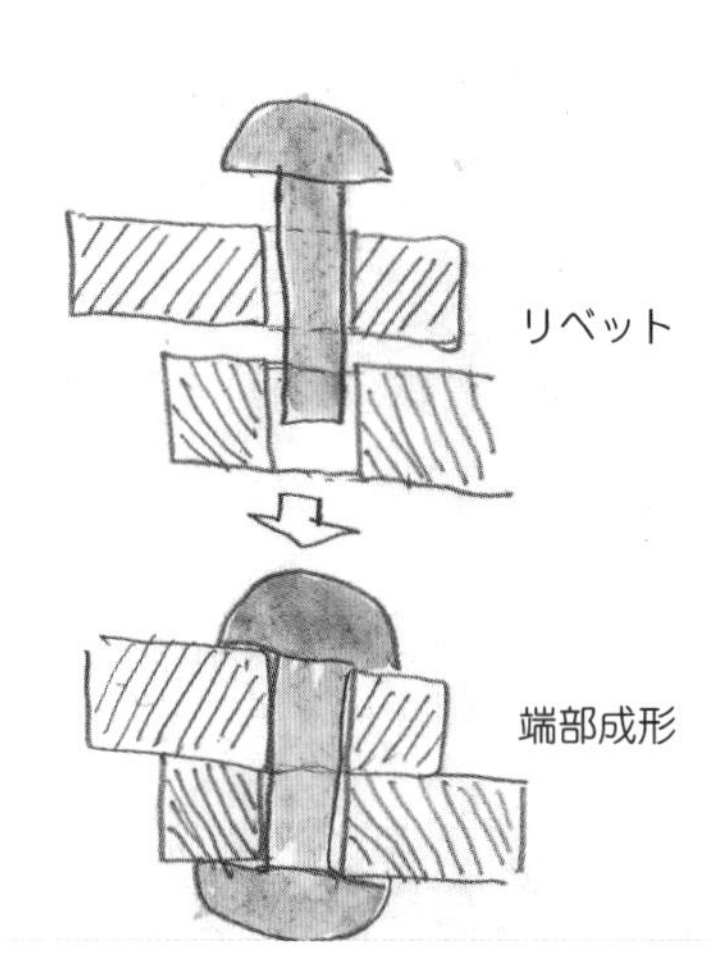

■リベット接合■

舷側に比べて小さものでした。しかも、巨大船のためその範囲が広く、氷山に激突した部位に当たってしまいました。さらに、当時の海域は、氷山がうろつくほど寒く、鋼材の衝撃に対する抵抗力も小さくなっていました。激突部分のリベットが破損し、船首の船殻が部分的にめくれて浸水しました。

タイタニック号の同型の姉妹艦であるオリンピック号とブリタニック号は、後に第一次世界大戦に徴用されました。輸送船になったオリンピック号は、独国の潜水艦Uボートに体当たりして、Uボートを撃沈させています。病院船を任されたブリタニック号は、地中海でUボートが敷設した機雷により舷側破損しながらも、傷病兵や医療関係者が救命ボートで退避するまで、頑張って浮かんでいました*。

唯一生き残ったオリンピック号は戦後、客船に復帰し、Uボートとの一騎打ちの武勇伝から「頼もしいおばあちゃん」の愛称で慕われました。時代に翻弄されつつ、三姉妹艦はそれぞれの道を歩んだといえます。

＊浮かんでいました
タイタニックの沈没の際、子供や女性を優先して救命ボートに乗せ、男性は船に残った。さすが紳士の国の出来事だ。ただこれには諸説あり、当時の常識では、船が沈没するまでには、半日以上あるはずだった。紳士たちは、女性や子供を送り出した後、船上でゆっくり救助を待つ余裕があった。ところが、その常識が今回だけは通用せず、浸水で船体が破損して短時間で沈んでしまった。

◉超伝導

■発見者オネス

物質をどんどん冷やしていくと、各物質特有の臨界温度で、電気抵抗がゼロになります。この現象を**超伝導現象**[*]といいます。オランダの**ヘイケ・オネス**は1911年、水銀の電気抵抗が4・2K（マイナス268・8℃）以下で消失することを発見しました。

とまあ、超伝導の記述はよくこういう具合に書かれています。でも、オネスは超伝導を偶然に発見したわけではなく、とてつもない努力の末に発見したのではないでしょうか。その背後関係に迫るのが今回の話です。

■極低温へのこだわり

そもそも、なぜオネスは、水銀をこんなに低い温度にしようと思ったのでしょうか。それは、超伝導の発見から約30年遡っ

＊超伝導現象
「超電導」と「超伝導」のどちらが正しいのか、これが問題だ。英語に翻訳すると、どちらも「スーパーコンダクティング」。使い方として、大学や研究所など文部科学省系は超伝導で、産業界は超電導が多いようだ。筆者の好きな作家、村上龍の小説のタイトルも『超電導ナイトクラブ』なので、個人的には超電導を採用したいところだが、ここは大人の対応で「超伝導現象」とした。でも、この現象は電気関係だ。伝導するのは熱と電気。超伝導ではどちらかわからない、とごねたいところだ。超伝導リニアモーターカーじゃ、ちょっとワクワク感がないと思いませんか？

た1893年、オネスが28才の時に始まります。

まだ若い研究者オネスの仕事は、1873年にファン・デル・ワールス*が発表した、気体についての有名な状態方程式について、それが正しいかどうかを実験的に調べることでした。超高温から極低温までの範囲について、気体の圧力と体積の関係を調べなくてはなりません。ですから、超低温になっても液化しない気体が必要でした。

■液化ヘリウム

オネスは、1894年から低温研究の準備を始め、1904年には大学で液体空気ができるようになりました。さらに1906年には、水素液化機を組み立てます。やがてオネスは、「ヘリウムは、5Kあたりで液化できるのではないか」と思うようになります。

しかし、ヘリウムを入手するのは大問題でした。幸いにも、オランダの役所に勤めていた兄が、**モナザイト砂***を手に入れ

***ファン・デル・ワールス（人名）**
［オランダ］1837－1923。分子間力を考慮した、気体の状態方程式を発見。ノーベル物理学賞を受賞。

***モナザイト砂**
モナズ石ともいう。セリウムやランタンなど希土類を含む鉱物。トリウムやウランを含むため放射能を持ち、アルファ崩壊をしている。放出されるα線は、ヘリウムの原子核なので、鉱石中にはヘリウムガスを多く含む。

てくれます。この砂にはウラニウム塩が含まれていて、これからヘリウムを採取することができたのです。

オネスは、実験に必要な最少量のヘリウムを苦労して集めました。そして1908年、初めて液化に成功し、4Kの液体ヘリウムができます。こうして、最初の目的であった気体の性質は、充分に研究できるようになりました。

■超伝導の萌芽

その後、オネスは固体ヘリウムを作ろうとして、1Kの近くまで温度を下げて実験しますが、うまくいきませんでした。そこで、ここで液体ヘリウムの研究は諦めて、金属の電気抵抗が、温度によっていかに変化するかを研究することにしたのです。

金属に電圧をかけると、電流が流れます。でも、金属の温度が高いと、電子が自由に動けません。これが

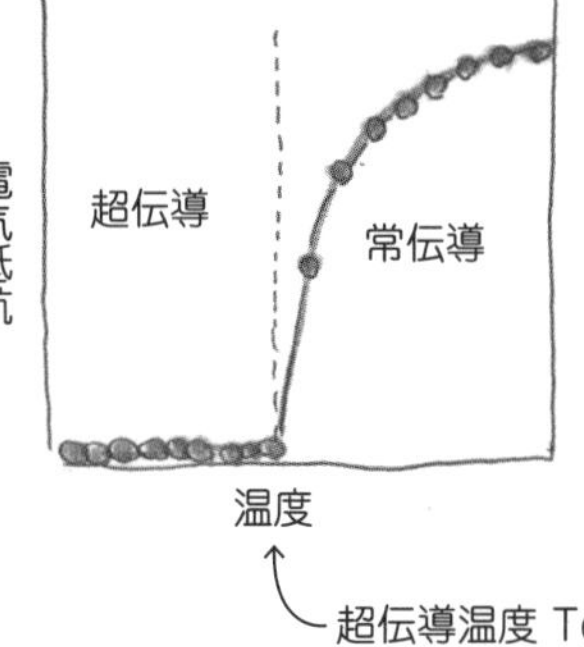

■超伝導■

電気抵抗です。では、どんどん温度を下げると、電気抵抗はどうなるか。そうですね、電気抵抗はどんどん下がってきます。

なぜ水銀?

電気抵抗は、金属から不純物を無くせば下がります。金属の中で、簡単に高純度を得られるのは、水銀をおいて他にはありません。なぜならば、水銀は低温でも液体なので蒸留によって清浄化が可能ですが、他の金属ではそうはいきません。そこで、オネスは水銀で電気抵抗を計測しようとします。すると、水銀は液体ヘリウムの温度で、突然、電気抵抗がゼロになりました。

こうして最初の文章に戻り、水銀で超伝導を確認するのです。たまたま液体ヘリウムを作る必要があった。水銀は蒸留で高純化することができる。これらのオネスの周辺の実験環境が重なって、**超伝導現象の発見**につながります。

＊マイスナー効果
磁場の中に超伝導体を置くと、磁場が超伝導体の中から追い出されてしまう現象。物体が浮き上がったりしている。オネスの助手のローベルト・オクセンフェルト（１９０１－１９９３）が発見した。

■一気呵成の超伝導現象

超伝導金属を一つ見つければ、あとは一気呵成です。1912年に、錫が約3・7Kで超伝導になり、鉛が6K付近で超伝導になるのを発見します。そして1913年、オネスにはノーベル物理学賞が贈られました。

オネスに続く研究で、1933年に超伝導体に強い反磁性、**マイスナー効果**＊があることが発見され、1957年に超伝導の仕組み、**BCS理論**＊が解明されます。そして1962年、超伝導の量子論を発展させた**ジョセフソン効果**＊が発見され、1986年、高温超伝導体＊が発見されます。

こうして記憶に新しい超伝導ブームが到来しました。日本でも1986年当時、一攫千金を夢見て、誰もが乳鉢で試薬を擦り合わせ、少しでも高温で超伝導になる化学組成を探し出そうとしました。ブームはあくまでブームでしたが、あのブームほど超伝導が身近に感じられ、ワクワクした時代はありません。まるでゴールドラッシュのようでした。

＊BCS理論
超伝導現象は、理論化が遅れていた。ジョン・バーディーン（1908－1991）、レオン・クーパー（1930－）、ジョン・シュリーファー（1931－2019）の3人によって提唱された。3人の名前の頭文字からBCSと付けられた。

＊ジョセフソン効果
絶縁体障壁を挟んで2つの超伝導体を結合させると、絶縁体を飛び越えて超伝導電流が流れる。これは、超伝導電子対のトンネル効果によるもの。大学院生の英国人ブライアン・ジョゼフソン（1940－）が発見した。

＊高温超伝導体
一般的に、超伝導現象が液体窒素のマイナス196℃以上で起こる物質。1985年、銅酸化物で認められた。1986年に論文が公開され、日本で真偽追試により証明された瞬間から、乳鉢片手に探索フィーバーが起こったのは覚えている方もいることだろう。

◉ステンレス鋼開発競争

■鉄は錆びる*

鉄は他の金属と比べて、さまざまな良い性質を持つ金属です。このことは、世界史の中で、鉄器時代が現代まで続いていることを見ても明らかです。しかし鉄には、他の金属に劣る性質もいくつかあります。例えば、「寒くなると脆くなる」「酸に弱い」、そして「錆びる」ことです。

鉄を錆びさせない試みは、世界史を通じて研究開発されてきました。**ぶりき**や**とたん**など、表面を他の金属で覆うめっきはその一つです。

鉄自身を錆びさせない「錆びない鉄」を作る試みは、19世紀になって加速しました。きっかけは、シベリアで新金属**クロム**が発見されたことです。

＊鉄は錆びる
鉄は錆びない。マンホールの蓋(ふた)は錆びないし、水道に使う鋳鉄管も錆びない。東京タワーもエッフェル塔も健在だ。南部鉄瓶も錆びない。じゃあ、なぜ鉄は錆びるというのか？　それは鉄が本質的に錆びるからだ。高温で酸化物になるのは「錆び」とは呼ばず「スケール」と呼ぶ。一方、鉄の上に水が溜まり、この水を伝って電流が流れて、酸化物が生成する。これが錆びだ。つまり「錆びる」とは、大気にむき出しの鋼材が、水や湿気が触れることにより、とどまることなく酸化が進行することである。

■鉄とクロムの出会い

1797年、フランスのヴォークランが『シベリアの赤い鉛とそれに含まれる新しい金属の研究』で、**クロム**の発見を報告します。クロムはいろいろな化合物を作りますが、そのどれもが異なる色をしています。そこで、ギリシャ語で「色」を表す「クロマ」にちなんで、「クロム」の元素名が付けられました。

最初にクロムを鋼に添加して調べたのは、若き日のファラデーです。ファラデーは、ダマスカス鋼を作ろうと、さまざまな金属を鋼にまぜて合金を作っていました。金、銀、白金はもちろん、当時手に入るニッケルやパラジウムなど、発見されたばかりの金属を取り寄せて混ぜていました。

彼が一連の実験の最後に混ぜたのが、発見されたばかりで、誰もまだ鋼に混ぜたことのないクロムでした。そして1922年に、その結果を論文『**鋼と合金について**』

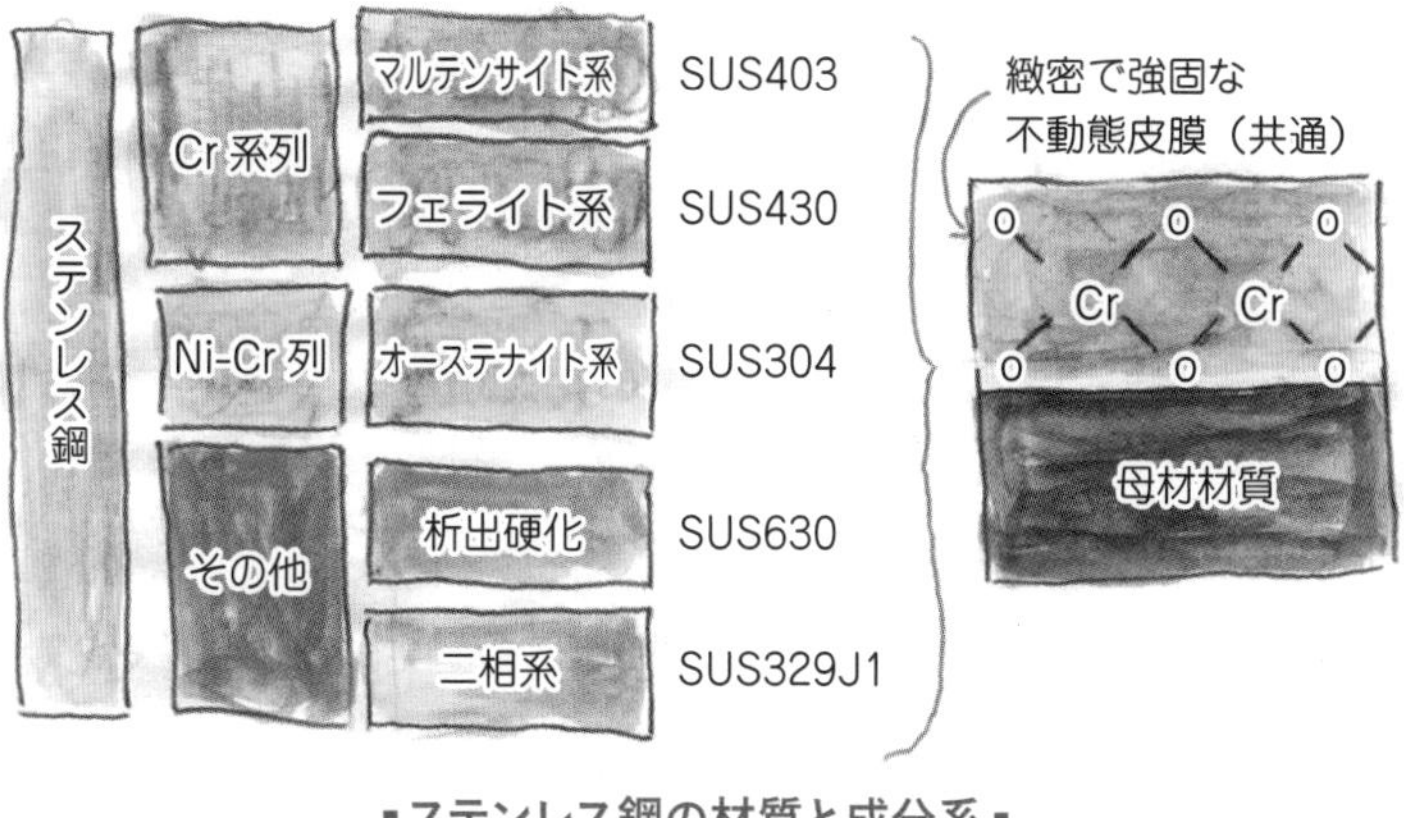

▪ステンレス鋼の材質と成分系▪

で発表します。ただ、実験後の結果については、非常に簡潔に「錆びない」としか記述していません。もともとダマスカス模様への興味であり、クロムでの実験結果には興味がなかったのかもしれません。この論文を最後にファラデーの研究対象は、金属から電磁気に移ってしまいます。

クロムの効用

ファラデー当人は金属研究から引退してしまいますが、ファラデーの論文はヨーロッパ中の冶金学者の研究魂に火を付けました。以降、クロムが鉄の錆に与える影響の研究が行われることになります。

途中で誤った解釈もありました。クロム合金は錆びにくい、酸腐食されにくいとの発表が相次ぐ中、英国のハドフィールドは1892年、「クロムが多いと、硫酸腐食が増加する」との報告を出します。これは炭素が多い場合についての現象ですが、炭素の知見は1898年まで、鉄とクロム状態図が完成するの

＊不動態皮膜
不動態被膜とは、鋼材の表面も緻密な酸化物を形成し、酸素の侵入を防止する酸化物層のこと。鉄酸化物は、酸素をスカスカに通し、錆の進行を防止できない。クロム酸化物は、薄くても緻密な膜を作るため、ステンレス鋼にとって必須元素になっている。

は1907年まで待たねばなりませんでした。

■**ステンレス鋼開発**

20世紀に入って、いよいよ錆びない鋼**ステンレス鋼**の発明競争が始まります。独国のクルップ社研究所が、オーステナイト系ステンレス鋼の原型を作り、改良品を世に出します。炭素の影響も判明し、低炭素化のための珪素還元法、炭素を優先的に燃やす**酸素製鋼法**など、設備・操業の開発が進みます。

ステンレス鋼の特徴は、鋼の表面に**不動態皮膜**＊を作ることです。独国のモナーツは、1911年に不動態現象を報告しています。

1906年	ギレー、鉄・クロム・ニッケル系合金に関する研究。オーステナイト系ステンレス鋼の研究に相当（仏）
1911年	独国のモナーツは、無炭素高クロム鋼は不動態現象により耐酸性を示すことを報告
1912年	クルップ社、ステンレス鋼、耐酸性鋼の開発（独）
1912年	英国のブリアリー、Cr12%ステンレス鋼製造
1913年	ブリアリーがマルテンサイト系ステンレス鋼を実用化。米国は1916年から実用化。1914年、英国のハリー・グレアリー、ステンレス鋼発明
1914年	米国のダンチゼンがフェライト系ステンレス鋼を実用化
1914年	独国のマウラーとシュトラウス、オーステナイト系ステンレス鋼を実用化
1919年	クルップ社、エッセン・ボルベック製鉄所。ステンレス鋼の生産基地（独）

■年表でたどるステンレス鋼■

エボシのたたら場探訪記

映画『もののけ姫』の中のエボシ御前は、タタラ場と呼ばれる工房の指導者です。彼女の経営するタタラ場は魅力的な場所で、室町時代の先端工場です。

タタラ場は山に囲まれた森、湖、川の近くにあります。この場所では、男女同権の社会が根付いており、女性も鉄作りの労働者として活躍しています。タタラ場に登場する製鉄設備は、たたら炉の発展形の角炉かシュティック炉（農夫炉）のような巨大な精錬炉です。ここで、昼夜休まず「鉄」を作り続けています。

一方で、最新の技術により、隔離された一角で、国崩しの武器である石火矢（いしびや）を製造しています。これは大砲のような武器で、現代のロケットランチャーに似ています。

エボシ御前は現代的な考えを持つように見えますが、同時に古代のシャーマン的な側面も持っています。彼女の強さは、地の石から鉄を取り出す人々と同様です。

『もののけ姫』はさまざまな解釈ができます。自然と調和する視点もあれば、自然を利用する必要がある現実的な側面もあります。人々は自然と共に生きる方法を模索し、人間らしさを見つけてきたと言えるでしょう。

なお、もののけ姫の冒頭シーンに登場する巨大な猪に取り憑いている「たたり神」は、形も大きさも外観も、どこから見てもたたら炉で生み出される「ケラ」にそっくりです。島根山中にある「金屋子神社」に行くと、今でもたくさんの「ケラ」を見ることができ、『もののけ姫』の雰囲気を味わうことができます。

WORLD HISTORY OF METALs

第10章

金属の成長——性質の成長と建造物の成長

金属の利用（続き）

クラーク数

1924年 F.W.クラーク、地殻の化学的組成をクラーク数と求める

合金の安定相

1926年 ヒュウム・ロザリー、合金の安定相の規則

スーパーインバー

1929年 増本量、超不変鋼（スーパーインバー）発明。Fe-32Ni-4Co

Sカーブ

1930年 シェファード、焼き入れ性の研究。結晶粒と熱処理、機械特性の関係指摘（Sカーブ）

ベイナイト

1930年 ダベンポート、ベイナイト組織

ヴィッカース試験機

1930年 ヴィッカース試験機【英】

1930年 ジャケー、金属表面の電解研磨

1932年 三島徳七、MK磁石合金開発（Fe-Ni-Al析 出硬化型）

1933年 本多光太郎、増本量,白川勇記:新KS磁石合金（Fe-Ni-Ti析出硬化型）

1934年 F.ジョリオ=キュリー.I.ジョリオ=キュリー、初めて人工放射性元素製作

転位論

1934年 転位論の同時発生。【英】G.I.テイラー【独】E.オローワン【独】M.ポラニー

1934年 N.P.ゴス、電磁鋼板開発（FE-Si合金の「集合組織」）「一方向性ゴス鋼板」

鉄の利用

パリ砲

1917年 クルップ社、射程130Kmの長距離砲（パリ砲）開発【独】

1918年 第一次世界大戦終結

1919年 クルップ社、エッセン・ボルベック製鉄所。ステンレス鋼の生産基地【独】

1920年頃 ストリップミル普及

1920年 ベルソン、臨海圧力で蒸気を発生させるボイラー制作【独】

1920年 ホルツウォース、発電にガスタービン使用

1921年 鋼材輸出ダンピング開始【独】

1922年 戦後反動による鉄鋼減産【米】

1922年 ミーハン、パーライト鋳鉄、ミーハナイト鋳鉄を製造、強靭鋳鉄造開始【米】

窒化鋼

1923年 クルップ会社、窒化鋼を発明【独】

1924年 4段連続圧延機の完成、ストリップミルの発端【米】

1925年 ローンとゼンジミア、多段薄板圧延機開発

1927年 ベッカ製鋼所、Coを大量に含む超高速度鋼製造【独】

超大型鍛造プレス

1929年 クルップ社、当時世界最大の15000トン鍛造プレス【独】

1929年 世界大恐慌

エンパイアステートビル

1931年 381mのエンパイアステートビル完成

直接製鉄法

1934年 クルップ社のヨハンゼン、クルップ式直接製鉄法（レン法）を発明【独】

年表8<1915-1935>

AD1915

衝撃と硬さの研究

長距離砲

地球化学

窒素の効用

AD1925

合金の進化

鉄鋼設備大型化

金属の科学

ステンレスをまとう摩天楼

AD1935

金属の利用

1915年 金、ニッケル輸出禁止【仏】
1915年 金輸出禁止【瑞】

粉末X線回折

1915年 デバイとシェラー、粉末X線回折に成功【蘭】
1915年 W.H及びW.Lブラッグ、結晶構造のX線分析でノーベル賞【英】
1915年 Rohn、Ni−Cr合金の真空溶解 独
1916年 ノースラップ、高周波誘導加熱炉の発明

衝撃試験

1917年 シャルピーとコルユナ・セナール、衝撃試験実施【仏】
1917年 G. W.エルメン・H. D. アーノルド、透磁率の大きい「パーマロイ」開発【米】

KS鋼

1917年 本多光太郎、KS鋼を発明
1917年 本多光太郎と高木弘、KS磁石鋼(Fe-W-Co 焼き入れ硬化型)開発【日】

ロックウェル硬さ

1919年 ロックウェル、「ロックウェル硬さ試験」【米】
1919年 ジークバーンX線分析法の創始者【典】
1920年 ギョーム、「ニッケル鋼合金の変態発見によって果たした精密計測への貢献」後にノーベル賞【仏】
1922年 本多光太郎、強力磁石鋼の発明でベッセマー賞受賞
1922年 ビンガム、レオロジーを提唱【米】

パーマロイ

1923年 ベル研究所のアーノルドとエルメン、パーマロイ発明【米】
1923年 シュレーター、超硬合金ウィディア(W-C-Co合金)特許【米】

▼

10-1 〈1915－1920〉硬さと戦争――衝撃と硬さの定義と戦争が生んだ巨大砲の衝撃

⦿年代解説

1915年－1920年は、金属の利用分野では、戦争の影響を大きく受けたこと、そして金属を知ろうとしたことが注目すべき点です。鉄の利用では、戦争が影響します。

金属の利用では、第一次世界大戦の影響で、1915年にフランスやスペインから金やニッケルなどの**金属禁輸**が始まります。この時期は、各種調査や解析技術の進展がありました。

1915年にデバイ*らが、**粉末X線回折***に成功します。同年のノーベル賞は、結晶構造をX線分析したブラッグ*らに贈られます。1917年にシャルピー*らが衝撃試験を行いま

***デバイ（人名）**
［オランダ］1884－1966。ピーター・デバイ。1936年のノーベル化学賞は「分子構造の研究への貢献」。デバイの名前の付いたモデルや公式は多数。アインシュタインの少し後を歩みながらも、戦時中は独国にとどまった。

す。硬さの試験法では、1919年にロックウェルが、**ロックウェル硬さ**の実験を行います。同じく1919年に、X線を鋳物の欠陥検査に用いる方法が開発されます。

鉄の利用では、第一次世界大戦末期に、独国クルップ社が長距離砲**パリ砲**を製造しました。射程距離が130kmで、発射音もせず砲弾が飛んできたといいます。

◉パリ砲とは

■長距離砲＝パリ砲の概要

第一次世界大戦の末期、ドイツのクルップ社は、遠く離れた場所からパリを砲撃するために、長距離砲を生み出しました。名付けて「**パリ砲**」です。17mの既存の38cm径の中に、30mで21cm砲身を内挿した、自重256tの鋳鋼製巨大砲です。

パリ砲から打ち出される94kgの砲弾は、上空40kmの成層圏にまで達し、少ない空気抵抗のおかげで約130km離れた場所を

＊粉末X線回折
X線を固体に照射して、反射角度から結晶構造を図る方法がX線回折法。単結晶の場合は向きを四方八方に回して計測する手間がかかる。粉末試料を使えば、試料自体がいろいろな向きなので、手間が省ける。コロンブスの卵的な方法。

＊ブラッグら（人名）
[豪州] 実はブラッグは二人いる。父親のヘンリー（1862−1942）と、25歳の息子ローレンス（1890−1971）の親子受賞。息子が5歳のときに骨折し、その年に発見されたばかりのX線を使って父親が検査したのが、豪州での医療使用の始まり。

＊シャルピー（人名）
[仏国] 1865−1945。ジョルジュ・シャルピー。振り子破壊試験で残留破壊エネルギーを図るアイデアは、1896に米国人ラッセルが出したもの。1901年、シャルピーは切り込みを入れたサンプルと、それを叩く振り子を工夫し標準化。

砲撃しました。人類が作った物質の中で、最初に成層圏に到達した物体が、パリ砲の砲弾でした。

■パリ砲の実際

1818年、ドイツ軍はこのパリ砲で、300発以上の砲弾をパリ市街に打ち込みました。パリ市民にとって、発射音もなく突然襲ってくる砲弾は恐怖であり、砲撃で数百人が死亡します。

ただ、パリ砲にも弱点があります。強烈な火薬で砲弾を打ち出すため、砲身の内側に切られていた旋条（ライフル）が激しく削られ、一発ごとに大砲の砲弾の直径を変えなければなりません。また、長大な砲身が自重で垂れるのを防ぐため、支柱で支えていました。

■その後のパリ砲物語

連合軍の進撃で、パリ砲は撤退し、終戦直前に自ら破壊した

＊**バビロンプロジェクト**
イラクのサダム・フセインによる、大砲で物体を宇宙に飛ばす計画。計画には、全長156ｍのスーパーガンもあった。その形状がラインパイプに似ていたので、早とちりした。後日判明した実際の砲身の写真は、極厚パイプだった。

ため、現物は残っていません。パリ砲はその後、復活することはありませんでしたが、**バビロンプロジェクト***と呼ぶ、湾岸戦争時のイラクのスーパーガン構想に影響を与えました。

そういえば湾岸戦争の当時、筆者は製鉄所でイラク向けのUOラインパイプを製造していました。このパイプが砲身に転用されないか、可能性を議論した記憶があります。当時は荒唐無稽な計画だと思っていましたが、ひょっとしたら案外真面目な検討だったのかもしれません。今になって、冷や汗が出てきました。

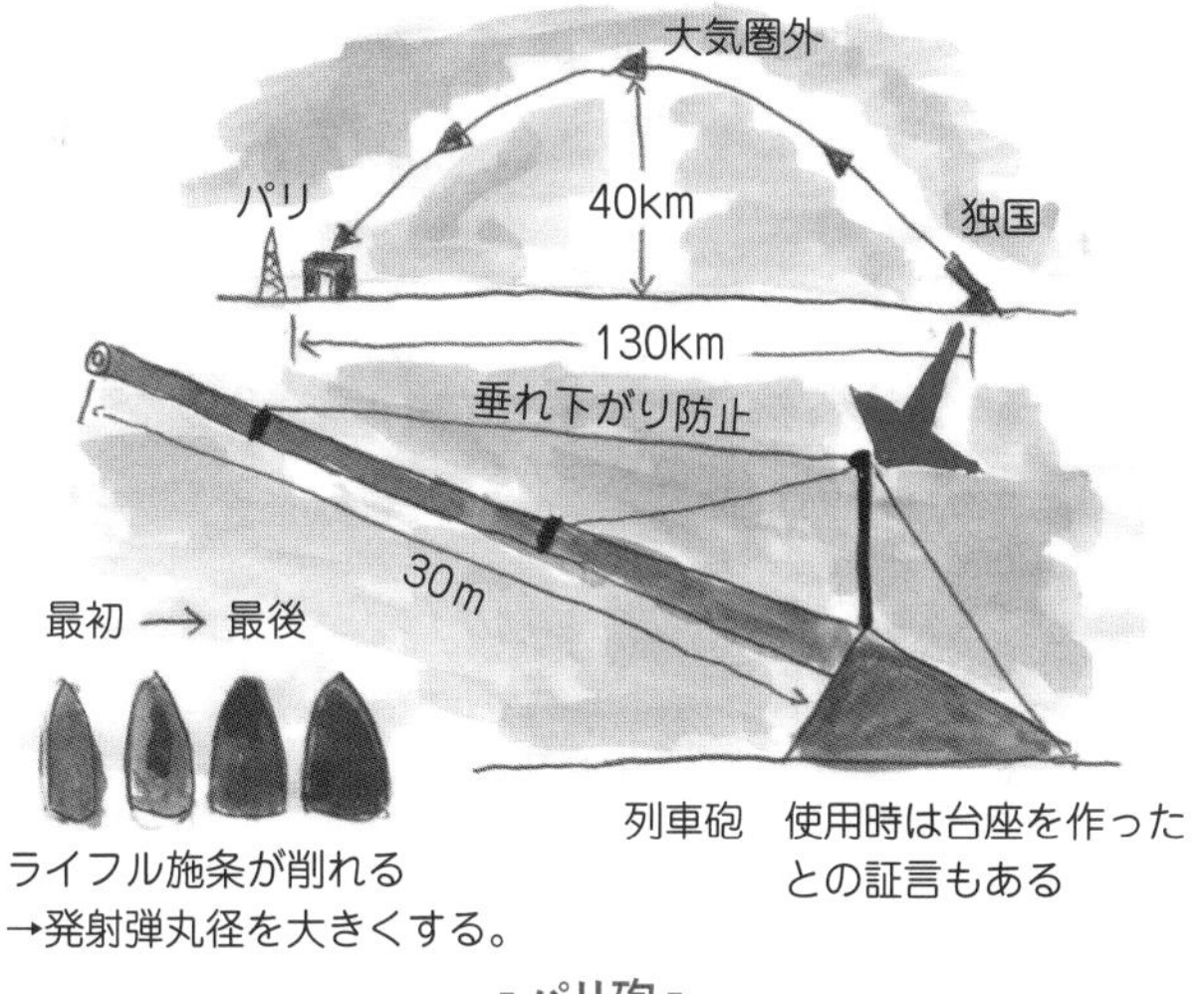

大気圏外
パリ
40km
独国
130km
垂れ下がり防止
30m
最初 ⟶ 最後
ライフル施条が削れる
→発射弾丸径を大きくする。
列車砲　使用時は台座を作ったとの証言もある

■パリ砲■

10-2 〈1920－1925〉地球の理解――地球科学の登場と窒素の効用

◉年代解説

1920年－1925年は、金属の利用分野では、新材料の探求と地球化学組成調査が進みます。鉄の利用分野では、新鋼種開発や圧延方法の改善が進みます。

金属の利用では、1920年にギョームが、後にノーベル賞を受賞することになる、ニッケル鋼合金の変態発見を精密計測で行います。1923年、ベル研究所のアーノルドらは、磁気シールド性に優れた**パーマロイ***を開発します。1924年、クラークは、研究していた地球の化学的組成比率を**クラーク数**とします。

***パーマロイ**

パーマロイとは、透磁率を表す「パーマビリティ」と、合金を表す「アロイ」の合成語。わずかな磁場変化にも対応するため、包み込んだ内部の機器などを外部磁気の外乱から守る。

鉄の利用では、クルップ社が**窒化鋼**を発明しました。

◉クラーク数

■教科書から消えたクラーク数

クラーク数は、地球の地表付近に存在する元素の割合を、質量パーセント濃度で表したものです。最近では、中学や高校の教科書に載らなくなったため、ピンとこない人もいるかもしれません。

クラーク数の本来の定義である、「地下10マイルまでの岩石圏、水圏、気圏を含めた元素の重量%」という概念が発表されたのは、1924年。当時は、地球化学的に意味がありました。しかし現在では、それから100年の間に進化した地球科学により、地殻の知見も増えてきました。元素の割合を知りたいときは定義があいまいなクラーク数よりも、知りたい情報がドンピシャである地殻中の**元素存在度***を使います。

***地殻中の元素存在度**
元素存在度は、水素やヘリウム、リチウムなど軽い元素から始まるが、鉄や鉄に似た元素は極端に少ない。これは地球形成時に鉄が中心に集まり、同様の元素も核へ引き込まれたからと言われている。

■クラーク数とは

とはいえ、クラーク数は歴史の中で、科学的な意味合いを十分果たしてきました。クラーク数は、米国の地球化学者であった**フランク・クラーク***にちなんだ指数です。実は、クラーク自身がクラーク数を提案したわけではありません。クラークが生涯かけて研究してきた数値をもとに、彼の死後、当時ソ連の**フェルスマン***が彼の名前を冠して提唱したのです。

クラークらは、自らが定義した地殻に当たる「岩石圏」、海や川に当たる「水圏」、大気圏に当たる「気圏」の化学組成を合算し、地球表層部の平均元素組成として算出しました。細かな数値はさて置き、構成元素の順番を重量％で見てみると、１位酸素、２位ケイ素、３位アルミニウム、４位鉄、あとは順に、カルシウム、ナトリウム、カリウム、マグネシウム、水素、チタンです。学生の頃、「おっしゃられて（Ｏ・Ｓｉ・Ａｌ・Ｆｅ）……」と覚えた人も多いのではないでしょうか。

＊フランク・クラーク（人名）
［米国］１８４７－１９３１。地球化学分野の創始者の一人。地球の地表付近に存在する元素の割合を、火成岩の化学分析結果に基いて推定した。その結果を質量パーセント換算して見える化した。ただ、クラーク自身は、元素の比率や順位などを決めて主張したわけではなく、自分の採取したデータで信頼できるデータだけを米国化学会の要請で発表していただけである。ロシアのフェルスマンが勝手にデータを解析し、クラークの名前をつけて発表した。

＊フェルスマン（人名）
［ソ連］１８８３－１９４５。アレクサンドル・フェルスマン。モスクワ大学の地球化学を開く。一般向け出版も多い。

■クラーク数の利用法

クラーク数が何の役に立つのでしょうか。例えば、地面から金属を取り出したいとき、地面に広く薄く存在しているのでは、経済的合理性がありません。金などの取引価格が高い金属は、多少はよいかもしれませんが、「海水の中に入っている金の総量は相当なものだよ」と言われても、喜ぶ人はいないでしょう。地面の砂をすくい、「この中にアルミニウムもケイ素もたくさん入っている」と言われても、途方に暮れるだけです。

つまり、金属は限られた狭い場所に濃縮されていなければ利用できません。この濃縮度合いを比較するときに、昔はクラーク数の数値の何十倍かで判断していたのです。現在は、元素の地殻存在度を使います。

米国
フランク・クラーク
1847-1931

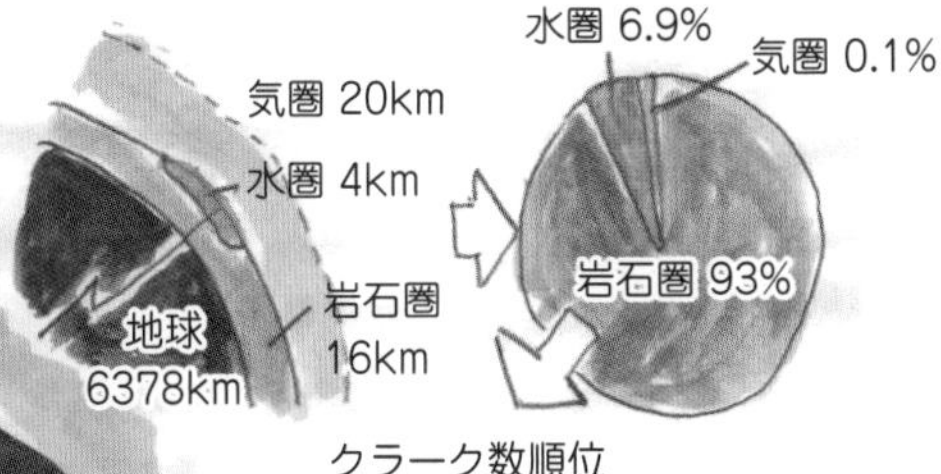

クラーク数順位

1酸素	6ナトリウム
2ケイ素	7カリウム
3アルミニウム	8マグネシウム
4鉄	9水素
5カルシウム	10チタン

■クラーク数■

10-3 〈1925 − 1930〉進化と巨大化──合金の進化と鉄鋼設備の巨大化

⦿年代解説

1925年−1930年は、金属の利用分野では、合金の性質の調査と新素材、成形技術が進化します。鉄の利用分野では、設備の大型化が進む中、1929年に世界大恐慌に見舞われます。

金属の利用では、1926年にヒューム・ロザリー*が**合金の安定相**の規則*を発見します。1928年にラマン効果*が見い出され、ハイゼンベルク*により強磁性体の理論*が提唱されます。1929年には、増本らが熱変形の極めて少ない**スーパーインバー**を発明します。

鉄の利用では、1925年に米国で、**超大型高炉**である

＊ヒューム・ロザリー（人名）
［英国］1899−1968。冶金学者。合金安定相の「ヒューム・ロザリーの法則」で知られる。

＊合金の安定相の規則
2つの金属が混ざるとき、金属原子の大きさが似ていればよく混ざり、極端に異なれば混ざりにくい。例えば、鉄の中にナトリウムやマグネシウムを入れても、ほとんど混ざらない。

＊ラマン効果
［インド］チャンドラセカール・ラマン（1888−1970）は、物質に光を入射したとき、散乱光の中に入射光と異なる波長の光が含まれる現象を発見した。光と物質の間に、エネルギーの授受があるために発生する。

1000t高炉が出現します。1925年、ゼンジミア*らが、多段薄板圧延機*を開発します。1929年、独国のクルップ社が、当時世界最大級の**超大型鍛造プレス**を設置します。

⦿高炉の大型化

1925年、超大型高炉は、1000t高炉でした。では、現在の高炉の最大容積はどれくらいでしょうか。それは、韓国POSCOの6000㎥です。長らく日本の5555㎥だったので、1割の内容積アップです。

一般的には、容積を大きくすると、生産効率が上昇します。しかし、高炉の場合は、高さと円筒部のバランスが悪いと、操業が安定しません。巨大化＝効率化とならないところが悩ましいのです。高炉は想像以上に人間に似ていて、便秘をしたり腹を下したりします。特効薬はなく、漢方治療のようにじわじわ改善方向に持っていくことが求められます。

＊ハイゼンベルク（人名）
［独国］1901－1976。ヴェルナー・ハイゼンベルク。量子力学の確立に貢献。「論文の口頭試験で、実験物理学が全く答えられなかった」「花粉症転地療養中に量子力学を思いついた」など、エピソードが多い。

＊強磁性体の理論
強磁性体は、電子が電子対を作るのではなく、同じ向きに並行になる現象。これを量子力学的視点で整理した。

＊ゼンジミア（人名）
［ポーランド］1894－1989。タデウシュ・ゼンジミア。米国に移民。亜鉛鉄板の製造技術者。ゼンジミア圧延機を開発。

＊多段薄板圧延機
ゼンジミア圧延機は、1スタンドに20本のロールが入る。実際に鋼材に接するワークロールは1本だが、他のロールはそれを支える。形状の制御精度が非常に良く、鋼材強度に関わらず圧延できる。

10-4 〈1930－1935〉理論と摩天楼──科学理論の進歩とステンレス鋼をまとう摩天楼

⊙年代解説

■時代総論

1930年－1935年は、金属の利用分野では、金属の性質の研究と、磁石合金の開発が進みました。鉄の利用分野では、鋼材加工技術の進歩があり、鋼製建築が作られます。

■金属学の進歩

金属の利用では、1930年、ラーベス*による**ラーベス相***の発見があります。同年、シェファードは焼入れの研究の中で**Sカーブ**を見い出します。また同年、ダベンボードは**ベイナイ**

＊ラーベス（人名）
［独国］1906－1978。フリッツ・ラーベス。結晶学者。合金に生成する金属間化合物に、ラーベスの名が付いているのもがある。

＊ラーベス相
2つの金属の組成が、1対2の金属間化合物。金属らしからぬ挙動をする。電気伝導性は高いが、金属特有の展性や延性が非常に低い。水素吸蔵合金の大半がラーベス相のため、最近になって注目されている。

ト組織を発見します。

1930年はさらに、英国で**ビッカース試験機**が開発されます。加えて、ジャケーは金属表面の電解研磨を開発します。1932年には三島徳七が**MK磁石合金**を開発、1933年には本多光太郎らが新KS磁石合金を開発します*。

1934年になると、キュリー夫人の子どもたちが、人工放射性元素の製作を始めます。この年には、世界各国でほぼ同時に**転位論**が発見されます。また同年に、ゴスらが一方向性電磁鋼板の開発を行ったほか、酸性平炉での特殊鋼溶製方法の実学的研究、水素起因の**白点研究**が進みました。

■鉄の利用

鉄の利用では、1931年に米国で**エンパイアステートビル**が完成します。この鋼製巨大建築物は、高さ381mです。一方で1932年、極薄鋼板圧延用のゼンジミアミルが開発されます。1934年、独国のクルップ社のヨハンゼンは、クルッ

＊**開発します**
「シェフィールドについてこのように述べて、大英帝国の他の地域や他の国籍の冶金学者による貴重な仕事を無視したり過小評価したりするつもりは全くない。仏国、アメリカ、ドイツ、イタリア、ベルギー、そして現在は日本が極東で行っている。この『東洋の島国』という表現は、現在仙台で行われている重要な冶金学的研究によって完全に正当化され、確認されている。1922年に東北帝国大学日本鉄鋼研究所長の本多光太郎教授が、英国鉄鋼協会からベッセマー金メダルを授与されて冶金学界の青いリボンを受け取っている事実もある。本多教授と仙台の国立の研究室が、自由闊達に発表した数多くの金属学的論文によって、日本は世界の金属学的知識の進歩に貢献する役割を十分に果たしている」1931年のハドフィールド発行の書籍より。

プ式直接製鉄法のレン炉*を発明します。

⦿エンパイアステートビル

■エンパイアステートビル

エンパイアステートビル*は、ニューヨークにある85階建て、高さ382mのランドマークビルです。1931年に竣工し、90年以上経過しますが、今でも現役です。その外観の無骨な美しさ、現代風に言えばインスタ映えする姿を、どこかで一度は目にしたことがあるでしょう。

実はこのビルのすぐそばに、高さ319m、77階建てのアールデコ風の6つの尖塔を持った、不思議なフォルムのビルがあります。クライスラービル*です。エンパイアステートビルの一年前にできたこのビルは、わずか一年で、高さ世界一の座をエンパイアステートビルに譲り渡します。

＊直接製鉄法のレン炉
斜めにしたシャフト炉の中に鉄鉱石や還元剤を投入し、下部から燃焼ガスで加熱すると海綿鉄が生成。途中で溶解し、小粒のルッペになり排出される。低品位の貧鉱からの精錬に適している。

＊エンパイアステートビル
ニューヨークに立つ高さ382mのビル。1931年に竣工したが、直後に大恐慌があった。外壁にはステンレス鋼を使い、90年経過した現在でも素晴らしい外観を保っている。

＊クライスラービル
ニューヨークに立つ319mのビル。当時、世界一競争をしていた高層ビルは、ライバルとの高さ競争で、途中の仕様変更がすごかった。当初246mのものを、最後は尖塔を乗せて一番になった。

■デジャヴュ

これを書いていて、筆者にデジャヴュが起こりました。製鉄所で鋼材の造り込みをしていた、平成の始め頃のことです。ある日、東京都の人たちが訪ねてきて、「日本一の高さのビルを建てる」と言いました。その1年後、今度は別の人たちがやってきて、「それより高いビルを建てる」と言いました。

やがてでき上がったのは、1991年に243mの東京都庁舎*、1993年に296mの横浜ランドマークタワー*でした。厳しい鋼材要求にてんやわんやで、自分が作った鋼材ででき上がったビルを訪れるのは、ずっと先のことでした。

■ステンレス鋼のビル外壁

クライスラービルとエンパイアステートビルに共通する話題は、場所がすぐそばであることや、高さ競争だけではありません。その外壁にあります。

いずれの建物も、その外壁はS302（オーステナイト系ス

＊東京都庁舎
丹下健三の設計による、パリのノートルダム寺院をモチーフにした高層ビル。大型の柱と大型の梁に応力集中させる「スーパーストラクチャー構造」で、地震や風などの外力に耐える。と言うのは簡単だが、その耐える構造は、筆者の作った鋼材によって実現される（らしい）「本当に大丈夫なんだろうな」と、東京に行くたび下からよく眺める。都庁も横浜のビルも、瀬戸大橋も海ほたるも、自分で作った鋼材が支えているところに登るのは、今でもちょっと勇気がいる。

＊横浜ランドマークタワー
みなとみらい地区のシンボル。珍しく円柱に支えられている。床を3方向で支えるためである。柱製造は9㎝厚みの鋼材を90㎝の丸パイプに成形する。筆者史上、屈指の困難な鋼材製造を経験した。

テンレス鋼*）で覆われています。エンパイアステートビルの窓枠のはしご状のパネルは、３００ｔ以上のステンレス鋼が使われました。鋼材の材質は、１９９５年に外壁が清掃されたときに、サンプル調査でわかりました。

ステンレス鋼の外壁は、長年のニューヨークの公害にも、海からの塩害にも耐え、キングコングの登頂にも耐え（１９３３年と２００５年の映画の中での出来事です）、１９４５年の爆撃機の衝突にも耐えて、今日まで勇姿を保っています。

＊オーステナイト系ステンレス鋼
ニッケルがたくさん入った高級ステンレス鋼。

エンパイアステートビル
1931 年竣工
382m 85 階建
外壁　SUS302
（オーステナイト系）
SUS302 は、SUS304 の原型
当時の最高級 SUS 18Cr-9Ni

■エンパイアステートビル■

WORLD HISTORY OF METALS

第11章

金属の運命——戦争に翻弄される金属

金属の利用(続き)

1944年 グロスマンの研究による焼入性についての仮規格【米】
1945年 ブリッジマン、超高圧圧縮技術によりノーベル物理学賞
1947年 セラミック工具の出現
1947年 カーケンダルとスミゲルスカ、カーケンダル効果。銅などの相互拡散や空孔機構【米】
1948年 ネール、フェリ磁性を提唱【仏】

ランクフォード値

1948年 ランクフォード、鋼板の成形性の指標としてのγ値の基礎現象発見【米】
1948年 モロー、カグネビンが各々独自にMgO処理によるノジュラー鋳鉄製造
1949年 チタンの量産開始【米】
1949年 キャスタン、X線マイクロアナライザー開発【仏】

フランクーリード源

1950年 フランクとリード、転位のフランクーリード源(sourse)提唱

鉄の利用

1935年 バッセー、回転炉製鋼法を発明【仏】
1935年 クライスラー社、超仕上げを考案【米】
1935年 安定化ドロマイトレンガが英国で発明【蘭】
1936年 溶融鋳込アルミナレンガの発明
1936年 コルビー工場でブラッサート法による貧鉱処理を開始【英】
1937年 国策会社ヘルマン・ゲーリング製鉄所建設【独】
1937年 ザルッギターで貧鉱処理開始【独】
1937年 ゴールデンゲートブリッジ完成【米】

鉄の利用

1939年 カピツァ、純酸素製造用タービン発明、工業的大量使用可能【ソ連】
1939年 ユージンセジェルネ、ガラス潤滑剤を鋼の熱間押し出しに適用【仏】
1939年 塩基性電気炉、カーバイド方式から酸化沸騰方式に変更
1940年 対日屑鉄輸出禁止【米】
1940年 鉄鋼割当制実施【英】
1940年 建造後4ヵ月しか経っていないタコマナローズブリッジが崩壊【独】
1941年 クルップ社、銃、戦車、軍艦、発射物を生産1942年フォンタナに太平洋岸初の高炉建設【米】
1942年 クルップ社、80cm口径レールガン、史上最大の砲弾「ドラ」【独】

鋼の連続鋳造

1943年 ユンガス、鉄鋼の連続鋳造を開発【独】

ヨハンゼン「鉄の歴史」

1943年 オットー・ヨハンゼン、『鉄の歴史』執筆【独】
1945年 リパブリックスチール、高炉の高圧操業実験開始【米】
1946年 カナダスチール、ハミルトン工場で酸素製鋼の実験【加】
1947年 1分間1マイルの熱延工場出現【米】
1947年 ISO(国際標準化機構)発足

球状黒鉛鋳鉄

1947年 モローら球状黒鉛鋳鉄を発明【英】
1948年 マーシャルプラン、鉄鋼近代化計画
1949年 ウェアトンスチール500トン平炉【米】
1949年 平炉への酸素吹き込み開始【米】
1950年 タコナイトの貧鉱処理工場建設【米】

年表9<1935-1950>

AD1935

金属理論の深化

第二次世界大戦

核を扱う

AD1940

鉄鋼の新技術と鉄の歴史

金属科学知識

鋳鉄の進化

AD1950

金属の利用

1935年 加藤与五郎、武井武:フェライト磁石(Mn-Zn, Ni-Zn)の発明

1935年 本多光太郎、新KS鋼の特許

1936年 E.W.ミュラー、電界放射顕微鏡発明

1936年 N. F. モットとH. ジョーンズ:「金属及び合金の性質に関する理論」

1936年 スレーター、エネルギー帯による強磁性体理論【米】

1936年 磁気録音用合金センダロイ発見

1938年 ギニエ【仏】とプレストン【英】が独立に、ギニエープレストンゾーンの発見

1936年 ユニオン・メルト(自動高速溶接法)出現【米】

らせん転位とバーガース・ベクトル……

1939年 バーガース、「らせん転位」と「バーガース・ベクトル」の導入【蘭】

超々ジュラルミン……

1940年 五十嵐勇、北原五郎、超々ジュラルミン開発

ウィスカー……

1940年 メッキ金属から、細いひげ結晶(ウィスカー)が成長し、電気回路の短絡に影響することが判明

1941年 スネーク、内部摩擦スネークピーク発見【蘭】

1941年 ドイツ軍ソ連南部製鉄地帯に侵入

1941年 ヘインズ・ステライト社、精密鋳造法により過給機のタービン翼量産【英】

1941年 クルップ、高温切削【独】

1942年 クローニングによるシェルモールド法【独】

制御された連鎖核反応……

1942年 シカゴ大学のフェルミ達、制御された連鎖核反応を実現【米】

▼

11-1 〈1935－1940〉戦火の足音――金属理論の深化と第二次世界大戦

◉年代解説

1935年－1940年は、金属の利用では1935年に、加藤与五郎がフェライト磁石を発明します。1938年には、仏国のギニエ*と英国のプレストン*が、別々に微小な準安定な析出相を発見します。二人の頭文字をとり、**ギニエ＝プレストンゾーン（GPゾーン）***と呼びます。1939年にオランダのバーガース*が**らせん転位とバーガース・ベクトル***を転位論に持ち込みます。

鉄の利用では、**貧鉱処理***の開発が進みます。1936年、英国のコルビー工場でブラッサート法による貧鉱処理が開始さ

＊ギニエ（人名）
［仏国］1911－2000。アンドレ・ギニエ。X線回折と固体物理学。

＊英国のプレストン（人名）
［英国］1896－1972。ジョージ・プレストン。

＊ギニエ＝プレストンゾーン（GPゾーン）
時効硬化するアルミニウム合金では、アルミニウム中に銅などの溶質の集合体が現れる現象。これによって固くなる。状態図には現れない不安定相である。X線回折分析で発見した二人の名前をとって、GPゾーンと呼ぶ。

れ、1937年には、独国のザルッギターで同じく貧鉱処理が開始します。建造物では1937年に米国でゴールデンゲートブリッジ*が完成し、ますます鉄鋼は巨大建造物に使われるようになります。

⦿ハリウッドの三大ロケ地

ハリウッドのSF映画ロケ地として有名なものは、「自由の女神像」「クライスラービル」「金門橋（ゴールデンゲートブリッジ）」です。自由の女神は、滅亡モノで、宇宙飛行士が地球に戻ってきたときや、破壊された都市の目印にうってつけです。クライスラービルは、メンインブラックでもゴーストバスターでも、いろいろなシーンで登場します。銀色に輝く不思議な尖塔が、SF心をくすぐります。ゴールデンゲートブリッジは、2種類のシーンで使われます。戦闘機のミサイルで壊されたり、橋をカーチェイスで駆け抜けるシーンです。

＊バーガース（人名）
［オランダ］1895－1981。ヤン・バーガース。流体のバーガース方程式、転位理論でのバーガースベクトル、粘性と弾性の両方の特性を持つ粘弾性材料バーガース物質などを開発した。

＊らせん転位とバーガース・ベクトル
理想的な結晶構造の中にできる段差が転位。一部に段差があって、ねじれている状態がらせん転位。完全に一列に段差があるときを刃状転位と呼ぶ。ずれが起きている方向を記述するのがバーガース・ベクトル。

＊貧鉱処理
鉱石に含まれる金属鉱物の含有量が少ない場合、希少金属原料とベースメタルである鉄鉱石や銅鉱石では、貧鉱判断が異なる。不要物が多く含まれる貧鉱は、輸送も精錬も廃棄物もコストが掛かるため、できるだけ源流で貧鉱処理して濃化する。

＊ゴールデンゲートブリッジ
米国サンフランシスコに掛かる長大橋。金門橋。

11-2 〈1940－1945〉核と新素材――原子核の実験と鋳造技術

⊙年代解説

1940年－1945年は、金属や鉄、日本を取り巻く世相は戦争一色となります。

金属の利用では、1940年、日本の五十嵐勇*らが、後のゼロ戦に使われる**超々ジュラルミン**を開発します。1940年、長年、電気製品などで短絡原因になっていた**ウィスカー***が、めっき表面から細いヒゲ状結晶として成長することが見つかります。

1941年、オランダ人スネークが、内部摩擦で発生する音**スネーク・ピーク**を発見します。1942年、シカゴ大学のフェ

***五十嵐勇（人名）**
［日本］1892－1986。1938年、航空機機体に用いるために、強度の大きい超々ジュラルミンを開発。

***ウィスカー**
結晶面から外側に向けて、まるで猫のひげのように細長く成長していく結晶。米国ベル研究所が、電話回路のコンデンサーが頻繁に故障する原因を調べている途中で、錫メッキから金属が延びているのを見つけた。

***制御された連鎖核反応**
連鎖反応は、核分裂性物質が中性子を吸収して核分裂反応を起こし、それが新たな中性子を飛び出させ、別の核分裂反応を引き起こす現象。制御するには、核分裂の状態をモニターしながら反応を暴走させないようにする。

ルミらは、後の原子力利用につながる**制御された連鎖核反応**＊を実現します。

鉄の利用では、1940年に米国の対日屑鉄輸出禁止＊が実施されます。同年、米国で建造後4か月しか経過していない**タコマ橋**＊が、疲労破壊で崩壊します。1942年、独国クルップ社は、80㎝径のレールガンで、史上最大の砲弾ドラ＊を発射します。1943年、独国のユンカースは**鋼の連続鋳造**を開発します。

⦿超々ジュラルミン

■ジュラルミンの発見

昔から、鋼にさまざまな元素を添加して焼入れすると、硬化することは知られていました。独人のヴィルムは、1903年頃から「鋼以外の金属でも適当な元素を添加して焼入れすると、硬度が増すのではないか」と実験を重ねましたが、なかなか思

＊**対日屑鉄輸出禁止**
米国、英国、オランダは、中国での権益を護るため、日本と敵対する蒋介石率いる国民政府を支持した。ABCD包囲網を形成し、軍需物資の輸出規制など、経済封鎖の第一弾が屑鉄（鋼材の原料になるスクラップ）。最近の世界情勢でも似た状況を目の当たりにしているが、禁止されたからといってギブアップした例はなく、強硬論を勢いづかせる結果になる。

＊**タコマ橋**
正式名称はタコマナローズ橋。米国ワシントン州に設置された吊橋。1940年7月に完成し、11月に橋が落ちた。当時の最新理論を採り入れ、最高強度で構造設計したものだった。強風に煽られて疲労破壊する一部始終が記録された。

＊**史上最大の砲弾ドラ**
第2次世界大戦中、独国はクルップ社に、仏国のマジノラインに築かれた強固な要塞を破壊するための大砲を依頼した。80㎝、7tの砲弾を発射する30mの巨大砲が作られたが、移動のため鉄道車両砲となった。

うような結果が得られませんでした。

しかし1906年のある週末、アルミニウムに銅を4%、マグネシウムを0・5%添加したアルミニウム合金を焼入れし、月曜日に硬度を測定すると、非常に硬くなっていることに気づき、**時効硬化現象**＊を発見しました。

なぜアルミニウムに銅を混ぜたかといえば、それまでの薬莢（やっきょう）の材料は銅と亜鉛の合金である黄銅でしたが、もっと軽くしたいと考えたからでした。

■ジュラルミンの命名

ジュラルミンは、1909年に独国のデュレナ・メタルヴェルケ社から発売された合金の商品名です。地名のデュレンのアルミニウムで「**ジュラルミン**」としました。超軽量で強度を持つ金属であり、1910年代にはツェッペリン飛行船の骨組みに使われています。

＊**時効硬化現象**
時間が経過すると次第に強度が増してゆく現象。

＊**零式戦闘機**
設計主任であった堀越二郎氏は、高強度鋼並の強度を持つアルミ合金の開発が進んでいることを聞きつける。主翼の桁に使うと、30kgは軽くなる。グラム単位で部材の重さを削減しているときのことだった。

■超々ジュラルミン

日本では、1916年に第一次世界大戦中にロンドンに出撃して撃墜された独国の飛行船の骨材を、現地駐在の海軍関係者が持ち帰りました。そこからジュラルミン研究が始まります。

1928年、米国のアルコア社が、既存のジュラルミンより強度の高い、超ジュラルミンを売り出します。1936年、日本は、銅含有量を下げた亜鉛とマグネシウムを添加したアルミニウム合金、すなわち**超々ジュラルミン**を開発します。

超々ジュラルミンの押出材は、日本海軍の**零式戦闘機***の主翼桁に採用されました。日本で開発された超々ジュラルミンは、敗戦後も材料開発による性能向上を果たしながら、航空機用骨材として活躍しています。

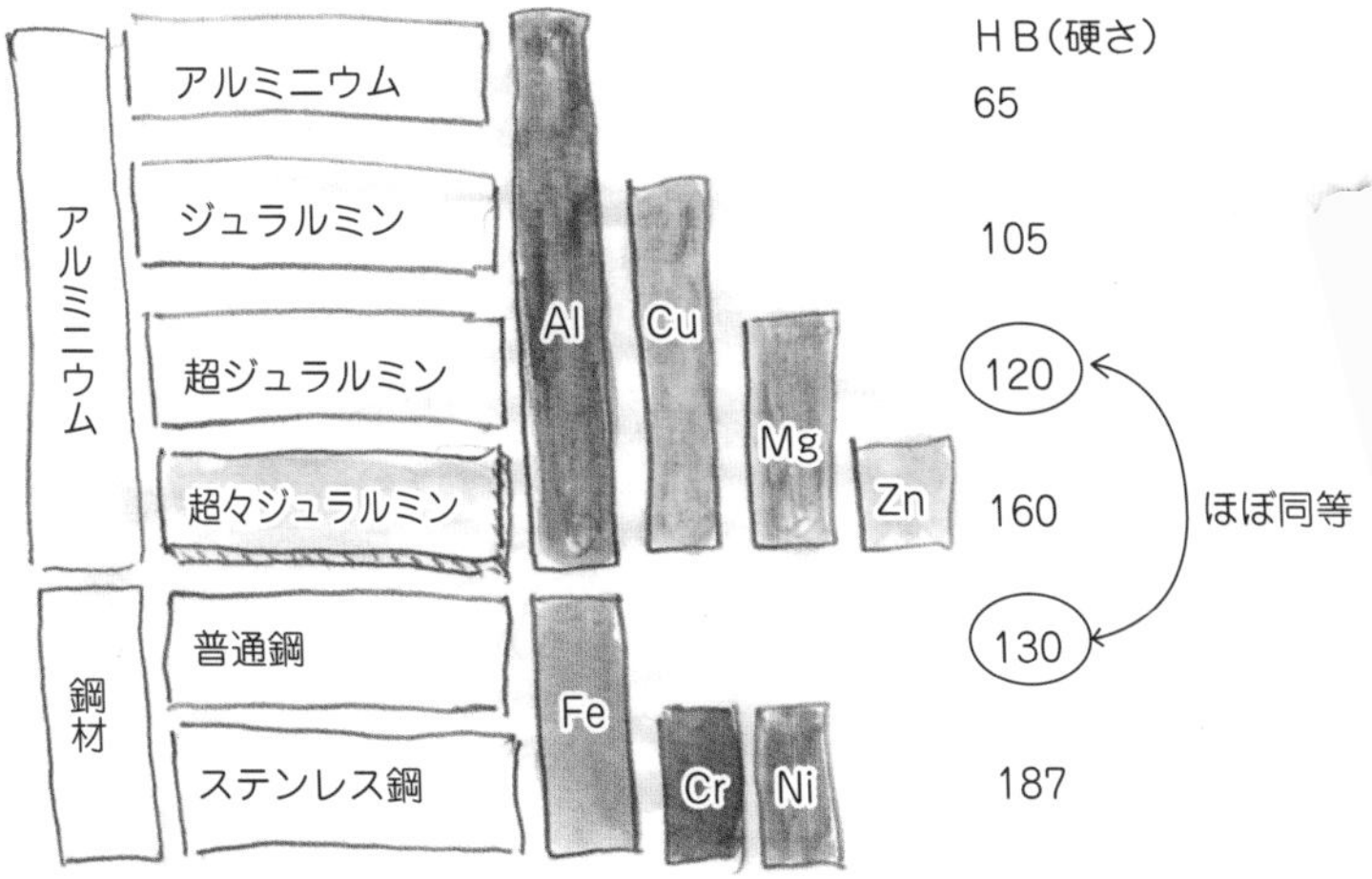

■超々ジュラルミン■

⊙スネーク・ピーク

■内部摩擦

内部摩擦とは、金属などの固体に加えられた変形エネルギーの一部が、熱エネルギーに変わる現象です。固体表面をこすると摩擦で熱が発生します。この類推の中で、内部で発生する熱エネルギーを内部摩擦と呼びます。

発熱機構には、転位がピン止めされて振動するものや、粒界の流動的ずれによるものなどがあります。さらに、ポルドニが発見した極低温で発生する転位起因の**ポルドニ・ピーク**や、格子間不純物原子による**スネーク・ピーク**によるものがあります。これは発見者のスネーク*にちなんだ名称で、スヌーク・ピークと呼ぶ場合もあります。

■スネーク・ピーク

スネーク・ピークは、1941年にオランダの**スネーク**

***スネーク（スヌーク）（人名）**［オランダ］1902–1950。ジェイコブ．L．スネーク。自分の名前がついた緩和効果のスネーク・ピークの研究者。筆者の調査では、1950年、米[illegible]通事故で亡くなっているようだ。

よって着目されました。体心立方金属、例えば鉄やニオブ、タンタルに、結晶格子間に侵入する炭素、窒素、酸素などを少量加え、温度を変化させて振動を与えると、炭素などの場合40℃付近で減衰のピークが最大になる現象です。

⦿鋼の連続鋳造

■鋳造

鋳造は、溶融金属を鋳型に注ぎ込んで固めるプロセスです。個々の鋳型に銅や青銅、銑鉄や鋳鉄を注入し、まるで生きているかのような鋳造品を作る技術で、昔からありました。

紀元前513年の春秋戦国時代の晋国では、「鋳鉄を溶かして形鼎を作った」と左伝に登場していますし、紀元10年頃の中国には、車が通るのに十分な

（外部）摩擦
摩擦力
内部摩擦
一定温度
減衰量
振動数
一定振動
減衰量
温度

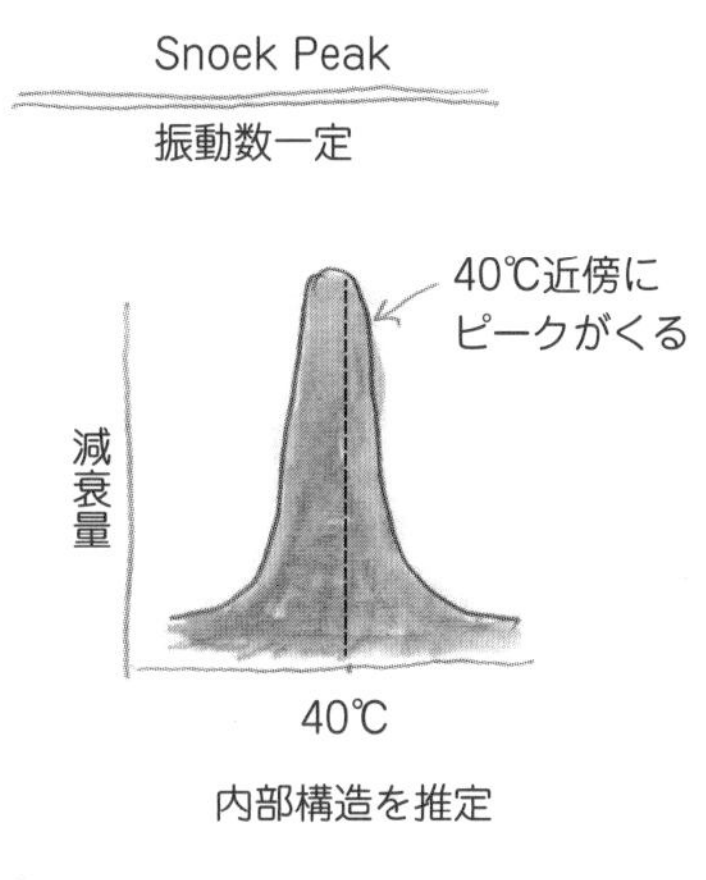

▪スネークピーク▪

強度の鋳鉄の橋が架かっていました。筆者が2019年、コールブルックデールック社の博物館で見た真っ黒なハウンドドックの鋳鉄製品は、今にも走り出しそうな躍動感*に溢れていました。

■鋼の鋳造

鋼を鋳造する技術に使う素材は、**鋳鋼**(ちゅうこう)と呼ばれました。鋳鋼は、鋳造技術の最後に出現します。というのも、鋳鉄などとは比べ物にならない高温で鉄を溶かす必要があったからです。1740年にハンツマンが、スウェーデン棒鋼に炭素を染み込ませ、これをるつぼで溶融して作る、**るつぼ鋳鋼法**を発明したのが、鋼を鋳造した始まりです。

■鋼塊法と連続鋳造法

鋼の鋳造には、溶鋼を単独の鋳型に注入する鋼塊法*と、断面形状だけを固定して鋳造を続ける連続鋳造法*があります。

＊**躍動感**
巻頭のカラー写真で製品例が見られる。

＊**鋼塊法**
溶鋼を複数の鋳型に注入して固めていく方法。お菓子のプリンを作るイメージ。準備作業に手間がかかり、また、プリン（鋼塊）の上部と底部に異物や引け巣が入るため取り除く必要がある。

＊**連続鋳造法**
溶鋼を周囲の形が決まった鋳型に注入して、周囲を固めながら連続的に引き抜く（鋳造する）方法。鋳造始めの底の部分は、鉄の塊で塞いでおき、徐々に引き抜く。

当然、連続鋳造の方が生産性も品質も良いため使用したくなりますが、実際の**鋼の連続鋳造**は1960年代まで使用されませんでした。

鋼の連続鋳造プロセスは、1858年にベッセマーによって考案されました。ベッセマー転炉で溶製した溶鋼を、高能率で固める必要があったからです。しかし、鋳型内で凝固した鋼の殻が鋳型にくっつき、凝固殻が破れて溶鋼が吹き出すブレークアウト*が発生するため、実操業に連続鋳造を適用する試みは困難を極めました。

■オシレーション誕生

この鋳型へのくっつき問題は、1934年に独国のユンハンスが、金型を垂直に上下振動させる**オシレーション**を適用することで、ようやく克服されました。同時に、鋳造中に油や溶融スラグを潤滑剤に使う方法も考え出されていきました。

＊ブレークアウト
溶鋼を連続鋳造するとき、溶鋼と鋳型がくっついてしまい、凝固殻が破れて（ブレーク）、溶鋼が外に（アウト）漏れ出す操業事故。

■連続鋳造の利点

連続鋳造は、溶融金属を連続的に同じ断面形状に凝固させ、製品の中間素材を作り出すプロセスです。断面形状により、スラブやブルーム、ビレット、ニアネットシェイプなどと呼ばれますが、連続鋳造は大量の金属を単純な形状に固めて、その後の処理を行う最も効率的な方法です。

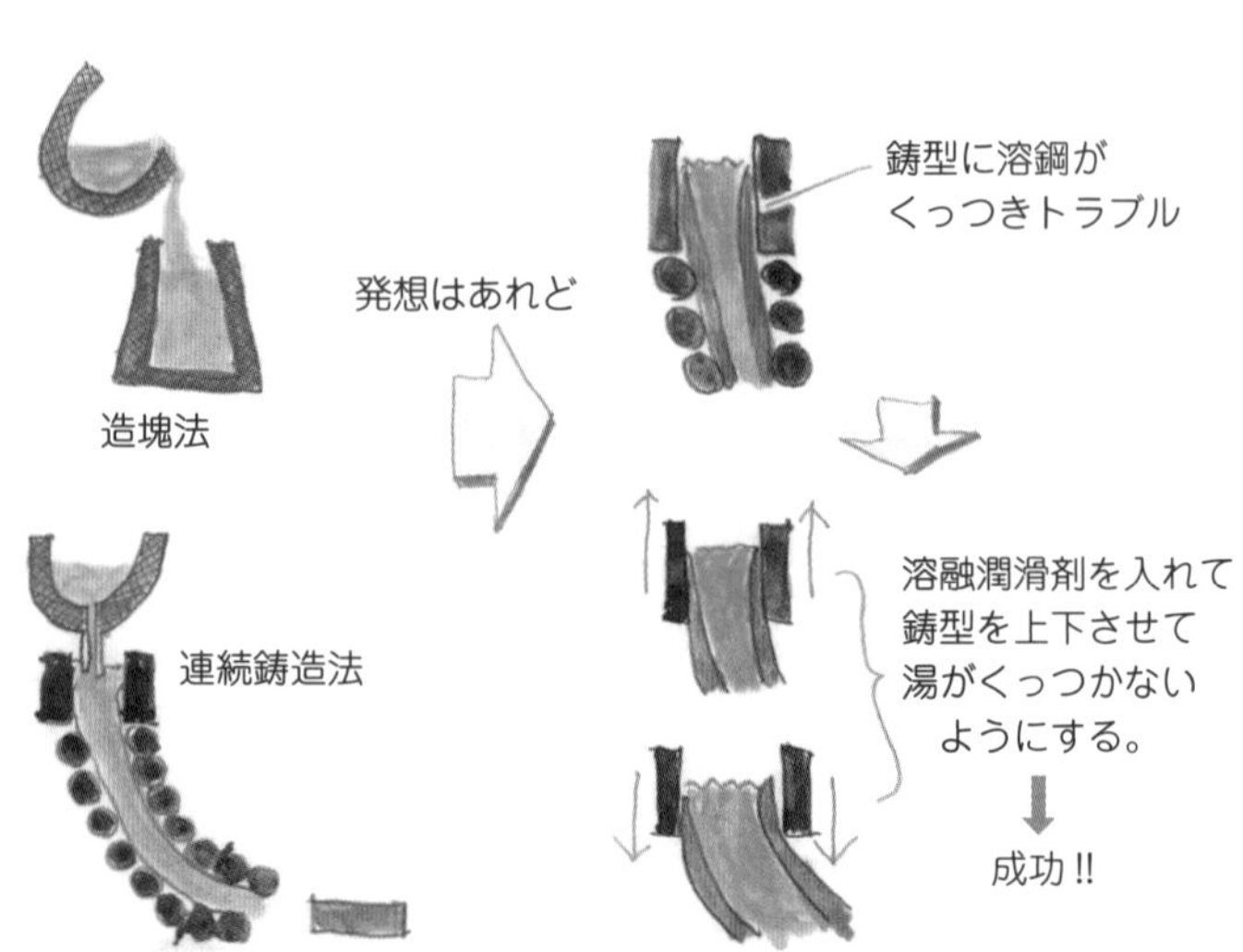

造塊法
発想はあれど
鋳型に溶鋼が
くっつきトラブル
連続鋳造法
溶融潤滑剤を入れて
鋳型を上下させて
湯がくっつかない
ようにする。
成功!!

▪鋼の連続鋳造▪

11-3 〈1945－1950〉理解の進歩――金属科学知識の理解と鋳鉄技術の進歩

◉年代解説

1945年－1950年は、終戦から戦後復興の混乱期です。

金属の利用分野では、1947年、カーケンドール*らが、鋼の相互拡散などの研究を公開します。1948年、ランクフォードは、鋼板の成形性の指標である**ランクフォード値***の基礎現象を発見します。1949年、米国でチタン生産が始まります。1950年、フランク*らが、転位の起源として**フランク－リード源***を提唱します。

鉄の利用では、1945年に米国で高炉の高圧操業が始まります。1946年、酸素製鋼の実験が、カナダスチールで始ま

＊カーケンドール（人名）
［米国］1914－2005。アーネスト・カーケンドール。カーケンドール効果を発見。純金属と合金が界面で接した状態で加熱すると、それぞれで原子の動く速度が異なるため、界面が動くように見える現象。論文を上司が受け入れず、騒動になる。

＊ランクフォード値
USスチールの技術者ランクフォードは、自分が作った幅と厚みの伸び縮みの比率r値の大小が、プレス現場での成形歩留まりと密接に関連することに気づく。これにより、r値をプレス成形性の指標とすることを提唱した。

＊フランク（人名）
［英国］1911－1998。フレデリック・フランク。転位研究で知られるが、液晶や固体物理学、地球物理学で活躍する。

ります。1947年、英国で、鋳鉄の材質改善に大いに貢献する**球状黒鉛鋳鉄**（きゅうじょうこくえんちゅうてつ）が発明されます。戦争で荒廃したヨーロッパ大陸や日本は復興途中であり、鉄の利用は英米を中心に進みます。

⦿ヨハンゼンの「鉄の歴史」

■ふたつの「鉄の歴史」

『**鉄の歴史**』といえばベックの大著が思い浮かびますが、ベックより後で『鉄の歴史』を執筆したのは、同じ独人の**オットー・ヨハンゼン***です。

◆1884年　独人ベック『鉄の歴史』を著す（1903年に完結）

◆1943年　独人オットー・ヨハンゼン『鉄の歴史』執筆

ヨハンゼンの『鉄の歴史』は、出版の翌年、1944年に翻

***フランク－リード源**
フランクは1950年、結晶可塑性会議のために渡米する。列車の待ち時間に読んだ論文を数式化する。一方、学会会場で出会ったソートン・リードは、お茶を飲んでいるとき思いついたことがわかり、共同論文へと話が発展し、転位源の発見に至る。

***オットー・ヨハンゼン（人名）**
［独国］生死年不詳。冶金学者、鉄鋼技術史研究家とある。1925年、フェルクリンゲン在住。第一次世界大戦で壊滅した独国を憂えている。「再び希望の花は人類に盛り、種蒔きし田野は緑となり、道理は国土に支配せん」

訳されて出版されました。一方、ベックの『鉄の歴史』は、戦後1968年からの翻訳になりました。書かれた時期と翻訳時期の前後関係が入れ替わっているので、ベックの『鉄の歴史』の方が新しいような錯覚をしがちです。

いずれの本も特徴があり、読みやすさなら断然ヨハンゼン、資料的価値があるのはベックというところでしょうか。ヨハンゼンの本が読みやすいのは、彼が学者畑ではなく、現場に近いところで仕事をしていたためかもしれません。

■フェルクリンゲン製鉄所

オットー・ヨハンゼンは、独国フェルクリンゲン製鉄所に勤めていました。第一次世界大戦後、独国製鉄所の一部が仏国に割譲されます。その不遇の時代に執筆したようです。

フェルクリンゲン製鉄所は、国境からほど近い独国にあります。2015年夏、筆者は

▪製鉄所のあるフェルクリンゲン駅▪

このヨハンゼンがいたフェルクリンゲン製鉄所を訪れました。現在、製鉄所は世界文化遺産になっていて、今でも稼働時のままの姿を残しています。

前の年、明治日本の産業革命遺産の登録を日本が申請したとき、東京で決起大会があり、ここでフェルクリンゲン製鉄所の館長と出会いました。「日本の遺産が無事登録されたら、うちにもおいで」と誘われたので、お礼方々独国まで出かけました。といっても、筆者一人で独国に出かけるわけにもいかず、筆者の奥さんと一緒です。ヨーロッパに到着するまでは、奥さんはパリ見物ができるものと信じていろいろ計画をしていましたが、パリに降りてそのまま高速鉄道で独国に移動したのです。

途中の乗換駅ザールブリュッケンで降りたときも、フェルクリンゲン駅で降りたときも、奥さんはなんかフランスっぽくないとは言っていました。

■乗り換え駅ザールブリュッケン■

が、まさか独国に移動しているとは思わず、製鉄所見学をし始めて、初めて筆者に騙されたと気づいたようです。でも、製鉄所博物館は本当に素敵でした。1873年起業の製鉄所は、煙突も戻水場（れいすいじょう）もレンガ造りです。一日かけて見学を堪能してから、夜にパリへ戻りました。ベルサイユ宮殿のつもりが、錆びた製鉄所の見学に付き合わされた奥さんの機嫌をとるため、「シャルティエ」へ行きました。パリの行きつけのビストロです。晩飯は奢らされました。

■あのとき知っていれば

このフェルクリンゲン製鉄所にヨハンゼンがいたのを知ったのは、帰国後です。ヨハンゼンの本の前書きを読んでいて気づきました。見学前に知っていればもっと楽しめたかもしれません。

ヨハンゼンの本は読みやすく、著書の内容や文の

▪フェルクリンゲン製鉄所▪

書き方に親近感が湧いていました。「そうか、同業者だったからか」と、妙に納得したものです。

⦿球状黒鉛鋳鉄

球状黒鉛鋳鉄は、第二次世界大戦後発明された新素材です。鋳鉄という古代から使われている素材は、この発明により材質が飛躍的に向上しました。

球状黒鉛鋳鉄の言葉は、「球状黒鉛」と「鋳鉄」に分かれます。「鋳鉄」は、溶銑などの高炭素の溶鉄を鋳型で成形したものです。

鉄の中の炭素は、凝固途中で吐き出されて黒鉛*になります。この黒鉛の形状は板状で、片状黒鉛鋳鉄*になります。片状黒鉛鋳鉄は、引張強度があまりなく、衝撃にも弱い素材です。一般的に、鋳鉄は硬いが脆いのです。この原因は、片状黒鉛です。

この黒鉛を熱処理により板状から球状に変化させた素材が球状黒鉛鋳鉄*です。専門用語では、「**球状化処理**」とか「**球状**

＊黒鉛
炭素のこと。

＊片状黒鉛鋳鉄
炭素分が4％もある銑鉄は固まる際に、ほとんどすべての炭素を吐き出す。吐き出された炭素は、密集して、ひも状や板状の塊になる。この状態では、鉄の中に鋭い異物が充満しているため、外力に対して極めて脆い。

＊球状黒鉛鋳鉄
炭素の塊を含む銑鉄を高温にしておくと、炭素原子が鉄の中を動き回る。このとき、適度に集まる核を分散しておくと、核を中心に球形の炭素の塊ができる。これは鋭くないので、外力に対して抵抗できる、つまり耐性を持つ。

化焼鈍*」と呼びます。高温では、炭素は鉄中を自由に動き回ります。後は、その炭素を周囲にまとわりつかせる芯があれば、雪だるまのように炭素が丸く成長します。

1943年には、米国の**キース・ミリス***が、マグネシウムを添加して、熱処理後に球状化処理し、ダクタイル鋳鉄管を作ります。

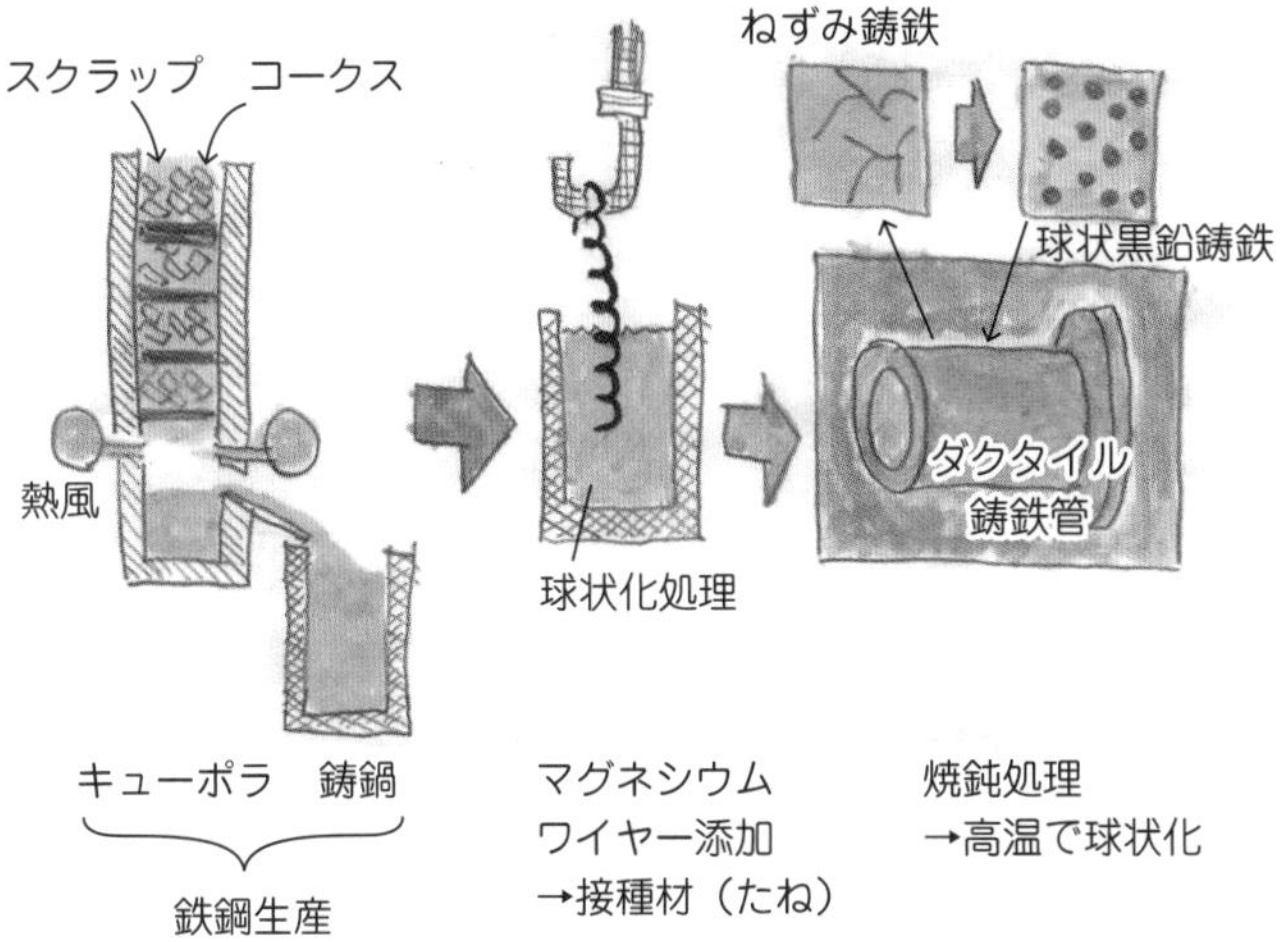

■ダクタイル鋳鉄管の作り方■

＊**球状化焼鈍（やきなまし）**
高温で長時間加熱すると、炭素だけが動き回り、四方八方から成長核の周囲に集まってくる。このため球状になる。地球の誕生のとき、四方八方から星のかけらが集まってきて球形になっていくのと、同じイメージ。

＊**キース・ミリス（人名）**
［米国］1915－1992。1943年、第二次世界大戦でクロムが不足し、クロム代替で鋳鉄改造の必要に迫られていた。ミリスは銑鉄中の炭素を全部炭化物にしようと思い立った。使い慣れたマグネシウムを入れたところ、ダクタイル鋳鉄ができてしまった。

おわりに

金属の歴史を扱うことには危険が伴います。これまでも数多くの先輩諸氏が、さまざまな視点で金属の歴史を扱ってきました。諸先輩の論証や引用文献の使い方に比べると、本書はどうしても見劣りします。扱う期間や対象を限るのか、それとも百科事典的に取り扱うのかなど、千差万別の書き方があります。

歴史を実証科学的に考えれば、証拠や証明に沿った記述が必要です。筆者が敬愛するベックもヨハンゼンもアグリコラも、膨大な参考資料の中で歴史を紡ぎました。

しかし、歴史はそういう堅苦しいものだけではありません。たとえフビライ・ハンであろうと、アレクサンダー大王であろうと一人の人間です。子供時代があり、やがて世界を手中に収めます。そのとき、かれらの頭の中にあったのは堅苦しい歴史書ではなく、夢見る少年が体験する歴史冒険物語であったのではないでしょうか。

今回の執筆スタイルは、「歴史を楽しもう」です。何か役立つことを伝えるとか、読んで賢くなるといったことは、あまり深く考えていません。金属は楽しいんだ、歴史も楽しいんだ、という自分の好みと実体験を皆様と共有することを全面に押し出しています。

小学校のときは歴史好きで、４年の夏休みには「わら半紙」を親に買ってもらい、毎日歴史新聞を手書きで作っていました。他の仲間は、朝顔とか飼育動物の成長記録でしたが、筆者の場合は歴史の成長記録でした。わら半紙に描いた歴史上の出来事の絵と拙い文章、それらが毎日積み重なっていったときのワクワク感を、今でも鮮明に思い出せます。今回書いた『世界史を変えた金属』は、そのときのワクワク感の再現です。

こういうスタイルが、世の皆さんを満足させられるかわかりません。しかし、あれから55年経過した今、再び紙と鉛筆と水彩絵の具で歴史を書いてみました。まだまだ書き足りないこともあります。紙数や紙幅の都合で削ったものも多々あります。でも、夏休みに終わりがあるのと同様に、一旦ここで筆を置きます。筆者の夏休みの宿題の続きの歴史物語を、どうぞお楽しみください。

本書には数々の思い違い、記憶違い、理解の不足、調査不足があると思います。ぜひ、皆様の忌憚ないご意見や感想をお聞かせ願えれば幸いです。なお、筆者の経験談はもちろん実体験ですが、関西人のノリで多少盛った文章になっていることは平にお詫び申し上げます。

金属の楽しさを皆様にお伝えできる喜びを感じながら筆を置く　筆者より

R.J.フォーブス『技術の歴史』田中実訳、岩波書店、1956年
R.J.フォーブス『古代の技術史上（金属）』平田寛訳、朝倉書店、2003年
メイスン『科学の歴史（上・下）』矢島祐利訳、岩波書店、1955年
デイビッド・オレル『貨幣の歴史』角敦子訳、原書房、2021年
ピーター・スノウら『歴史を動かした重要文書』安納令奈ら訳、原書房、2022年
鈴木隆志『ステンレス鋼発明史』アグネ技術センター、2000年

◉金属の歴史

ジャン・ポール・ティリエ『エトルリア文明（古代イタリアの支配者たち）』松田みち子訳、創元社、1994年
アグリコラ『デ・レ・メタリカ近世技術の集大成全訳とその研究』三枝博音訳、岩崎学術出版社、1968年
ヨハンゼン『鉄の歴史』三谷耕作訳、慶応書房、1942年
ベック『鉄の歴史』中沢護人訳、5巻17冊、索引2冊、たたら書房、1968年－1981年
J.R.ハリス「イギリスの製鉄業」武内達子訳、早稲田大学出版、1998年
坂本和一『近代製鉄業の誕生（イギリス産業革命時代の鉄鋼業・技術・工場・企業）』法律文化社、2009年
W.ベルドロウ『クルップ』福迫勇雄、柏葉書院、1944年
窪田蔵郎『シルクロード鉄物語』雄山閣、1995年
窪田蔵郎『鉄のシルクロード』雄山閣、2002年

◉参考にした未翻訳本

『SCIENCE OF EVERYTHING』NATIONAL GEOGRAPHIC Soc、2013年
『EVERYTHING YOU NEED TO ACE SCIENCE IN ONE BIG FAT NOTEBOOK』WORKMAN、2016年
Biringuccio『The Pirotechnia of Vannoccio Biringuccio（火工術）』Dover BOOK、2006年
K.A.SCHENZINGER『METALL'Roman'』1940年（独語、『小説金属』ドイツ、シェンチンガア）
Loic Barbo、Denis Beaudouin、Michel Lagues『L'experience retrouvee』BELIN、2005年（仏語、「発見の経験」キュリー夫妻の科学発見の歴史。）
シャラダ・スリニヴァーサン『The Making, Shaping and Treating of Steel』United States Steel Corporation、2004年
（英語、インドのウーツについての歴史解説『インドが誇る伝説のウーツ・スティール』）
『COALBROOKDALE（Birthplace of Industry）』Ironbridge Gorge Museum Trust Ltd、2019（英語、『コールブルックデールとアイアンブリッジ』）
『THE IRON BRIDGE AND TOWN（Birthplace of Industry）』Ironbridge Gorge Museum Trust Ltd、2019（英語、『アイアンブリッジと街』）
Arthur Raistrick『DYNASTY OF IRON FOUNDERS（THE DARBYS AND COALBROOKDALE）』Ironbridge Gorge Museum Trust Ltd、1989年
（英語、英国のダービー一族とコールブルックデール社の歴史）
Anthony Burton『THE IRON MEN』The History Press、2015年
（英語、英国の製鉄の発展に関わった人々の物語）

◉参考にしたホームページ

米国インディアナ大学『アイザック・ニュートンの化学』
https://webapp1.dlib.indiana.edu/newton/

参考文献

執筆で参考にした書籍の一部です。読んで面白いものを厳選して載せています。

◉ファラデー

オーウェン・ギンガリッチ『マイケル・ファラデー（科学をすべての人に）』須田康子訳、大月書店、2007年
スーチン『ファラデーの生涯』小出昭一郎ら訳、東京図書、1976年
島尾永康『ファラデー王立研究所と孤独な科学者』岩波書店、2000年
R.HADFIELD『Faraday and His Metallurgical Researches』1931年（『ファラデーと彼の冶金研究』ハドフィールドのファラデー研究本）

◉錬金術師

イアン・マカルマン『最後の錬金術師カリオストロ伯爵』藤田真理子訳、草思社、2004年
B.J.ドブズ『ニュートンの錬金術』寺田悦恩訳、平凡社、1995年
トマス・レヴェンソン『ニュートンと贋金づくり』寺西しのぶ訳、白揚社、2012年
アンドレーア・アロマティコ『錬金術』種村季弘訳、創元社、1997年
チャールズ・ウェブスター『パラケルススからニュートンへ（魔術と科学のはざま）』神山義茂ら訳、平凡社、1999年

◉歴史書・参考書籍

ヘロドトス『歴史（上・下）』岩波書店、1972年
渋沢龍彦『私のプリニウス』青土社、1986年
シュリーマン『古代への情熱』池内紀訳、小学館、1995年
桓寛『塩鉄論』（東洋文庫）佐藤武敏訳、平凡社、1970年
宋応星『天工開物』（東洋文庫）佐藤武敏訳、平凡社、1969年
平川祐弘『ダンテ「神曲」講義』河出書房新社、2010年
鹿島茂『絶景、パリ万国博覧会（サンシモンの鉄の夢）』、河出書房新社、1992年
ジョナサン・ウォルドマン『錆びと人間』三木直子訳、築地書館、2016年
『鉄137億年の宇宙誌』東京大学総合研究博物館、2009年
エリアーデ著作集『鍛冶師と錬金術師』大室幹雄訳、せりか書房、1973年
鶴岡真弓『黄金と生命』講談社、2007年
ルイス・ダートネル『世界の起源』東郷えりか訳、河出書房新社、2019年

◉技術の歴史

ポール・ストラザーン『メンデレーエフ元素の謎を解く』稲田あつ子ら、バベル・プレス、2006年
梶雅範『メンデレーエフの周期律発見』北海道大学図書刊行会、1997年
アブマド・アルハサンら『イスラム技術の歴史』大東文化大学現代アジア研究所監修、平凡社、1999年
『ソビエトの技術の歴史1、2』山崎俊雄ら訳、東京図書、1966年
『コンサイス科学年表』三省堂、1988年
小山慶太『科学史年表増補版』中公新書、2011年
小山慶太『科学史人名事典』中公新書、2013年
初山高仁『鉄の科学史（科学と産業のあゆみ）』東北大学出版会、2012年
矢島忠正『官営製鐵所から東北帝國大学金属工学科へ』東北大学出版会、2010年
松岡正剛監修『情報の歴史』NTT出版株式会社、1992年

田中 和明 Kazuaki Tanaka

技術士（金属部門）／労働安全コンサルタント

京都大学大学院を修了後、新日本製鐵株式会社（現在の日本製鉄株式会社）で40年間、製鉄現場技術者として勤務。2022年に定年退職後、田中金属技術士事務所を開業する。現在、日本技術士会金属部会の部会長を務める。

海外技術協力でイタリア、中国、インドの製鉄所に出かけたり、英国やフランスの技術者の受け入れをしているうちに、金属の歴史に興味を持つ。メーカー勤務中から、書籍出版や技術セミナー講師をする傍ら、コロナ前は毎年、英国、フランス、ドイツ、オーストリアなど、海外の製鉄・金属の歴史遺産や遺跡の個人調査などに出かけてきた。2019年には、英国の王立研究所で、ファラデーの錆びない鋼の調査を行った。

金属・製鉄の国内外の古書収集マニアで、海外に出かけるたびに古書店に入り浸り、掘り出し本を探したり、「金属歌謡」と称する自作の金属関連の歌曲を講演会で聴かせる変な趣味あり。

筆者への質問や感想などのアンケートは
このコードを読み取ると書き込めます。 →

イラスト図解　世界史を変えた金属

発行日　2023年 10月 23日　　第1版第1刷

著　者　田中　和明

発行者　斉藤　和邦
発行所　株式会社　秀和システム
〒135-0016
東京都江東区東陽2-4-2　新宮ビル2F
Tel 03-6264-3105（販売）Fax 03-6264-3094
印刷所　三松堂印刷株式会社　　Printed in Japan

ISBN978-4-7980-6754-4 C0020